中国建设教育发展报告（2021—2022）

China Construction Education Development Report（2021—2022）

中国建设教育协会　组织编写

刘　杰　　王要武　主　编

中国建筑工业出版社

图书在版编目（CIP）数据

中国建设教育发展报告 . 2021—2022 = China Construction Education Development Report（2021—2022）/ 中国建设教育协会组织编写；刘杰，王要武主编 . — 北京：中国建筑工业出版社，2023.6（2023.12重印）

ISBN 978-7-112-28640-9

Ⅰ . ①中… Ⅱ . ①中… ②刘… ③王… Ⅲ . ①建筑学—教育事业—研究报告—中国—2021—2022 Ⅳ . ① TU-4

中国国家版本馆 CIP 数据核字（2023）第 069438 号

责任编辑：赵云波
责任校对：李美娜

中国建设教育发展报告（2021—2022）

China Construction Education Development Report（2021—2022）

中国建设教育协会 组织编写

刘 杰 王要武 主 编

*

中国建筑工业出版社出版、发行（北京海淀三里河路9号）

各地新华书店、建筑书店经销

北京点击世代文化传媒有限公司制版

河北鹏润印刷有限公司印刷

*

开本：787毫米×1092毫米 1/16 印张：16½ 字数：286千字

2023年6月第一版 2023年12月第二次印刷

定价：65.00元

ISBN 978-7-112-28640-9

（41074）

本书编审委员会

主 任 委 员：刘　杰

副主任委员：何志方　路　明　赵丽莉　李海莹　崔　征
　　　　　　王要武　李竹成　沈元勤　付海诚　杨彦奎

委　　　员：高延伟　何任飞　程　鸿　李　平　李　奇
　　　　　　陈红兵　胡兴福　何　辉　杨秀方　罗小毛
　　　　　　郭景阳　崔恩杰　王　平　李晓东

本书编写组

主　　　编：刘　杰　王要武

副　主　编：崔　征　李竹成　何任飞　程　鸿

参　　　编：高延伟　田　歌　郎　迪　陈生辉　张　晨　赵　昭
　　　　　　温　欣　李　平　李　奇　陈红兵　胡兴福　何　辉
　　　　　　杨秀方　罗小毛　郭景阳　崔恩杰　王　平　李晓东
　　　　　　倪　欣　王　炜　于建军　金　波　王付全　陈后畏
　　　　　　梁　健　张　洋　李　敏　陈泽攀　刘承桓　傅　钰
　　　　　　谷　珊　何曙光　钱　程

序

　　由中国建设教育协会组织编写，刘杰、王要武同志主编的《中国建设教育发展报告》伴随着住房和城乡建设领域改革发展的步伐，从无到有，应运而生，是我国最早编写发布的建设教育领域发展研究报告。从策划、调研、收集资料与数据，到研究分析、组织编写，全体参编人员集思广益、精心梳理，付出了极大的努力。我向为本书的成功出版作出贡献的同志们表示由衷感谢。

　　"十三五"期间，我国住房和城乡建设领域各级各类教育培训事业取得了长足的发展，在坚持加快发展方式转变、促进科学技术进步、实现体制机制创新方面做出了重要贡献。普通高等建设教育狠抓本科与研究生教育质量，以专业教育评估为抓手，在深化教育教学改革，学科专业建设和整体办学水平等方面有了明显提高；高等建设职业教育的办学规模快速发展，专业结构更趋合理，办学定位更加明确，校企合作不断深入，毕业生普遍受到行业企业的欢迎；中等建设职业教育坚持面向生产一线培养技能型人才，以企业需求为切入点，强化校内外实操实训、师傅带徒、顶岗实习，有效地提升了学生的职业能力；建设行业从业人员的继续教育和职业培训也取得了很大进展，各省市、各地区相关部门和企事业单位为适应行业改革发展的需要普遍加大了教育培训力度，创新了培训管理制度和培训模式，提高了培训质量，职工队伍素质得到了全面提升。然而，我们也必须冷静自省，充分认识我国建设教育存在的短板和不足。在中国特色社会主义新时代，我国建设领域正面临着新机遇新挑战，要为这个时代培养什么样的人才、怎样为这个时代培养人才是建设教育领域面对的一个重要问题；建设教育在国家实施创新驱动发展战略的新形势下，需要有更强的紧迫感和危机感。这本书在认真分析我国建设教育发展状况的基础上，紧密结合我国教育发展和建设行业发展实际，科学地分析了建设教育的发展趋势以及所面临的问题，提出了对策建议，具有很强的参考价值。书中提供的大量数据和案例，既有助于开展建设教育的学术研究，也对当前行业发展的创新点和聚焦点进行了归纳总结，是教育教学与产业发展相结合的一个优秀典范。

进入 21 世纪 20 年代，我们面临着世界前所未有之大变局。"十四五"时期将是我国完成第一个百年目标、向着第二个百年目标奋进的第一个五年，是实现 2035 年远景目标过程中的第一个五年。在这一阶段，实现城市更新、优化城市设计、改善人居环境、发展绿色建造、提升行业水平等新时代新需求将成为住房城乡建设事业发展的新焦点，他们为建设教育领域带来了新动力。可以预见，未来一个阶段的建设教育，还将继续在党的教育方针指引下，毫不动摇地贯彻实施人才发展战略，更加注重教育内涵发展和品质提升，紧密结合行业和市场需求，积极调整专业结构和资源配置，加强实践教学，突出创业创新教育，推进校企合作。未来的建设教育既有高等教育的提纲挈领贡献，又有职业教育的产业队伍保障，更有继续教育的适时"充电"培养。相信在广大建设教育工作者的不懈努力下，住房和城乡建设领域的高素质、创新型、应用型人才，高水平技能人才和高素质劳动者将更多地进入建设产业大军，为全行业质量提升带来新的能量与活力。总的来说，建设教育必将继续坚持立德树人这个根本任务，坚持以人民为中心，进一步加快深化建设教育改革创新，增强对行业发展的服务贡献能力，用教育水平的提升为行业进一步发展作出积极贡献。

希望中国建设教育协会和这本书的编写者们能够继续把握发展规律，广泛收集资料，扎实开展研究，持之以恒关注建设教育发展，把研究建设教育领域教育教学工作这个课题做好做深，共同为住房城乡建设领域培养更多高素质人才，进一步推动我国建设教育各项改革不断深入，为全面实现国家"十四五"规划和 2035 年远景目标作出更大的贡献。

2023 年 4 月

前　言

为了紧密结合住房和城乡建设事业改革发展的重要进展和对人才队伍建设提出的要求，客观、全面地反映中国建设教育的发展状况，中国建设教育协会从 2015 年开始，每年编制一本反映上一年度中国建设教育发展状况的分析研究报告。本书即为中国建设教育发展年度报告的 2021—2022 年度版。

本书共分 6 章。

第 1 章从建设类专业普通高等教育、高等建设职业教育、中等建设职业教育三个方面，分析了 2021 年学校教育的发展状况。具体包括：从教育概况、分学科专业学生培养情况、分地区教育情况等多个视角，分析了 2021 年学校建设教育的发展状况，总结了学校建设教育的成绩与经验，剖析了学校建设教育发展面临的问题，提出了促进学校建设教育发展的对策建议。

第 2 章从建设行业执业人员、建设行业专业技术人员、建设行业技能人员三个方面，分析了 2021 年继续教育、职业培训的状况。具体包括：从人员概况、考试与注册、继续教育等角度，分析了建设行业执业人员继续教育与培训的总体状况，剖析了建设行业执业人员继续教育与培训存在的问题，提出了促进其继续教育与培训发展的对策建议；从人员培训、考核评价、继续教育等角度，分析了建设行业专业技术人员继续教育与培训的总体状况，剖析了建设行业专业技术人员继续教育与培训存在的问题，提出了促进其继续教育与培训发展的对策建议；从技能培训、技能考核、技能竞赛和培训考核管理等角度，分析了建设行业技能人员培训的总体状况，剖析了建设行业技能人员培训面临的问题，提出了促进其培训发展的对策建议。

第 3 章选取了若干不同类型的学校、企业进行了案例分析。学校教育方面，包括了一所普通高等学校、两所高等职业技术学校和两所中等职业技术学校的典型案例分析；继续教育与职业培训方面，包括了两家企业和三个社团组织的典型案例分析。

第4章根据相关杂志发表的教育研究类论文，总结出教育高质量发展、办学模式改革、人才培养、"双师型"师资队伍建设、职业技能标准发展等5个方面的21类突出问题和热点问题进行研讨。

第5章总结了2021年中国建设教育发展大事记，包括住房和城乡建设领域教育发展大事记和中国建设教育协会大事记。

第6章汇编了中共中央、国务院以及教育部、住房和城乡建设部颁发的与中国建设教育密切相关的政策、文件。

本系列报告是系统分析中国建设教育发展状况的系列著作，对于全面了解中国建设教育的发展状况、促进建设教育发展的先进经验、开展建设教育学术研究大有裨益。本书可供广大高等院校、中等职业技术学校从事建设教育的教学、科研和管理人员，政府部门和建筑业企业从事建设继续教育和岗位培训管理工作的人员阅读参考。

本书在制定编写方案、收集相关数据和书稿编写及审稿的过程中，得到了住房和城乡建设部主管领导、住房和城乡建设部人事司领导的大力指导和热情帮助，得到了有关高等院校、中职院校、地方住房城乡建设主管部门、建筑业企业的积极支持和密切配合；在编辑、出版的过程中，得到了中国建筑工业出版社的大力支持，在此表示衷心的感谢。

本书由刘杰、王要武担任主编并统稿，参加各章编写的主要人员有：陈红兵、胡兴福、何辉、杨秀方、倪欣（第1章）；陈生辉、张晨、李奇、王炜（第2章）；温欣、陈红兵、胡兴福、杨秀方、罗小毛、郭景阳、崔恩杰、王平、于建军、金波、王付全、陈后畏、梁健、张洋、李敏、陈泽攀、刘承桓（第3章）；赵昭、温欣、李晓东、傅钰、钱程（第4章）；高延伟、田歌、郎迪、谷珊、何曙光（第5章和第6章）。

限于时间和水平，本书错讹之处在所难免，敬请广大读者批评指正。

本书编委会
2022年12月

目　录

第5章 2021年中国建设教育大事记 ·······································186

第6章 中国建设教育相关政策文件汇编 ·····························193

第1章　2021年建设类专业教育发展状况分析

1.1　2021年建设类专业普通高等教育发展状况分析

1.1.1　建设类专业普通高等教育发展的总体状况

1.1.1.1　本科教育

1. 本科生教育总体情况

根据2021年全国教育事业发展统计公报数据,全国共有高等学校3012所。其中,普通本科院校1238所(含独立学院164所),比2020年减少11所;本科层次职业学校32所,比2020年增加11所。

普通本科学校校均规模16366人,本科层次职业学校校均规模18403人。

2021年,普通本科招生444.60万人,比2020年增加5.33万人,增长1.21%,另有专科起点本科招生71.77万人;在校生1893.10万人,比2020年增加74.70万人,增长4.11%;毕业生428.10万人,比2020年增加7.59万人,增长1.80%。

2021年,职业本科招生4.14万人,比2020年增加2946人,增长7.66%,另有专科起点本科招生1.51万人。在校生12.93万人,比2020年增加5.59万人,增长76.18%。

2. 土木建筑类本科生培养

2021年,全国开办土木建筑类普通本科培养学校781家,开办专业数2802个,比2020年减少196个;土木建筑类本科毕业生221519人,比2020年减少4497人,占全国本科毕业生人数的5.17%,同比下降0.2个百分点;土木建筑类本科招生168407人,比2020年减少39625人,占全国本科招生人数的3.79%,同比下降0.9个百分点;土木建筑类本科在校生899949人,比2020年减少27132人,占全国本科在校生人数的 4.75%，同比下降 0.33 个百分点。图 1-1、图 1-2 分别示出了 2014 ～ 2021 年全国土木建筑类专业开办专业情况和本科生培养情况。

图 1-1　2014 ～ 2021 年全国土木建筑类专业开办专业情况

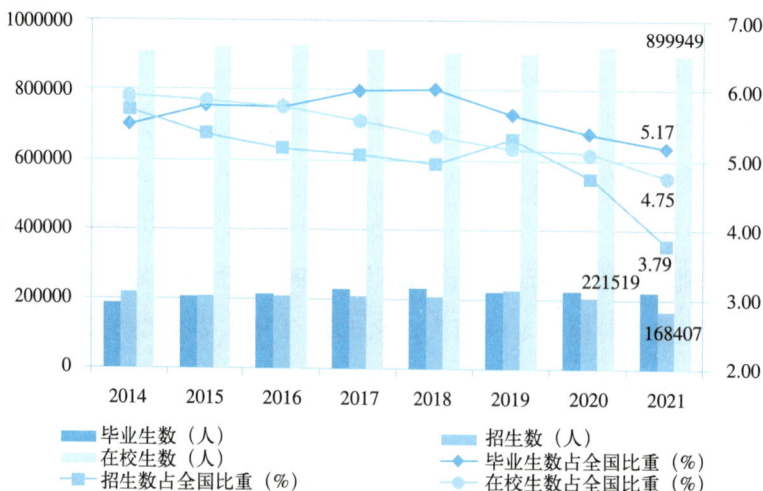

图 1-2　2014 ～ 2021 年全国土木建筑类专业本科生培养情况

　　2021 年，土木建筑类职业本科培养学校共 19 所，开办专业 34 个。土木建筑类职业本科招生 3196 人，占全国职业本科招生人数的 7.72%；土木建筑类职业本科在校生 12491 人，占全国职业本科在校生的 9.66%。

1.1.1.2　研究生教育

1. 研究生教育总体情况

2021 年全国研究生招生 117.65 万人，比 2020 年增加 7.00 万人，增长 6.32%；其中，博士生 12.58 万人，硕士生 105.07 万人。在校研究生 333.24 万人，比 2020 年增加 19.28 万人，增长 6.14%；其中，在校博士生 50.95 万人，在校硕士生 282.29 万人。毕业研究生 77.28 万人，其中，毕业博士生 7.20 万人，毕业硕士生 70.08 万人。

2. 土木建筑类硕士生培养

2021 年土木建筑类硕士生培养高校和机构 337 个，培养高校、机构开办学科点 1183 个，比 2020 年增加 32 个；土木建筑类硕士毕业生 19438 人，比 2020 年增加 64 人，占全国硕士研究生毕业人数的 2.77%，同比下降 0.15 个百分点；土木建筑类硕士招生 44349 人，比 2020 年增加 19755 人，占全国硕士研究生招生人数的 4.22%，同比上涨 1.74 个百分点；土木建筑类硕士在校生 108726 人，比 2020 年增加 42133 人，占全国在校硕士研究生人数的 3.85%，同比上涨 1.36 个百分点。图 1-3、图 1-4 分别示出了 2014 ~ 2021 年全国土木建筑类硕士点开办学科点情况和硕士生培养情况。

图 1-3　2014 ~ 2021 年全国土木建筑类硕士点开办学科点情况

3. 土木建筑类博士生培养

2021 年，土木建筑类博士生培养学校、机构开办学科点共计 366 个，比 2020 年减少 34 个；毕业博士生 2729 人，比 2020 年增加 408 人，占当年全国毕业博士

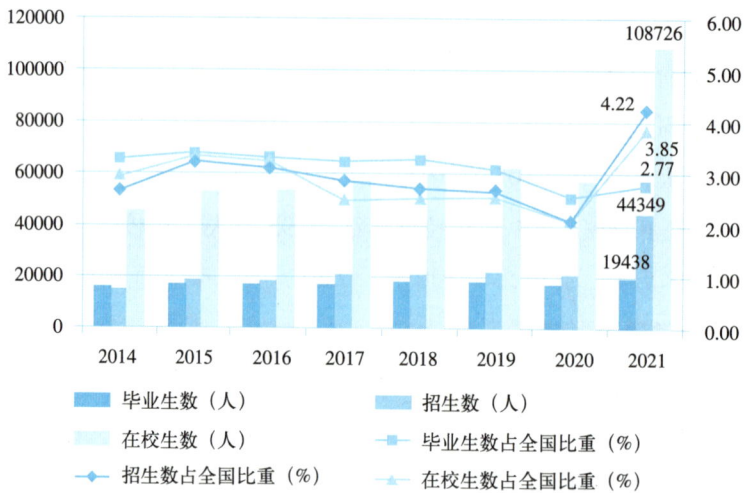

图 1-4　2014～2021 年全国土木建筑类硕士生培养情况

生的 3.79%；招收博士生 4708 人，比 2020 年增加 792 人，占全国博士生招生人数的 3.74%；在校博士生 22207 人，比 2020 年减少 1096 人，占全国在校博士生人数的 4.36%。图 1-5、图 1-6 分别示出了 2014～2021 年全国土木建筑类博士开办学科点情况和博士生培养情况。

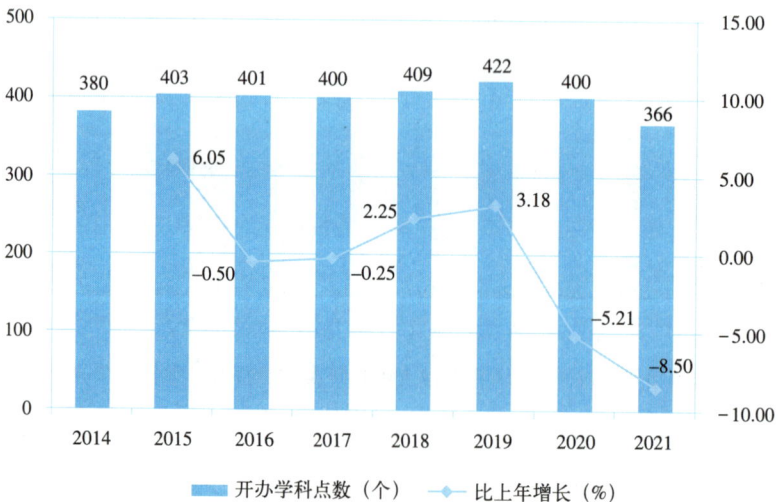

图 1-5　2014～2021 年全国土木建筑类博士开办学科点情况

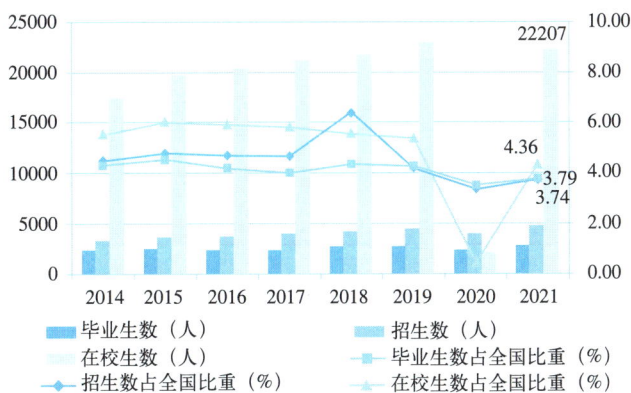

图 1-6　2014 ～ 2021 年全国土木建筑类博士生培养情况

1.1.1.3　土木建筑类学科在全国的占比情况

2021 年土木建筑类学科学生在全国占比情况见表 1-1。其中，博士生的毕业生数占比、招生数占比和在校生数占比为 3.79%、3.74% 和 4.36%；硕士生的毕业生数占比、招生数占比和在校生数占比为 2.77%、4.22% 和 3.85%；本科生的毕业生数占比、招生数占比和在校生数占比为 5.17%、3.79% 和 4.75%。

2021 年土木建筑类学科学生占全国的比重　　　　　表 1-1

学科类别	毕业生			招生			在校生		
	全国（万人）	土木建筑类学科（万人）	土木建筑类学科占比（%）	全国（万人）	土木建筑类学科（万人）	土木建筑类学科占比（%）	全国（万人）	土木建筑类学科（万人）	土木建筑类学科占比（%）
博士生	7.20	0.2729	3.79	12.58	0.4708	3.74	50.95	2.2207	4.36
硕士生	70.08	1.9438	2.77	105.07	4.4349	4.22	282.29	10.8726	3.85
本科生	428.10	22.1519	5.17	444.60	16.8407	3.79	1893.10	89.9949	4.75

1.1.2　建设类专业普通高等教育发展的统计分析

1.1.2.1　本科教育统计分析

（一）普通本科

1. 按学校性质类别统计

表 1-2 给出了土木建筑类本科生按办学类型的分布情况。可以看出，大学和学院是土木建筑类本科生培养的主要力量，数量之和占到全部开办学校的 87.45%。开

办专业数、毕业生数、招生数和在校生数的占比之和均超过 90%。

土木建筑类本科生按办学类型分布情况　　表 1-2

办学类型	开办学校		开办专业		毕业生		招生		在校生	
	数量	占比（%）	数量	占比（%）	数量	占比（%）	数量	占比（%）	数量	占比（%）
大学	307	39.31	1252	44.68	101572	45.85	70848	42.07	403654	44.85
学院	376	48.14	1272	45.40	100240	45.25	83768	49.74	420325	46.71
独立学院	93	11.91	264	9.42	18721	8.45	13791	8.19	72947	8.11
职业本科	5	0.64	14	0.50	986	0.45	0	0.00	3023	0.34
合计	781	100.00	2802	100.00	221519	100.00	168407	100.00	899949	100.00

2. 按学校举办者的统计

表 1-3 给出了土木建筑类本科生按学校举办者的分布情况。其中，省级教育部门和民办高校依然是主要的办学力量，在各项数据中两者的占比之和均超过了 80%。

土木建筑类本科生按学校举办者的分布情况　　表 1-3

举办者名称	开办学校		开办专业		毕业生		招生		在校生	
	数量	占比（%）	数量	占比（%）	数量	占比（%）	数量	占比（%）	数量	占比（%）
教育部	57	7.30	220	7.85	16427	7.42	6344	3.77	59139	6.57
工业和信息化部	6	0.77	20	0.71	985	0.44	534	0.32	3394	0.38
国家民族事务委员会	5	0.64	11	0.39	708	0.32	613	0.36	3185	0.35
交通运输部	1	0.13	1	0.04	60	0.03	83	0.05	283	0.03
应急管理部	1	0.13	6	0.21	493	0.22	442	0.26	1928	0.21
国务院侨务办公室	2	0.26	12	0.43	767	0.35	377	0.22	2853	0.32
中国民用航空总局	1	0.13	1	0.04	75	0.03	96	0.06	306	0.03
省级教育部门	361	46.22	1405	50.14	115062	51.94	90324	53.63	470520	52.28
省级其他部门	12	1.54	26	0.93	1482	0.67	1928	1.14	8128	0.90
地级教育部门	56	7.17	170	6.07	11818	5.33	10071	5.98	50019	5.56
地级其他部门	20	2.56	74	2.64	5975	2.70	4634	2.75	22334	2.48
民办高校	256	32.78	849	30.30	67198	30.34	52894	31.41	276223	30.69
具有法人资格的中外合作办学机构	3	0.38	7	0.25	469	0.21	67	0.04	1637	0.18
合计	781	100.00	2802	100.00	221519	100.00	168407	100.00	899949	100.00

3. 按学校办学类型统计

表 1-4 为土木建筑类本科生按性质类别分布情况，与 2020 年相比，分布情况变化不大。从统计数据可以看出，理工院校和综合大学依然是土木建筑类本科专业的主要办学力量，两者学校数量之和占学校总数的 69.02%，开办专业数量之和占专业总数的 78.55%，毕业生数之和占毕业总生数的 81.77%，招生数之和占招生总数的 80.92%，在校生数之和占在校总生数的 81.5%。

土木建筑类本科生按性质类别分布情况　　　　表 1-4

性质类别	开办学校		开办专业		毕业生		招生		在校生	
	数量	占比(%)	数量	占比(%)	数量	占比(%)	数量	占比(%)	数量	占比(%)
综合大学	247	31.63	852	30.41	61646	27.83	44570	26.47	247017	27.45
理工院校	292	37.39	1349	48.14	119496	53.94	91699	54.45	486378	54.05
财经院校	86	11.01	217	7.74	15458	6.98	10996	6.53	59754	6.64
农业院校	41	5.25	135	4.82	10250	4.63	8767	5.21	45012	5.00
林业院校	7	0.90	36	1.28	2911	1.31	2387	1.42	12797	1.42
师范院校	75	9.60	149	5.32	8854	4.00	7131	4.23	35165	3.91
民族院校	12	1.54	30	1.07	1963	0.89	1772	1.05	8696	0.97
体育院校	1	0.13	1	0.04	17	0.01	0	0.00	15	0.00
医药院校	2	0.26	3	0.11	90	0.04	0	0.00	235	0.03
艺术院校	11	1.41	18	0.64	642	0.29	580	0.34	2767	0.31
语文院校	6	0.77	11	0.39	192	0.09	288	0.17	1896	0.21
政法院校	1	0.13	1	0.04	0	0.00	217	0.13	217	0.02
合计	781	100.00	2802	100.00	221519	100.00	168407	100.00	899949	100.00

4. 按专业统计

2021 年土木建筑类本科生按专业分布情况见表 1-5。

2021 年土木建筑类本科生按专业分布情况　　　　表 1-5

专业类及专业	开办专业		毕业生		招生		在校生		招生数较毕业生数增幅(%)
	数量	占比(%)	数量	占比(%)	数量	占比(%)	数量	占比(%)	
土木类	1173	41.86	120380	54.34	87245	51.81	466293	51.81	-27.53
土木工程	548	19.56	85269	38.49	59367	35.25	327382	36.38	-30.38

续表

专业类及专业	开办专业 数量	开办专业 占比(%)	毕业生 数量	毕业生 占比(%)	招生 数量	招生 占比(%)	在校生 数量	在校生 占比(%)	招生数较毕业生数增幅(%)
建筑环境与能源应用工程	189	6.75	11113	5.02	8350	4.96	42731	4.75	-24.86
给排水科学与工程	178	6.35	10685	4.82	8826	5.24	42038	4.67	-17.40
建筑电气与智能化	88	3.14	4118	1.86	3367	2.00	16653	1.85	-18.24
城市地下空间工程	81	2.89	3431	1.55	2871	1.70	15213	1.69	-16.32
道路桥梁与渡河工程	89	3.18	5764	2.60	4464	2.65	22276	2.48	-22.55
建筑类	738	26.34	34378	15.52	32399	19.24	169944	18.88	-5.76
建筑学	300	10.71	15894	7.18	14564	8.65	82929	9.21	-8.37
城乡规划	228	8.14	9084	4.10	7888	4.68	43229	4.80	-13.17
风景园林	202	7.21	9194	4.15	9736	5.78	42805	4.76	5.90
历史建筑保护工程	8	0.29	206	0.09	211	0.13	981	0.11	2.43
管理科学与工程类	792	28.27	63428	28.63	45618	27.09	249550	27.73	-28.08
工程管理	444	15.85	34467	15.56	22708	13.48	128339	14.26	-34.12
房地产开发与管理	75	2.68	2872	1.30	1989	1.18	9684	1.08	-30.75
工程造价	273	9.74	26089	11.78	20921	12.42	111527	12.39	-19.81
工商管理类	34	1.21	1195	0.54	1190	0.71	5271	0.59	-0.42
物业管理	34	1.21	1195	0.54	1190	0.71	5271	0.59	-0.42
公共管理类	65	2.32	2138	0.97	1955	1.16	8891	0.99	-8.56
城市管理	65	2.32	2138	0.97	1955	1.16	8891	0.99	-8.56
合计	2802	100.00	221519	100.00	168407	100.00	899949	100.00	-23.98

总体而言，与2020年相比，开办专业数由2998个下降至2802个，毕业生数由226016人下降至221519人，招生数由208032人下降至168407人，在校生数由927081人下降至899949人。由此可见，土木建筑类本科办学规模处于下行态势。

从表1-5中可以看出，在土木建筑类本科的五大专业类别中，土木类、管理科学与工程类、建筑类3个专业类别在开办专业数、毕业生数、招生数和在校生数的统计中位居前三，这与当前我国建筑行业人才需求的实际情况相吻合。2021年土木建筑类本科招生数较毕业生数增幅总体下降23.98%，五大专业类别均呈现负增长态势。其中，管理科学与工程类和土木类专业的招生数较毕业生数增幅下降态势最明显，分别为 −28.08% 和 −27.53%。

在表 1-5 统计的 15 个土木建筑类专业中，土木工程、工程管理、建筑学、工程造价作为传统优势专业，在开办专业数、毕业生数、招生数、在校生数的数量上均高于其他专业，占据了前四的位置，其统计数据与当前行业人才市场需求状况是一致的。从"招生数较毕业生数增幅"的数据来看，土木建筑类专业的吸引力持续下降，除了风景园林和历史建筑保护工程两个专业外，其他 13 个专业均出现负增长的情况，其中增幅下降最多的分别是工程管理、房地产开发与管理和土木工程专业，分别达到 −34.12%、−30.75% 和 −30.38%。

5. 按地区统计

2021 年土木建筑类专业本科按地区分布情况见表 1-6。

2021 年土木建筑类专业本科生按地区分布情况　　　　表 1-6

地区	开办学校		开办专业		毕业人数		招生人数		在校人数		招生数较毕业生数增幅（%）
	数量	占比（%）	数量	占比（%）	数量	占比（%）	数量	占比（%）	数量	占比（%）	
华北	102	13.06	374	13.35	29109	13.14	20354	12.09	113646	12.63	−30.08
北京	21	2.69	74	2.64	4134	1.87	2485	1.48	15327	1.70	−39.89
天津	12	1.54	35	1.25	3180	1.44	2083	1.24	12633	1.40	−34.50
河北	40	5.12	161	5.75	13221	5.97	9538	5.66	53888	5.99	−27.86
山西	17	2.18	59	2.11	5300	2.39	3826	2.27	19012	2.11	−27.81
内蒙古	12	1.54	45	1.61	3274	1.48	2422	1.44	12786	1.42	−26.02
东北	75	9.60	292	10.42	22208	10.03	19565	11.62	91803	10.20	−11.90
辽宁	32	4.10	123	4.39	8540	3.86	7572	4.50	36295	4.03	−11.33
吉林	20	2.56	88	3.14	7652	3.45	6904	4.10	30500	3.39	−9.78
黑龙江	23	2.94	81	2.89	6016	2.72	5089	3.02	25008	2.78	−15.41
华东	237	30.35	844	30.12	64928	29.31	50478	29.97	264821	29.43	−22.26
上海	16	2.05	37	1.32	2603	1.18	1172	0.70	9657	1.07	−54.98
江苏	53	6.79	196	7.00	15835	7.15	12109	7.19	62972	7.00	−23.53
浙江	36	4.61	117	4.18	6994	3.16	5643	3.35	30570	3.40	−19.32
安徽	27	3.46	112	4.00	8884	4.01	8419	5.00	38757	4.31	−5.23
福建	29	3.71	110	3.93	8550	3.86	7290	4.33	35819	3.98	−14.74
江西	30	3.84	106	3.78	7357	3.32	6091	3.62	30999	3.44	−17.21

续表

地区	开办学校		开办专业		毕业人数		招生人数		在校人数		招生数较毕业生数增幅(%)
	数量	占比(%)	数量	占比(%)	数量	占比(%)	数量	占比(%)	数量	占比(%)	
山东	46	5.89	166	5.92	14705	6.64	9754	5.79	56047	6.23	−33.67
中南	200	25.61	708	25.27	58967	26.62	42230	25.08	235690	26.19	−28.38
河南	49	6.27	209	7.46	19912	8.99	15670	9.30	78902	8.77	−21.30
湖北	54	6.91	176	6.28	11078	5.00	4871	2.89	39901	4.43	−56.03
湖南	35	4.48	129	4.60	11381	5.14	9300	5.52	47800	5.31	−18.28
广东	34	4.35	115	4.10	9087	4.10	6590	3.91	38189	4.24	−27.48
广西	26	3.33	72	2.57	6812	3.08	5316	3.16	28423	3.16	−21.96
海南	2	0.26	7	0.25	697	0.31	483	0.29	2475	0.28	−30.70
西南	97	12.42	353	12.60	30031	13.56	20538	12.20	122441	13.61	−31.61
重庆	20	2.56	67	2.39	6667	3.01	2552	1.52	25390	2.82	−61.72
四川	34	4.35	139	4.96	12396	5.60	10807	6.42	56213	6.25	−12.82
贵州	18	2.30	62	2.21	4458	2.01	2636	1.57	16995	1.89	−40.87
云南	22	2.82	78	2.78	6332	2.86	4307	2.56	22779	2.53	−31.98
西藏	3	0.38	7	0.25	178	0.08	236	0.14	1064	0.12	32.58
西北	70	8.96	231	8.24	16276	7.35	15242	9.05	71548	7.95	−6.35
陕西	37	4.74	128	4.57	9319	4.21	7657	4.55	38365	4.26	−17.83
甘肃	14	1.79	54	1.93	4451	2.01	4413	2.62	19267	2.14	−0.85
青海	3	0.38	6	0.21	467	0.21	545	0.32	2139	0.24	16.70
宁夏	5	0.64	16	0.57	715	0.32	605	0.36	3141	0.35	−15.38
新疆	11	1.41	27	0.96	1324	0.60	2022	1.20	8636	0.96	52.72
合计	781	100.00	2802	100.00	221519	100.00	168407	100.00	899949	100.00	−23.98

2021 年，我国在 31 个省级行政区中（我国省级行政区 34 个，统计时没有统计中国香港、澳门和台湾，下同）开办土木建筑类专业的学校最多的两个地区是湖北和江苏，分别为 54 所和 53 所，开办学校最少的地区有海南、西藏、青海和宁夏。开设土木建筑类本科专业最多的两个地区是河南和江苏，分别开设了 209 个和 196 个土木建筑类本科专业。开设土木建筑类本科专业数量最少的是青海、西藏和海南，分别为 6 个、7 个、7 个土木建筑类本科专业。统计数据表明，我国高等建设教育地域分布差异较大，发展不平衡。

从各个地区开办学校和专业的数量上来看，占比均超过 5% 的有河北、江苏、山东、河南、湖北 5 个地区，占比均不足 1% 的有海南、西藏、青海、宁夏 4 个地区；在毕业生数上，占比超过 5% 的有河南、江苏、山东、四川、河北、湖南 6 个地区，占比不足 1% 的有海南、新疆、宁夏、青海、西藏 5 个地区；在招生数上，占比超过 5% 的有河南、江苏、河北、湖南、四川、山东、安徽 7 个地区，占比不足 1% 的有宁夏、海南、青海、西藏 4 个地区；在校生数上，占比超过 5% 的河南、江苏、山东、河北、四川、湖南 6 个地区，占比不足 1% 的有新疆、宁夏、海南、青海、西藏 5 个地区；从招生数较毕业生数增幅看，增幅为正增长的有西藏、新疆和青海 3 个地区，其余 28 个地区均为负增长，其中降幅在 40% 以上的有重庆、贵州、湖北和上海 4 个地区。

按区域板块分析，东、中、西部地区在开办学校、开办专业数、毕业生数、招生数和在校生数方面表现出明显的差异。华东地区占比最大，共开设 237 所学校、844 个土木建筑类本科专业；中南地区排名第二，共开设 200 所学校、708 个土木建筑类本科专业；西北地区在各项统计数据中排名垫底，共开设 70 所学校、231 个土木建筑类本科专业，可见全国土木建筑类本科院校的分布呈现由东向西、由南向北逐渐递减的特征。从招生数较毕业生数的增幅这一数据来看，所有区域板块均呈现负增长，其中西南地区降幅最大，为 31.61%。

（二）职业本科

1. 按举办者统计

表 1-7 为土木建筑类职业本科生按举办者的分布情况，从统计数据可以看出，省级教育部门是土木建筑类职业本科生培养的主要办学力量，开办学校数占到学校总数的 78.95%，开办专业数占总数的 67.65%，招生数占招生总数的 67.12%，在校生数之和占在校总数的 87.37%。

土木建筑类职业本科生按举办者的分布情况　　　　表 1-7

举办者名称	开办学校		开办专业		毕业生		招生		在校生	
	数量	占比（%）	数量	占比（%）	数量	占比（%）	数量	占比（%）	数量	占比（%）
省级教育部门	15	78.95	23	67.65			2548	67.12	10914	87.37
民办	4	21.05	11	32.35			1248	32.88	1577	12.63
合计	19	100.00	34	100.00			3796	100.00	12491	100.00

2. 按性质类别统计

表 1-8 为土木建筑类职业本科生按性质类别分布情况，从统计数据可以看出，理工院校是土木建筑类职业本科生培养的主要力量，开办学校数占到学校总数的 63.16%，开办专业数占总数的 70.59%，招生数占招生总数的 72.08%，在校生数之和占在校总数的 59.75%。

土木建筑类职业本科生按性质类别分布情况　　　　　表 1-8

性质类别	开办学校		开办专业		毕业生		招生		在校生	
	数量	占比（%）	数量	占比（%）	数量	占比（%）	数量	占比（%）	数量	占比（%）
综合大学	3	15.79	5	14.71			653	17.20	2953	23.64
理工院校	12	63.16	24	70.59			2736	72.08	7463	59.75
财经院校	2	10.53	2	5.88			105	2.77	1320	10.57
农业院校	1	5.26	2	5.88			192	5.06	192	1.54
艺术院校	1	5.26	1	2.94			110	2.90	563	4.51
合计	19	100.00	34	100.00			3796	100.00	12491	100.00

3. 按专业统计

2021 年土木建筑类职业本科生按专业分布情况见表 1-9。

土木建筑类职业本科生按专业分布情况　　　　　表 1-9

专业类及专业	开办专业		毕业生		招生		在校生	
	数量	占比（%）	数量	占比（%）	数量	占比（%）	数量	占比（%）
建筑设计类	6	17.65			836	22.02	1208	9.67
建筑设计	3	8.82			417	10.99	537	4.30
建筑装饰工程	1	2.94			149	3.93	149	1.19
园林景观工程	2	5.88			270	7.11	522	4.18
土建施工类	14	41.18			1408	37.09	5161	41.32
建筑工程	13	38.24			1290	33.98	5043	40.37
智能建造工程	1	2.94			118	3.11	118	0.94
建筑设备类	2	5.88			235	6.19	235	1.88
建筑环境与能源工程	1	2.94			118	3.11	118	0.94
建筑电气与智能化工程	1	2.94			117	3.08	117	0.94
建筑工程管理类	12	35.29			1317	34.69	5887	47.13
工程造价	10	29.41	0		1181	31.11	5422	43.41

续表

专业类及专业	开办专业		毕业生		招生		在校生	
	数量	占比（%）	数量	占比（%）	数量	占比（%）	数量	占比（%）
建设工程管理	2	5.88	0		136	3.58	465	3.72
合计	34	100.00	0		3796	100.00	12491	100.00

从表 1-9 中可以看出，在土木建筑类职业本科的四个专业类别中，土建施工类和建筑工程管理类两个专业类别的开办专业数、招生数和在校生数占到土木建筑类职业本科教育的 70% 以上，这与当前我国建筑行业人才需求的实际情况相吻合。

4. 按地区专业统计

2021 年土木建筑类专业职业本科生按地区分布情况见表 1-10。

2021 年土木建筑类专业职业本科生按地区分布情况　　　表 1-10

地区	开办学校		开办专业		毕业生		招生		在校生	
	数量	占比（%）	数量	占比（%）	数量	占比（%）	数量	占比（%）	数量	占比（%）
山西	2	10.53	8	23.53			938	24.71	1312	10.50
辽宁	1	5.26	2	5.88			116	3.06	466	3.73
上海	1	5.26	1	2.94			57	1.50	85	0.68
江苏	1	5.26	1	2.94			70	1.84	399	3.19
浙江	1	5.26	4	11.76			681	17.94	1532	12.26
福建	1	5.26	1	2.94			135	3.56	488	3.91
山东	2	10.53	3	8.82			401	10.56	1392	11.14
河南	1	5.26	1	2.94			111	2.92	619	4.96
湖南	1	5.26	1	2.94			66	1.74	66	0.53
广东	2	10.53	3	8.82			320	8.43	2229	17.84
广西	2	10.53	4	11.76			427	11.25	1595	12.77
海南	1	5.26	2	5.88			165	4.35	951	7.61
重庆	1	5.26	1	2.94			151	3.98	746	5.97
四川	1	5.26	1	2.94			110	2.90	563	4.51
甘肃	1	5.26	1	2.94			48	1.26	48	0.38
合计	19	100.00	34	100.00			3796	100.00	12491	100.00

2021 年，我国共有 15 个省级行政区开展土木建筑专业职业本科教育，其中山西、山东、广东和广西分别开办 2 所学校，其余地区均为 1 所。开办土木建筑职业教育专业最多的是山西，专业数是 8 个，占到全部开办专业的 23.53%。招生数最多的也是山西，共招收 938 人，占到全部招生数的 24.71%。从在校生规模来看，广东、广西和浙江是土木建筑类职业本科在校生数最多的三个地区，占比均超过了 12%。在校生数占比不足 1% 的地区有上海、湖南和甘肃。统计数据表明，我国土木建筑类专业职业本科教育的规模有限，地域差异较大。

1.1.2.2 研究生教育统计分析

（一）硕士研究生

1. 按办学类型统计

表 1-11 给出了土木建筑类硕士生按办学类型分布情况。从表 1-11 中可以看出，大学依然是土木建筑类硕士生培养的主力军，学校数量占比 86.65%，开办学科点占比 92.73%，毕业生数、招生数和在校生数占比均在 96% 左右。

土木建筑类硕士生按办学类型分布情况 表 1-11

性质类别	开办学校		开办学科点		毕业生		招生		在校生	
	数量	占比（%）	数量	占比（%）	数量	占比（%）	数量	占比（%）	数量	占比（%）
大学	292	86.65	1097	92.73	18648	95.94	42949	96.84	105289	96.84
学院	28	8.31	47	3.97	645	3.32	1161	2.62	2800	2.58
培养研究生的科研机构	17	5.04	39	3.30	145	0.75	239	0.54	637	0.59
合计	337	100.00	1183	100.00	19438	100.00	44349	100.00	108726	100.00

2. 按学校、机构举办者统计

表 1-12 列出了土木建筑硕士生按学校、机构举办者统计的分布情况，从表 1-12 中可以看出，省级教育部门主管高校和教育部所属高校是培养土木建筑类硕士生的主要力量，开办学科点数之和占比 88.93%，其余三项之和占比均超过 90%。

土木建筑类硕士生按学校、机构举办者分布情况　　　　表 1-12

举办者	开办学科点		毕业人数		招生人数		在校人数	
	数量	占比（%）	数量	占比（%）	数量	占比（%）	数量	占比（%）
教育部	318	26.88	7615	39.18	14331	32.31	36730	33.78
工业和信息化部	33	2.79	892	4.59	1495	3.37	3507	3.23
国务院国有资产监督管理委员会	13	1.10	27	0.14	29	0.07	90	0.08
国务院侨务办公室	11	0.93	113	0.58	281	0.63	790	0.73
水利部	8	0.68	18	0.09	34	0.08	90	0.08
交通运输部	6	0.51	40	0.21	196	0.44	415	0.38
国家民委	3	0.25	1	0.01	24	0.05	40	0.04
农业部	1	0.08	15	0.08	15	0.03	48	0.04
中国地震局	8	0.68	53	0.27	113	0.25	299	0.28
中国科学院	6	0.51	86	0.44	195	0.44	439	0.40
国家林业局	1	0.08	18	0.09	19	0.04	44	0.04
中国铁道总公司	3	0.25	12	0.06	18	0.04	42	0.04
中国航空集团公司	2	0.17	1	0.01	5	0.01	9	0.01
中国民用航空总局	2	0.17	5	0.03	11	0.02	26	0.02
省级教育部门	734	62.05	9931	51.09	26292	59.28	63169	58.10
省级其他部门	5	0.42	0	0.00	128	0.29	244	0.22
地级教育部门	23	1.94	559	2.88	1077	2.43	2526	2.32
地级其他部门	5	0.42	52	0.27	41	0.09	129	0.12
民办	1	0.08	0	0.00	45	0.10	89	0.08
合计	1183	100.00	19438	100.00	44349	100.00	108726	100.00

3. 按学校、机构性质类别统计

表 1-13 为土木建筑类硕士生按学校、机构性质类别统计的分布情况。从表 1-13 中可以看出，理工院校和综合大学是培养土木建筑类硕士生的主要力量。两者举办学校数量之和占到土木建筑类硕士生培养学校的 64.99%，两者开办学科点之和占开办学科点总数的 83.52%，两者毕业生数之和占比 86.45%，两者招生数之和和在校生数之和占比均超过 88%。

土木建筑类硕士生按学校、机构性质类别统计的分布情况　　表 1-13

办学类型	举办学校		开办学科点		毕业生		招生		在校生	
	数量	占比（%）	数量	占比（%）	数量	占比（%）	数量	占比（%）	数量	占比（%）
综合大学	74	21.96	320	27.05	5558	28.59	11496	25.92	28917	26.60
理工院校	145	43.03	668	56.47	11246	57.86	27967	63.06	67307	61.91
财经院校	31	9.20	32	2.70	446	2.29	744	1.68	1876	1.73
林业院校	6	1.78	32	2.70	712	3.66	1127	2.54	3171	2.92
民族院校	2	0.59	3	0.25	1	0.01	24	0.05	40	0.04
农业院校	29	8.61	50	4.23	873	4.49	2081	4.69	5120	4.71
师范院校	21	6.23	25	2.11	362	1.86	455	1.03	1100	1.01
医药院校	3	0.89	3	0.25	12	0.06	20	0.05	59	0.05
艺术院校	6	1.78	8	0.68	71	0.37	158	0.36	402	0.37
语文院校	3	0.89	3	0.25	12	0.06	38	0.09	97	0.09
培养研究生的科研机构	17	5.04	39	3.30	145	0.75	239	0.54	637	0.59
合计	337	100.00	1183	100.00	19438	100.00	44349	100.00	108726	100.00

4. 按学科统计

2021 年土木建筑类学科硕士生按学科统计的分布情况见表 1-14。

2021 年土木建筑类学科硕士生按学科统计的分布情况　　表 1-14

学科类别	开办学科点		毕业生		招生		在校生		招生数较毕业生数增幅（%）
	数量	占比（%）	数量	占比（%）	数量	占比（%）	数量	占比（%）	
学术型学位硕士	849	71.77	11886	61.15	15832	35.70	44342	40.78	33.20
工学	617	52.16	7852	40.40	9485	21.39	27415	25.21	20.80
土木工程	522	44.13	6860	35.29	8077	18.21	23343	21.47	17.74
结构工程	80	6.76	1106	5.69	908	2.05	3016	2.77	−17.90
岩土工程	75	6.34	708	3.64	618	1.39	2044	1.88	−12.71
桥梁与隧道工程	61	5.16	504	2.59	482	1.09	1485	1.37	−4.37
防灾减灾工程及防护工程	61	5.16	208	1.07	193	0.44	607	0.56	−7.21
市政工程	60	5.07	517	2.66	437	0.99	1377	1.27	−15.47
供热、供燃气、通风及空调工程	57	4.82	531	2.73	447	1.01	1459	1.34	−15.82

续表

学科类别	开办学科点		毕业生		招生		在校生		招生数较毕业生数增幅（%）
	数量	占比（%）	数量	占比（%）	数量	占比（%）	数量	占比（%）	
土木工程学科	128	10.82	3286	16.91	4992	11.26	13355	12.28	51.92
建筑学	95	8.03	992	5.10	1408	3.17	4072	3.75	41.94
建筑学学科	72	6.09	833	4.29	1340	3.02	3783	3.48	60.86
建筑技术科学	7	0.59	27	0.14	18	0.04	66	0.06	−33.33
建筑设计及其理论	11	0.93	118	0.61	33	0.07	174	0.16	−72.03
建筑历史与理论	5	0.42	14	0.07	17	0.04	49	0.05	21.43
管理学	232	19.61	4034	20.75	6347	14.31	16927	15.57	57.34
管理科学与工程学科	232	19.61	4034	20.75	6347	14.31	16927	15.57	57.34
专业学位硕士	334	28.23	7552	38.85	28517	64.30	64384	59.22	277.61
工学	253	21.39	5446	28.02	24972	56.31	54403	50.04	358.54
土木水利	174	14.71	2315	11.91	21407	48.27	43731	40.22	824.71
建筑学	49	4.14	2287	11.77	2539	5.73	7685	7.07	11.02
城市规划	30	2.54	844	4.34	1026	2.31	2987	2.75	21.56
农学	81	6.85	2106	10.83	3545	7.99	9981	9.18	68.33
风景园林	81	6.85	2106	10.83	3545	7.99	9981	9.18	68.33
合计	1183	100.00	19438	100.00	44349	100.00	108726	100.00	128.16

2021 年开办土木建筑类硕士学科点 1183 个，招收硕士生 44349 人。其中学术型学位硕士学科点 849 个，占比 71.77%，招收学术型学位硕士 15832 人，占比 35.7%；专业学位硕士学科点 334 个，占比 28.23%，招收专业学位硕士 28517 人，占比 64.3%。在学术型学位硕士的统计中，土木工程和管理科学与工程两个学科在开办学科点、毕业生数、招生数、在校生数方面具有明显的优势。在专业学位硕士的统计中，土木水利类别在开办学科点、毕业生数、招生数、在校生数方面具有明显的优势。从"招生数较毕业生数增幅"的数据来看，与往年相比，学术型学位硕士的招生稳中有升，增幅为 33.2%。专业学位硕士的招生规模扩大明显，增幅达到 277.61%。可见学术性学位硕士研究生招生规模正在趋于稳定，专业学位硕士研究生的规模持续扩大。

5.按地区统计

2021年土木建筑类专业硕士研究生按地区分布情况见表1-15。

2021年土木建筑类专业硕士生按地区分布情况　　　表1-15

地区	举办学校		开办学科点		毕业生		招生		在校生		招生数较毕业生数增幅（%）
	数量	占比（%）	数量	占比（%）	数量	占比（%）	数量	占比（%）	数量	占比（%）	
华北	77	22.85	232	19.61	3546	18.24	7405	16.70	18165	16.71	108.83
北京	42	12.46	115	9.72	1880	9.67	3549	8.00	8787	8.08	88.78
天津	14	4.15	38	3.21	569	2.93	1369	3.09	3338	3.07	140.60
河北	11	3.26	51	4.31	786	4.04	1591	3.59	3976	3.66	102.42
山西	6	1.78	11	0.93	146	0.75	467	1.05	1028	0.95	219.86
内蒙古	4	1.19	17	1.44	165	0.85	429	0.97	1036	0.95	160.00
东北	40	11.87	134	11.33	2286	11.76	5214	11.76	12527	11.52	128.08
辽宁	20	5.93	68	5.75	943	4.85	2611	5.89	6208	5.71	176.88
吉林	9	2.67	28	2.37	484	2.49	797	1.80	2076	1.91	64.67
黑龙江	11	3.26	38	3.21	859	4.42	1806	4.07	4243	3.90	110.24
华东	96	28.49	379	32.04	5807	29.87	13732	30.96	33691	30.99	136.47
上海	12	3.56	45	3.80	1383	7.11	2090	4.71	5735	5.27	51.12
江苏	24	7.12	116	9.81	1779	9.15	4631	10.44	10936	10.06	160.31
浙江	14	4.15	39	3.30	840	4.32	1444	3.26	3694	3.40	71.90
安徽	9	2.67	39	3.30	520	2.68	1506	3.40	3574	3.29	189.62
福建	7	2.08	34	2.87	425	2.19	1041	2.35	2613	2.40	144.94
江西	11	3.26	42	3.55	204	1.05	912	2.06	2186	2.01	347.06
山东	19	5.64	64	5.41	656	3.37	2108	4.75	4953	4.56	221.34
中南	68	20.18	234	19.78	3909	20.11	9107	20.53	22421	20.62	132.98
河南	14	4.15	46	3.89	525	2.70	1592	3.59	3867	3.56	203.24
湖北	20	5.93	79	6.68	1295	6.66	2557	5.77	6400	5.89	97.45
湖南	11	3.26	43	3.63	1035	5.32	2108	4.75	5385	4.95	103.67
广东	16	4.75	46	3.89	831	4.28	1921	4.33	4660	4.29	131.17
广西	6	1.78	17	1.44	203	1.04	839	1.89	1898	1.75	313.30
海南	1	0.30	3	0.25	20	0.10	90	0.20	211	0.19	350.00
西南	30	8.90	93	7.86	1937	9.97	4378	9.87	10909	10.03	126.02
重庆	9	2.67	24	2.03	730	3.76	1662	3.75	3998	3.68	127.67

续表

地区	举办学校		开办学科点		毕业生		招生		在校生		招生数较毕业生数增幅（%）
	数量	占比（%）	数量	占比（%）	数量	占比（%）	数量	占比（%）	数量	占比（%）	
四川	13	3.86	39	3.30	872	4.49	1963	4.43	4934	4.54	125.11
贵州	2	0.59	7	0.59	135	0.69	215	0.48	557	0.51	59.26
云南	5	1.48	22	1.86	200	1.03	505	1.14	1375	1.26	152.50
西藏	1	0.30	1	0.08	0	0.00	33	0.07	45	0.04	—
西北	26	7.72	111	9.38	1953	10.05	4513	10.18	11013	10.13	131.08
陕西	14	4.15	67	5.66	1562	8.04	3214	7.25	8021	7.38	105.76
甘肃	5	1.48	25	2.11	262	1.35	762	1.72	1783	1.64	190.84
青海	1	0.30	3	0.25	25	0.13	76	0.17	181	0.17	204.00
宁夏	1	0.30	5	0.42	11	0.06	108	0.24	222	0.20	881.82
新疆	5	1.48	11	0.93	93	0.48	353	0.80	806	0.74	279.57
合计	337	100.00	1183	100.00	19438	100.00	44349	100.00	108726	100.00	128.16

2021 年，我国 31 个省级行政区中，开办土木建筑类专业硕士的培养学校最多的是北京，共 42 所学校，占全国学校数量的 12.46%。开办土木建筑类专业硕士学科点最多的地区是江苏和北京，分别开办了 116 个和 115 个土木建筑类学科点，远远超过其他地区。

从毕业生数的统计数据可以看出，北京、江苏和陕西分别以 1880 人、1779 人和 1562 人的绝对优势排名前三位，三个地区的土建类专业硕士毕业生数量占到全国土建类专业硕士研究生毕业生数量的 26.86%。

从招生数的统计数据可以看出，江苏、北京和陕西依旧排名前三位，2021 年招生人数分别是 4631 人、3549 人和 3214 人。三个地区的土建类专业硕士招生数占到全国土建类专业硕士招生数的 25.69%。

从在校生数的统计数据可以看出，排名前三位的是江苏、北京和陕西，分别为 10936 人、8787 人和 8021 人。三个地区的土建类专业硕士在校生数占到全国土建类专业硕士在校生数的 25.52%。

从招生数较毕业生数增幅的统计数据可以看出，涨幅超过 100% 的地区有 24 个，超过 200% 的地区有 9 个，其中涨幅最大的是宁夏，达到了 881.82%，海南、江西、广西的增幅均超过300%。由此可见，土木建筑类专业硕士的培养规模正在全面扩大。

（二）博士研究生

1. 按学校、机构性质类别统计

表1-16是土木建筑类博士生按学校、机构性质类别统计的分布情况。从表1-16中可以看出，大学依然是土木建筑类博士生培养的绝对主力，各项占比均在96%以上。

土木建筑类博士生按学校、机构性质类别统计的分布情况　　表1-16

性质类别	举办学校		开办学科点		毕业生		招生		在校生	
	数量	占比（%）	数量	占比（%）	数量	占比（%）	数量	占比（%）	数量	占比（%）
大学	120	96.00	355	96.99	2691	98.61	4655	98.87	21965	98.91
培养研究生的科研机构	5	4.00	11	3.01	38	1.39	53	1.13	242	1.09
合计	125	100.00	366	100.00	2729	100.00	4708	100.00	22207	100.00

2. 按学校、机构举办者统计

表1-17为土木建筑类博士生按学校、机构举办者统计的分布情况，从表1-17中可以看出，省级教育部门主管高校和教育部所属高校是培养土木建筑类博士生的主要力量，两者开办学校数量之和占开办学校总数的84.8%，两者开办学科点之和占比88.53%，两者的毕业生数、招生数和在校生数三项之和占比均超过82%。

土木建筑类博士生按学校、机构举办者统计的分布情况　　表1-17

举办者	举办学校		开办学科点		毕业生		招生		在校生	
	数量	占比（%）	数量	占比（%）	数量	占比（%）	数量	占比（%）	数量	占比（%）
教育部	50	40.00	185	50.55	1661	60.86	2769	58.81	13297	59.88
工业和信息化部	7	5.60	13	3.55	244	8.94	403	8.56	1982	8.93
交通运输部	1	0.80	1	0.27	10	0.37	20	0.42	87	0.39
水利部	2	1.60	2	0.55	9	0.33	15	0.32	63	0.28
国务院国有资产监督管理委员会	1	0.80	4	1.09	6	0.22	5	0.11	21	0.09
国务院侨务办公室	2	1.60	4	1.09	9	0.33	24	0.51	123	0.55
中国铁路总公司	1	0.80	2	0.55	3	0.11	3	0.06	16	0.07

续表

举办者	举办学校		开办学科点		毕业生		招生		在校生	
	数量	占比(%)	数量	占比(%)	数量	占比(%)	数量	占比(%)	数量	占比(%)
中国地震局	1	0.80	3	0.82	20	0.73	30	0.64	142	0.64
中国科学院	2	1.60	5	1.37	170	6.23	209	4.44	932	4.20
省级教育部门	56	44.80	139	37.98	587	21.51	1170	24.85	5336	24.03
地级教育部门	2	1.60	8	2.19	10	0.37	60	1.27	208	0.94
合计	125	100.00	366	100.00	2729	100.00	4708	100.00	22207	100.00

3. 按学校、机构办学类型统计

表 1-18 为土木建筑类博士生按学校、机构办学类型统计的分布情况。从表 1-18 中可以看出，理工院校和综合大学是培养土木建筑类博士生的主要力量。两者举办学校占比之和、开办学科点占比之和分别为 85.60%、93.44%，在毕业生数、招生数和在校生数方面，两者数量之和的占比均超过 96%。

土木建筑类博士生按学校、机构办学类型统计的分布情况　　表 1-18

办学类型	举办学校		开办学科点		毕业生		招生		在校生	
	数量	占比(%)	数量	占比(%)	数量	占比(%)	数量	占比(%)	数量	占比(%)
综合大学	36	28.80	110	30.05	1006	36.86	1779	37.79	8017	36.10
理工院校	71	56.80	232	63.39	1630	59.73	2745	58.31	13431	60.48
财经院校	7	5.60	7	1.91	30	1.10	93	1.98	375	1.69
农业院校	1	0.80	1	0.27	4	0.15	0	0.00	0	0.00
林业院校		0.00		0.00	6	0.22	1.45	0.03	20	0.09
师范院校	4	3.20	4	1.09	21	0.77	30	0.64	120	0.54
语文院校	1	0.80	1	0.27	0	0.00	8	0.17	22	0.10
培养研究生的科研机构	5	4.00	11	3.01	38	1.39	53	1.13	242	1.09
合计	125	100.00	366	100.00	2729	100.00	4708	100.00	22207	100.00

4. 按学科统计

2021 年土木建筑类博士生按学科统计的分布情况见表 1-19。

2021年土木建筑类博士生按学科统计的分布情况 表 1-19

学科类别	开办学科点		毕业生		招生		在校生		招生数较毕业生数增幅（%）
	数量	占比(%)	数量	占比(%)	数量	占比(%)	数量	占比(%)	
土木工程	232	63.39	1460	53.50	2330	49.49	11030	49.67	59.59
结构工程	33	9.02	205	7.51	230	4.89	1334	6.01	12.20
岩土工程	40	10.93	307	11.25	279	5.93	1735	7.81	-9.12
桥梁与隧道工程	30	8.20	82	3.00	129	2.74	688	3.10	57.32
防灾减灾工程及防护工程	26	7.10	54	1.98	61	1.30	348	1.57	12.96
市政工程	28	7.65	99	3.63	69	1.47	499	2.25	-30.30
供热、供燃气、通风及空调工程	22	6.01	82	3.00	62	1.32	392	1.77	-24.39
土木工程学科	53	14.48	631	23.12	1500	31.86	6034	27.17	137.72
建筑学	26	7.10	164	6.01	293	6.22	1558	7.02	78.66
建筑学学科	20	5.46	155	5.68	279	5.93	1439	6.48	80.00
建筑技术科学	2	0.55	3	0.11	3	0.06	23	0.10	0.00
建筑设计及其理论	3	0.82	6	0.22	9	0.19	83	0.37	50.00
建筑历史与理论	1	0.27	0	0.00	2	0.04	13	0.06	—
管理科学与工程学科	98	26.78	1105	40.49	1695	36.00	8897	40.06	53.39
土木水利（专业型）	10	2.73	0	0.00	390	8.28	722	3.25	—
合计	366	100.00	2729	100.00	4708	100.00	22207	100.00	72.52

2021年共计招收博士生4708人，招生规模与2020年基本持平。土木工程和管理科学与工程两个学科类别在开办学科点、毕业生数、招生数、在校生数方面具有明显的优势。从"招生数较毕业生数增幅"的数据来看，土木工程博士学科的增幅最大，达到137.72%。市政工程和供热、供燃气、通风及空调工程两个博士学科连续两年出现增幅为负数，岩土工程博士学科首次出现增幅为负数的情况。

5. 按地区统计

2021年土木建筑类专业博士研究生按地区分布情况见表1-20。

2021 年土木建筑类专业博士研究生按地区分布情况　表 1-20

地区	开办学校		开办学科点		毕业生		招生		在校生		招生数较毕业生数增幅（%）
	数量	占比（%）	数量	占比（%）	数量	占比（%）	数量	占比（%）	数量	占比（%）	
华北	31	24.80	70	19.13	824	30.19	1201	25.51	5623	25.32	45.75
北京	21	16.80	46	12.57	649	23.78	916	19.46	4278	19.26	41.14
天津	4	3.20	12	3.28	119	4.36	189	4.01	868	3.91	58.82
河北	4	3.20	7	1.91	32	1.17	67	1.42	364	1.64	109.38
山西	2	1.60	5	1.37	24	0.88	29	0.62	113	0.51	20.83
东北	12	9.60	38	10.38	285	10.44	574	12.19	2676	12.05	101.40
辽宁	7	5.60	24	6.56	145	5.31	260	5.52	1229	5.53	79.31
吉林	1	0.80	2	0.55	2	0.07	28	0.59	122	0.55	1300.00
黑龙江	4	3.20	12	3.28	138	5.06	286	6.07	1325	5.97	107.25
华东	43	34.40	120	32.79	794	29.09	1402	29.78	6837	30.79	76.57
上海	9	7.20	22	6.01	273	10.00	510	10.83	2447	11.02	86.81
江苏	13	10.40	40	10.93	278	10.19	399	8.47	2199	9.90	43.53
浙江	3	2.40	9	2.46	49	1.80	129	2.74	517	2.33	163.27
安徽	3	2.40	15	4.10	72	2.64	104	2.21	512	2.31	44.44
福建	3	2.40	9	2.46	15	0.55	39	0.83	173	0.78	160.00
江西	4	3.20	4	1.09	21	0.77	82	1.74	324	1.46	290.48
山东	8	6.40	21	5.74	86	3.15	139	2.95	665	2.99	61.63
中南	20	16.00	69	18.85	368	13.48	730	15.51	3324	14.97	98.37
河南	3	2.40	4	1.09	11	0.40	28	0.59	110	0.50	154.55
湖北	6	4.80	24	6.56	114	4.18	265	5.63	1166	5.25	132.46
湖南	3	2.40	10	2.73	158	5.79	236	5.01	1220	5.49	49.37
广东	7	5.60	24	6.56	61	2.24	173	3.67	710	3.20	183.61
广西	1	0.80	7	1.91	24	0.88	28	0.59	118	0.53	16.67
西南	9	7.20	30	8.20	214	7.84	433	9.20	1893	8.52	102.34
重庆	2	1.60	8	2.19	121	4.43	175	3.72	743	3.35	44.63

续表

地区	开办学校		开办学科点		毕业生		招生		在校生		招生数较毕业生数增幅（%）
	数量	占比（%）	数量	占比（%）	数量	占比（%）	数量	占比（%）	数量	占比（%）	
四川	5	4.00	14	3.83	87	3.19	207	4.40	899	4.05	137.93
贵州	1	0.80	5	1.37	0	0.00	19	0.40	54	0.24	—
云南	1	0.80	3	0.82	6	0.22	32	0.68	197	0.89	433.33
西北	10	8.00	39	10.66	244	8.94	368	7.82	1854	8.35	50.82
陕西	7	5.60	25	6.83	212	7.77	321	6.82	1651	7.43	51.42
甘肃	3	2.40	14	3.83	32	1.17	47	1.00	203	0.91	46.88
合计	125	100.00	366	100.00	2729	100.00	4708	100.00	22207	100.00	72.52

2021 年，我国 31 个省级行政区中开办土木建筑类博士培养学校、机构和开办学科点最多的是北京和江苏，两个地区的土建类专业博士培养学校、机构占全国总数的 27.7%，开办学科点的数量占全国的 23.5%，远高于其他地区。

从毕业生数的统计数据可以看出，北京、江苏和上海的土建类专业博士毕业生人数最多，分别为 649 人、278 人和 273 人，三者数量之和占到全国土建类专业博士研究生毕业生数量的 43.97%。

从招生数的统计数据可以看出，北京、上海和江苏排名前三位，土建类专业博士研究生招生分别是 916 人、510 人和 399 人。三个地区的土建类专业博士研究生招生人数占到全国土建类专业博士研究生招生数的 38.76%。

从在校生数的统计数据可以看出，排名前三位的依然是北京、上海和江苏，分别为 4278 人、2447 人和 2199 人。三个地区的土建类专业博士研究生在校生数占到全国土建类专业博士研究生在校生数的 40.18%。

从招生数较毕业生数增幅的统计数据可以看出，涨幅超过 100% 的有 10 个地区，其中增幅最大的是吉林，增幅达到 1300%，排在第二位的是云南，增幅为 433.33%，江西以 290.48% 的增幅排在第三位。

由以上数据可以看出，我国土木建筑类研究生的办学规模正在稳步扩大，但是区域之间仍然存在较大差异。研究生的培养主要集中在北京、上海、江苏等相对经济发达、优质教育资源集中的地区，这些地区的经济、文化和教育水平决定了高层次人才培养的质量。内蒙古、海南、西藏、青海、宁夏、新疆等中西部地区由于经济环境、行业发展、科研实力等原因，高层次土建类专业人才培养相对滞后。

1.1.3　建设类专业普通高等教育发展的成绩与经验

1.1.3.1　积极推进人才培养模式改革，不断调整优化学科专业布局

以智能化为核心的第四次工业革命，正以前所未有的方式改变着人类生活的各个领域，在第四次工业革命的浪潮下，知识的垄断已不复存在，知识更新的高频节奏催生出新的人才培养模式，传统优势学科专业的吸引力正在大幅下降，传统工科专业普遍遭遇生源危机。面对以可再生能源、互联网通信、智能化和数字化制造为主要内容的数字智能时代的到来，建设类高校主动求变，自觉推动土建类专业回应时代所面临的新问题，在智能化、绿色化以及健康人居、城乡安全等方面转型升级。不断深化新工科建设，全面推进组织模式创新、理论研究创新、内容方式创新和实践体系创新，探索构建产学研用多要素融合、多主体协同的育人机制，促进传统工科专业与新专业的交叉融合。以院系组织模式创新为抓手，开展现代产业学院和未来技术学院建设，推动建设类工程教育深层次变革。2021 年 12 月，吉林建筑大学亚泰数字建造产业学院入选了教育部首批现代产业学院，该学院基于学校 BIM 学院转型升级而成，聚焦国家、地方发展，服务行业和产业需求，与吉林亚泰（集团）股份有限公司、长春润德投资集团有限公司等多家地方行业龙头企业合作，围绕智能建造专业开展政产学研用协同联动。2021 年 12 月，西安建筑科技大学未来技术学院正式成立，以培养"建筑科技"领域具备交叉创新能力的复合型领军人才为目标，致力于构建"学科融合、课程化合、资源聚合、产学结合、中外联合"的人才培养体系，在建筑学、城乡规划、土木工程、环境工程、计算机科学与技术等专业开展先试先行，努力打造成为建筑科技领域引领未来发展的创新领军人才培养的新高地。

1.1.3.2　突出行业地方特色，主动服务行业和地方经济社会发展需要

习近平总书记指出："建设中国特色、世界一流大学不能跟在别人后面依样画葫芦。"土建类高校大多具有鲜明的行业特色和区域特征，不同学校的校情不同，所处地区环境不同，肩负的责任和使命也不一样。土建类高校结合自身的特色和优势，主动将自身发展"小逻辑"服务服从国家经济社会发展"大逻辑"，积极探索和寻找适合自身发展道路和人才培养模式。近些年，土建类高校积极从国家战略全

局和地方发展大局中寻找土建类学科的新定位和新发展，提升土建类学科服务国家战略的能力，获得国家科技三大奖励和承担国家自然科学基金项目的数量不断增加。安徽建筑大学结合区域经济和建设行业发展对人才培养的新要求，修订本科专业培养方案，围绕学科专业群，通过"专业+特色课程模块"，逐步将徽州建筑文化教育融入特色人才培养过程中，形成具有鲜明特色的专业方向，实现特色化人才培养。沈阳建筑大学聚焦国家重大发展战略，充分利用自身人才优势、平台优势和科研优势，在建筑节能与碳中和、智能建筑与建筑工业化协同创新方面开展了大量积极的探索，助力高品质城市建设。

1.1.3.3　推进思政教育和专业教育有机融合，构建全员全过程全方位育人大格局

党的十九届六中全会指出，加强"大思政课"建设，完善思想政治工作顶层设计，统筹思政课一体化建设，在全国所有高校、所有专业推进课程思政建设。思想政治理论课要坚持在改进中加强，提升思想政治教育亲和力和针对性，满足学生成长发展需求和期待。其他各门课都要守好一段渠、种好责任田，使各类课程与思想政治理论课同向同行，形成协同效应。北京建筑大学积极推动思想政治工作与教育教学融合发展，深入加强和改进课程德育工作，提出"整合特色优势资源，优化课程育人生态"的建设理念，以"育人师资、育人情境、育人供给"的育人生态三要素建设为着力点，通过打造全协同、高质量的育人师资团队，创设全场景、高融合的思政育人情境，强化全类型、特色化的思政资源供给，逐步构建高校课程思政建设新模式。天津城建大学从"点"上构建课程思政资源，通过师生思政将"点"串成"线"，由课程体系和评价体系将"线"组成专业思政的"面"，最后通过专业思政的"面"形成学校思政。建设课程思政教育实践基地，突出城建特色，推进学科专业交叉融合，实现复合型应用人才培养目标。

1.1.3.4　积极探索特色教材建设，加大优质企业文化融入

为贯彻落实党中央、国务院关于加强和改进新形势下大中小学教材建设的意见，提高教材建设水平，做好教材建设管理顶层设计。山东建筑大学邀请中国电建集团核电工程有限公司专业人才加入，融合企业智慧，同时结合学生职业生涯规划，基于工作过程设置工作情景，将学校学习环境与企业工作环境紧密结合，将企业的新技术、新工艺、新规范纳入教材体系，让学生对将来所从事工作有整体认知与把握，引导职业理念，帮助学生树立职业目标、熟悉工作内容，增强就业与职业能力。四

川建筑职业技术学院结合办学实际，制定了《砌体工程施工实训指南》《混凝土结构工程施工实训指南》等 6 门特色教材建设责任书。相关教材建设负责人通过走访建工集团等著名施工企业，调查了解包括市区内教学资源，特别是实践教学资源共享等方面情况；会同专家学者制定了建材建设方案。强化教材建设专业支撑力量，科学规划教材建设，鼓励建设适应国家发展战略需求的相关专业紧缺教材以及体现学校专业特色的优质教材。

1.1.4　建设类专业普通高等教育发展面临的问题

当前，我国高等教育改革发展正面临一系列新挑战，建设类专业普通高等教育发展也面临着诸多亟待解决的问题。

1.1.4.1　传统建筑类专业吸引力持续下降

2014 年开始执行的新高考改革指出高校具有确定学业水平等级性考试的选考科目权，明确赋予高校按照自己的办学目标和专业设置要求，突出对高校自主招生权利的肯定，推进高校多样化生源的实现。新高考改革取消了文理组合，实行"3+3"的选科模式，多数高校考虑到录取效益的最大化普遍会给予考生较大的选科空间，高中学生面对自主选科的到来以及对未来优质高校的向往，多数会有趋利避害的倾向，选择有利于自己的科目组合，避开物理等难度较大的科目。土建类专业，尤其是土木工程等传统建筑类专业由于专业特性，对物理等基础课程要求较高，这就造成了报考传统建筑类专业的考生数量减少，生源质量下滑的现象，甚至很多高校当年的录取最低分数都出现在土木工程专业。同时不同选考科目的考生对应的专业基础出现不均衡，学生能力表现也出现差异性加大的现象，进而影响到高校生源质量无法保障，在建筑类专业人才培养过程中此现象尤为突出。

1.1.4.2　学科专业结构仍需持续优化

学科是高校办学的基础，专业是高校开展教育教学工作的活动单元，学科专业结构调整是高校开展教育教学工作改革的切入点和突破口。建筑类高校的人才培养工作同样需要以学科专业结构为基础，立足地方，面向行业，紧密结合产业发展，对接地方经济社会发展需要，努力培养适用的创新复合型人才。随着经济发展方式的转变，产业结构转型升级持续加快，新的产业结构所呈现出的数字化、信息化技术应用逐步提升，并日益占据了主要地位，在这一过程中广大建筑类高校必须迅速响应新兴产业和行业的需要，通过调整学科专业结构，与地方产业结构紧密对接，在服务产业发展的过程中与其协调共生。

1.1.4.3 人才培养模式改革迫在眉睫

随着高等教育大众化的推进，特色型大学的人才培养目标容易趋向"同质化"，行业办学特色不足。目前建筑类高校多根据建筑类教学质量国家标准要求开展教学活动，培养建筑类高级专门人才，如何体现行业特色和地域特色是学校培养人才首要解决的关键问题。现有的人才培养体系存在重视专业教育，弱化对行业文化、行业精神的传承内容体现，教学内容选择上多追求学科导向，缺少科技前沿发展内容和学校特色创新内容。面对新一轮科技革命的到来，必须要改变工程教育"先基础后专业""先理论后实践"的传统，以工程实践为主导，从塑造工程创新人才的需要出发，对传统的工程教育进行革命性的变革。探索实施"课程＋项目"的培养模式，使学生通过在项目实践中跨学科团队学习，在提高自主学习和动手设计建造能力的同时，同步提升跨学科思维能力、创新创业能力、团队合作能力、全球视野和伦理道德。

1.1.4.4 建筑类高校治理体系和治理能力有待进一步提升

习近平总书记指出教育要在已有成就的基础上更加健康、可持续地发展，要深化教育体制改革，健全立德树人落实机制。扭转不科学的教育评价导向，坚决克服"五唯"顽瘴痼疾，从根本上解决教育评价指挥棒问题。2020 年 10 月，中共中央、国务院出台了《深化新时代教育评价改革总体方案》，通过构建具有中国特色、符合中国国情的教育评价体系，建设高质量的教育体系，实现国家教育现代化。建筑类高校纷纷结合自身实际，按照总体方案要求，深入推进教育评价改革。

1.1.4.5 建筑信息化、数字化进程整体相对滞后

2022 年我国建筑业总产值同比增长 6.5%，但仍是国民经济的重要支柱，然而，建筑产业长期位于关系型竞争的低级阶段，行业内数字化、智能化程度低。国外建筑行业超过 80% 的项目运用计算机技术，国内则不足 10%。在中国经济的全面转型和持续迭代的新经济背景下，中国建筑行业所沿袭的传统体系更加难以为继。住房和城乡建设部印发《"十四五"建筑业发展规划》中，智能化出现 30 次，BIM（建筑信息模型）18 次，装配式 15 次，数字化 13 次，智能建造与新型建筑工业化成为国家关注的焦点。建筑信息化时代的到来，是中国建筑业将高科技融入传统建造模式的开始，如何促进传统建筑业向互联网等新兴产业进步，完成从"制造"到"智造"

的升级与改革，是建筑行业特色大学需要思考的核心问题。面对建筑行业困境，迫切需要建筑类高校紧跟趋势，尽快确立以科技创新为核心助力产业升级的教育导向，构建符合建筑业转型发展的创新性人才培养新模式。

1.1.4.6　高水平师资队伍缺乏

高水平师资队伍是建筑行业特色高校高质量发展的基础和关键，面对建筑类高校激烈的竞争态势，师资队伍建设还面临以下困难：一是高端人才，团队紧缺，与学校未来发展的目标、服务地方和建筑行业建设的任务不匹配，部分科研平台和"院士专家工作站"无法配备高端人才团队，导致无法充分发挥作用；二是人才培养新模式、新要求与学校人力智力支撑和师资队伍规模不匹配。传统学科的改造和新兴交叉学科构建在人力智力方面支撑不够，部分国家一流专业建设点、省（直辖市）地方一流专业建设点缺乏双师型教师队伍，与建筑行业紧密结合的新型实验室和人才培养基地无法派驻常驻人员，创新型人才培养所必需的人文学科素质教育也需要高层次人才队伍支撑；三是国际化发展和办学师资队伍紧缺，缺少具有国际化视野和国际化人才培养能力的师资人员。由于缺乏高水平师资队伍，建筑类高校普遍存在专而不精、大而不强的现象。

1.1.4.7　通识教育对建筑专业基础教育的影响相对薄弱

近几年来，我国大学开始推行通识教育，这既是国际交流日益拓展的结果，也深刻反映了我国高等教育发展的内在需求。建筑学科兼具工学与人文的学科特征，既为其实施通识教育提供了条件，又可借助通识教育强化与其他学科的融通。而长期以来以静态的知识传授方式，已无法适应社会快速发展背景下建筑工作环境不断变化所带来的挑战，这就需要通过通识教育，培养学生广阔的学科视野，对知识的洞察力及将不同学科的知识相互融通的能力。因此，通识教育既是完善建筑专业教育体系、培养高素质建筑专业人才的必然需要，也是改革过于狭窄的专业教育内涵、丰富专业基础教育多样性的一个有效途径。目前，建筑类高校仍面临两个方面的挑战：一是在建筑学科新一轮学科调整后，新产生的一级学科有将专业教育进一步细分的设想，因此对通识课程的范围和内容的理解有较大的差异；二是从近年各个学校的建筑类专业教育评估报告来看，通识课程在整个教育过程中所应达到的比例及其对专业教育的推动作用差异较大，缺少统一的认识。建筑专业教育体系中通识教育课程地位与作用的持续探索和实践，不仅关乎未来建筑专业教育自身质量的提升，也关乎建筑教育在国内高等教育中的地位与作用。

1.1.5 促进建设类专业普通高等教育发展的对策建议

1.1.5.1 以思政育人为基础，健全完善铸魂育人体系

推进思政课改革，强化课程思政建设。持续强化思想政治理论课作为思政教育"主战场"的核心作用。严格落实教育部关于思政课程学分、学时和学期的要求，注重理论与实践相结合，进一步提升思想政治理论课的吸引力和感染力，切实提高思政课程教学质量。充分调动学院和专业的积极性，不断完善课程思政工作体系、教学体系和内容体系，使各类课程与思政课程同向同行。持续构建"五育并举"育人体系，促进学生全面发展。在坚持德育为先、智育为重的同时，加大人才培养方案中体育、美育、劳动教育的权重，形成"体育教育""美育教育"和"劳动教育"实施方案，将德智体美劳"五育并举"落到实处。同时注重"五育并举"育人体系建设，聚焦学生发展核心素养，深入完善落实"五育并举"育人机制。

1.1.5.2 以社会需求为导向，优化学科专业布局

以一流学科建设为目标强化学科建设，凝练学科方向，坚持有所为和有所不为，打造学科群高地。实施学科分层分类学科体系的建设，明确不同层次和类型学科的发展重点和目标，研究制定分层支持方案。根据学科发展的实际，力争促进各学科内涵发展、特色发展和差异化发展，实现各学科在不同层次办出特色、争创一流。加大支持核心学科建设的同时，重点扶持弱势学科，形成集成互补、辐射带动，促进强弱平衡、并行发展的新局面。

推进专业布局优化和质量提升，建立和完善以"专业建设质量＋专业特色"为指标的专业分类发展标准，实施专业分类建设计划，建立专业分类发展的评价、反馈和持续改进长效机制，构建与学校发展目标定位相匹配的专业体系。探索大类培养与特色培养动态整合、"招培就"全流程的贯通结合、传统专业与"新工科"专业的交叉融合，以"招生－培养－就业"的全过程评估为基础，以招生计划的动态调整为抓手，建立"减招－缓招－停招"三级专业动态调整机制，保障专业高质量、可持续发展。

1.1.5.3 以实践应用为核心，探索人才培养新模式

深化人才培养模式改革，探索基于产教融合的校企合作项目（课程）开发机制，

协同行业企业共同制定培养方案，构建多元化、多层次、多形式的校企合作人才培养反馈机制，突出人才培养应用导向。目前实验实训教学与环境具有工程性与高仿真性，能与企业接轨，使学生在过程中得到了专业实践锻炼的同时更能感受到企业氛围与职业情境，促使学生在将来能很快地融入企业中去。聚焦智慧城市、韧性城市、海绵城市、城市更新等领域，围绕研究方向和实践项目，组建"导师 + 研究生 + 本科生"的研究团队，将城市建设和更新的实际项目融入实践教学环节，探索"实验室 + 基地"创新实践型人才培养模式，持续扩大新型实验室与人才培养基地覆盖范围，提升学生解决复杂实际问题的实践创新能力。面向现代产业体系发展需求，着力推进产学研一体化，服务地方发展一线培养学生的创新精神和实践能力。依托校外教学与科研实践基地，结合专业实践和课题研究，开展大师进课堂活动，促进教学内容与行业发展需求的紧密接轨。结合学科专业特点，探索推进未来技术学院和现代产业学院的建设，创新人才培养模式与科研合作模式，提升学生实践能力培养，提高人才培养质量。

1.1.5.4　以激发活力为抓手，提升教育教学水平

充分发挥系、教研室、教学团队等基层教学组织的作用，推动形成教学改革合力。坚持校企融合，强化"双师型"教师队伍建设，吸引一批国内外专家、企业家、工程师进入基层教学组织，有力补充基层高水平师资队伍力量。强化教师教学能力培训，通过开展青年教师教学研修班，推进青年教师导师制，通过开展专题讲座、教学工作坊等方式，传播先进教育理念和方法。落实教授为本科生授课制度，鼓励教师成为"大先生"，激发教师开展教学改革的积极性，发挥优秀教师的传帮带作用，形成良性竞争氛围和争先创优态势。

1.2　2021 年高等建设职业教育发展状况分析

1.2.1　高等建设职业教育发展的总体状况

根据国家统计局的统计数据，2021 年，全国普通专科共招生 552.58 万人，较 2020 年增长 5.39%，占普通本专科人数的 55.19%；全国普通本专科共有在校生

3496.13 万人，其中普通专科在校生 1590.10 万人，较 2020 年增长 8.94%，普通专科在校生占普通本专科人数的 45.48%。

2021 年，开办专科土木建筑类专业点数 4348 个，较 2020 年减少 66 个，减少幅度为 1.50%；在校生数 125.20 万人，占高职高专在校生总数的 7.87%，较 2020 年增加 13.54 万人，增加幅度为 12.13%。2014～2021 年全国土木建筑类高职开办专业、高职学生培养情况如图 1-7、图 1-8 所示。

图 1-7　2014～2021 年全国土木建筑类高职开办专业情况

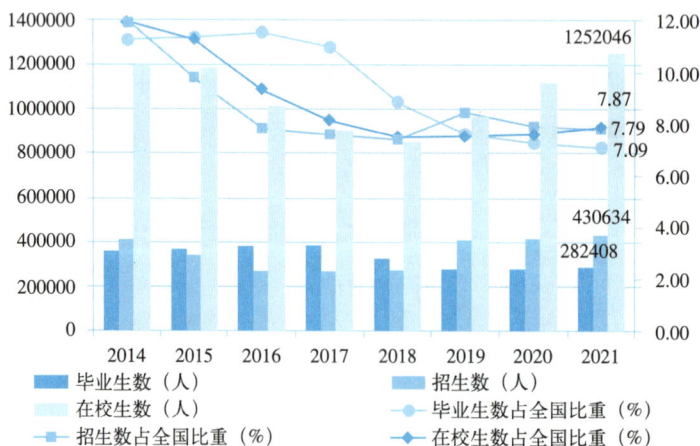

图 1-8　2014～2021 年全国土木建筑类高职学生培养情况

1.2.2　高等建设职业教育发展的统计分析

1.2.2.1　按学校类别统计

按学校类别将开办专科土木建筑类专业的学校分为本科院校（包括大学、学院、独立学院、职业本科）、高职高专院校（包括高等专科学校、高等职业学校）和其他普通高等教育机构（包括管理干部学院、教育学院、职工高校）。2021 年土木建筑类专科生按学校类别分布情况列于表 1-21。

2021 年土木建筑类专科生按学校类别分布情况　　　　表 1-21

性质类别		开办学校		开办专业		毕业生		招生		在校生	
		数量	占比(%)	数量	占比(%)	数量	占比(%)	数量	占比(%)	数量	占比(%)
本科院校	大学	31	2.73	74	1.70	3839	1.36	2716	0.63	10474	0.84
	学院	165	14.54	361	8.30	19027	6.74	20103	4.67	71002	5.67
	独立学院	13	1.15	28	0.64	1355	0.48	1988	0.46	7113	0.57
	职业本科	28	2.47	151	3.47	11690	4.14	12806	2.97	45580	3.64
	小计	237	20.89	614	14.11	35911	12.72	37613	8.73	134169	10.72
高职高专院校	高等专科学校	15	1.32	49	1.13	2538	0.90	3981	0.92	11237	0.90
	高等职业学校	874	77.00	3657	84.11	243015	86.05	387737	90.04	1103279	88.12
	小计	889	78.32	3706	85.24	245553	86.95	391718	90.96	1114516	89.02
其他普通高教机构	职工高校	4	0.35	13	0.30	501	0.18	832	0.19	2048	0.16
	管理干部学院	4	0.35	14	0.32	422	0.15	471	0.11	1293	0.10
	教育学院	1	0.09	1	0.02	21	0.01	0	0.00	20	0.00
	小计	9	0.79	28	0.64	944	0.34	1303	0.30	3361	0.26
合计		1135	100.00	4348	100.00	282408	100.00	430634	100.00	1252046	100.00

显然，开办专科土木建筑类专业的学校，以高职高专院校为绝对主体，而其他普通高等教育机构的各项指标均可忽略不计。

与 2020 年相比，变化情况为：

（1）本科院校开办专业数、毕业生数、招生数、在校生数分别增加 15 个、2485

人、−1822 人、18725 人，增加幅度分别为 2.50%、7.43%、−4.62%、16.22%。

（2）高职高专院校开办专业数、毕业生数、招生数、在校生数分别增加 −81 个、5529 人、17918 人、116420 人，增加幅度分别为 −2.14%、23.04%、4.79%、11.66%。

（3）其他高教机构开办的开办专业数、毕业生数、招生数、在校生数分别增加 0 个、286 人、232 人、283 人，增加幅度分别为 0、43.47%、21.66%、9.19%。

上述分析表明：就专业数而言，本科院校增加 15 个，增幅 2.50，其他高教机构持平，高职高专减少 81 个，减幅 2.14%；毕业生人数而言，所有类型院校都较上年增加；招生人数而言，本科院校减少，其他高教机构和高职高专院校都增加；就在校人数而言，各类院校都较上年增加。同时，高职高专院校的专业数较上年减少，而在校生人数增加，说明各专业点的平均人数增加。

1.2.2.2 按学校举办者统计

2021 年土木建筑类专科生按学校举办者分布情况列于表 1-22。

2021 年土木建筑类专科生按学校举办者分布情况　　　　表 1-22

举办者	开办学校		开办专业		毕业生		招生		在校生	
	数量	占比(%)	数量	占比(%)	数量	占比(%)	数量	占比(%)	数量	占比(%)
教育部	2	0.18	3	0.07	65	0.02	0	0.00	1	0.00
中国民用航空总局	1	0.09	1	0.02	0	0.00	0	0.00	1	0.00
省级教育部门	255	22.47	1044	24.01	75576	26.76	102350	23.77	311983	24.92
省级其他部门	194	17.09	960	22.08	81093	28.71	112410	26.10	319839	25.55
地级教育部门	169	14.89	584	13.43	34173	12.10	52803	12.26	150190	12.00
地级其他部门	120	10.57	424	9.75	20194	7.15	32273	7.49	91735	7.33
县级教育部门	3	0.26	14	0.32	722	0.26	1329	0.31	3558	0.28
县级其他部门	3	0.26	13	0.30	414	0.15	612	0.14	1718	0.14
地方企业	25	2.20	92	2.12	6033	2.14	7331	1.70	21211	1.69
民办	362	31.89	1211	27.85	64094	22.70	121451	28.20	351597	28.08
具有法人资格的中外合作办学机构	1	0.09	2	0.05	44	0.02	75	0.02	213	0.02
合计	1135	100.00	4348	100.00	282408	100.00	430634	100.00	1252046	100.00

（1）土木建筑类专科生按院校所有制性质分布情况。按院校所有制性质将开办土木建筑类专业的院校分为公办院校、民办院校、中外合作院校三类。三类院校的分布情况见表1-23。可见，公办院校是举办土木建筑类专科专业的主体。

2021年土木建筑类专科生按院校所有制性质分布情况　表1-23

所有制	开办学校		开办专业		毕业生		招生		在校生	
	数量	占比(%)	数量	占比(%)	数量	占比(%)	数量	占比(%)	数量	占比(%)
公办院校	772	68.01	3135	72.10	218270	77.29	309108	71.77	900236	71.91
民办院校	362	31.89	1211	27.85	64094	22.70	121451	28.20	351597	28.08
中外合作院校	1	0.09	2	0.05	44	0.02	75	0.02	213	0.02

与2020年相比，2021年公办院校的开办专业数、毕业生数、招生数、在校生数依次增加了−73个、7143人、14654人、79616人，增幅依次为−2.28%、3.38%、4.76%、9.7%，而民办院校的开办专业数、毕业生数、招生数、在校生数依次增加了7个、1122人、2256人、55758人，增幅依次为0.58%、1.78%、1.89%、18.85%；中外合作院校的开办专业数、毕业生数、招生数、在校生数依次增加了0个、37人、18人、54人，增幅依次为0.00%、528.57%、31.58%、33.96%。

（2）土木建筑类专科生按院校举办者类别的分布情况。按院校举办者类别将开办土建类专业的院校分为中央部委属院校（包括教育部、中国民用航空总局）、省属院校（包括省级教育部门、省级其他部门）、地市州属院校（包括地级教育部门、地级其他部门）、县属院校（包括县级教育部门、县级其他部门）、地方企业属院校、民办院校和中外合作院校七类。七类院校的分布情况见表1-24。从表中可见，省属院校是土木建筑类专业办学的第一主体，其次是民办院校，两类院校在校生占在校生总数的78.55%；县属院校、中央部委属院校和中外合作院校所占比例都在0.44%以下，几乎可以忽略不计。

2021年土木建筑类专科生按院校举办者类别的分布情况　表1-24

举办者类别	开办学校		开办专业		毕业生		招生		在校生	
	数量	占比(%)	数量	占比(%)	数量	占比(%)	数量	占比(%)	数量	占比(%)
省属院校	449	39.56	2004	46.09	156669	55.47	214760	49.87	631822	50.47

举办者类别	开办学校		开办专业		毕业生		招生		在校生	
	数量	占比(%)	数量	占比(%)	数量	占比(%)	数量	占比(%)	数量	占比(%)
民办院校	362	31.89	1211	27.85	64094	22.70	121451	28.20	351597	28.08
地市州属院校	289	25.46	1008	23.18	54367	19.25	85076	19.75	241925	19.33
地方企业属院校	25	2.20	92	2.12	06033	2.14	7331	1.70	21211	1.69
县属院校	6	0.52	27	0.62	1136	0.41	1941	0.45	5276	0.42
中央部属院校	3	0.27	4	0.09	65	0.02	0	0.00	2	0.00
中外合作院校	1	0.09	2	0.05	44	0.02	75	0.02	213	0.02

（3）土木建筑类专科生按院校举办者业务性质分布情况。按院校举办者业务性质将开办土建类专业的院校分为隶属教育行政部门（包括教育部、省级教育部门、地级教育部门、县级教育部门）的院校、隶属行业行政主管部门（包括中国民用航空总局、省级其他部门、地级其他部门、县级其他部门）的院校、民办院校、隶属地方企业的院校和中外合作院校五类。五类院校的分布情况见表1-25。从表1-25中可以看出，隶属教育行政部门的院校是土木建筑类专业办学的第一主体，其次是隶属行业行政主管部门的院校，两类院校在校生人数占在校生总数的70.22%。与2020年相比，在校人数前两位发生了调换，2020年最大的为隶属行业行政主管部门的院校，其次为隶属教育行政部门的院校。

2021年土木建筑类专科生按举办者业务性质的分布情况   表1-25

举办者类别	开办学校		开办专业		毕业生		招生		在校生	
	数量	占比(%)	数量	占比(%)	数量	占比(%)	数量	占比(%)	数量	占比(%)
教育行政部门	429	37.80	1645	37.83	110536	39.14	156482	36.34	465732	37.20
行业行政主管部门	318	28.01	1398	32.15	101701	36.01	145295	33.73	413293	33.02
民办院校	362	31.89	1211	27.85	64094	22.70	121451	28.20	351597	28.08
地方企业院校	25	2.20	92	2.12	06033	2.14	7331	1.70	21211	1.69
中外合作院校	1	0.09	2	0.05	44	0.02	75	0.02	213	0.02

综上分析可见，隶属教育行政部门的院校是土木建筑类专业办学的第一主

体，其次是隶属行业行政主管部门的院校，两类院校在校生人数占在校生总数的 70.22%，占比最小的是中外合作院校，其在校生占比为 0.02%。与 2020 年相比，五类院校开办专业数、毕业生数、招生数、在校生数的排列顺序都没有改变。

1.2.2.3　按学校性质类别统计

2021 年土木建筑类专科生按学校类别的分布情况见表 1-26。与 2020 年比较，2021 年举办专科土木建筑类专业的学校类型没有发生变化，仍然几乎覆盖了所有类型的院校。同时，在校生数排列第一位、第二位的院校类型也没有变化，分别为理工院校和综合大学，两类院校在校生占比之和较 2020 年增加了 108457 人，增幅 11.40%；而处于后两位的院校类型也没有变化，分别为民族院校和医药院校，两类院校在校生占比之和较 2020 年增加了 141 人，增幅 18.46%。表明土木建筑类专业的学校类别分布是合理的。

2021 年土木建筑类专科生按学校类别分布情况　　　　表 1-26

办学类型	开办学校		开办专业		毕业生		招生		在校生	
	数量	占比（%）	数量	占比（%）	数量	占比（%）	数量	占比（%）	数量	占比（%）
综合大学	319	28.11	1100	25.30	68573	24.28	102717	23.85	303337	24.23
理工院校	561	49.43	2486	57.18	173347	61.38	259345	60.22	756228	60.40
农业院校	41	3.61	135	3.10	7395	2.62	11041	2.56	32322	2.58
林业院校	13	1.15	72	1.66	5059	1.79	8048	1.87	22298	1.78
医药院校	1	0.09	2	0.05	70	0.02	120	0.03	408	0.03
师范院校	29	2.56	62	1.43	2105	0.75	3084	0.72	8648	0.69
语文院校	14	1.23	40	0.92	1430	0.51	4625	1.07	10673	0.85
财经院校	114	10.04	358	8.23	20518	7.27	34992	8.13	98970	7.90
政法院校	13	1.15	17	0.39	788	0.28	1525	0.35	3503	0.28
体育院校	2	0.18	4	0.09	87	0.03	418	0.10	906	0.07
艺术院校	17	1.50	42	0.97	1915	0.68	3161	0.73	10895	0.87
民族院校	2	0.18	2	0.05	177	0.06	255	0.06	497	0.04
其他普通高教机构	9	0.79	28	0.64	944	0.33	1303	0.30	3361	0.27
合计	1135	100.00	4348	100.00	282408	100.00	430634	100.00	1252046	100.00

注：表中其他普通高教机构包括分校、大专班、职工高校、管理干部学院、教育学院。

1.2.2.4 按专业统计

1. 土木建筑类专科生按专业类分布情况

2021 年全国高等建设职业教育 7 个专业类的学生培养情况见表 1-27。

2021 年全国高等建设职业教育 7 个专业类学生培养情况 表 1-27

专业类别	专业点		毕业生		招生		在校生		招生数较毕业生数增幅（%）
	数量	占比（%）	数量	占比（%）	数量	占比（%）	数量	占比（%）	
建筑设计类	1146	26.36	68976	24.42	100745	23.39	284423	22.72	46.06
城乡规划与管理类	60	1.38	1321	0.47	2289	0.53	6146	0.49	73.28
土建施工类	858	19.73	71309	25.25	120831	28.06	347500	27.75	69.45
建筑设备类	427	9.82	14106	4.99	27545	6.40	76162	6.08	95.27
建设工程管理类	1385	31.85	108631	38.47	156392	36.32	468202	37.39	43.97
市政工程类	224	5.15	9584	3.39	12012	2.79	37444	2.99	25.33
房地产类	248	5.70	8481	3.00	10820	2.51	32169	2.57	27.58
合计	4348	100.00	282408	100.00	430634	100.00	1252046	100.00	52.49

由表 1-27 可知，2021 年土木建筑类专科生按专业类分布情况如下：

（1）开办专业数从大到小依次为：建设工程管理类、建筑设计类、土建施工类、建筑设备类、房地产类、市政工程类、城乡规划与管理类。与 2020 年相比，各专业类开办专业数排序没有变化；7 个专业类开办专业总数减少了 66 个，减幅 1.50%；开办专业数减少的专业类有 4 个，按减幅大小依次为：房地产类（减少 22 个，减幅 8.15%）、市政工程类（减少 18 个，减幅 7.44%）、建设工程管理类（减少 73 个，减幅 5.01%）、建筑设备类（减少 9 个，减幅 2.06%）；开办专业数增加的专业类有 3 个，按增幅大小依次为：城乡规划与管理类（增加 5 个，增幅 9.09%）、建筑设计类（增加 33 个，占比 2.96%）、土建施工类（增加 18 个，增幅 2.14%）。

（2）毕业生数从多到少依次为：建设工程管理类、土建施工类、建筑设计类、建筑设备类、市政工程类、房地产类、城乡规划与管理类。与 2020 年相比，市政工程类和房地产类毕业生数排序发生对调；7 个专业类毕业生数增加了 8300 人，增幅 3.03%；毕业生数增加的专业类有 4 个，按增幅大小依次为：市政工程类（增加

1365 人，增幅 16.61%）、建筑设计类（增加 6033 人，增幅 9.58%）、建筑设备类（增加 273 人，增幅 1.97%）、建设工程管理类（增加 1065 人，增幅 1.50%）；毕业生数减少的专业类有 3 个，按减幅大小依次为：城乡规划与管理类（减少 183 人，减幅 12.17%）、房地产类（减少 778 人，减幅 8.40%）、土建施工类（减少 15 人，减幅 0.02%）。

（3）招生数从多到少依次为：招生数从多到少依次为：建设工程管理类、土建施工类、建筑设计类、建筑设备类、市政工程类、房地产类、城乡规划与管理类。与 2020 年相比，各专业类招生人数排序没有变化；7 个专业类招生数增加 16328 人，增幅 3.94%；招生数增加的专业类 4 个，按增幅大小依次为：城乡规划与管理类（增加 297 人，增幅 14.91%）、建筑设备类（增加 2598 人，增幅 10.41%）、建筑设计类（增加 7181 人，增幅 7.67%）、土建施工类（增加 6810 人，增减幅 5.97%）；招生数减少的专业类 3 个，按减幅大小依次为：房地产类（减少 209 人，减幅 1.90%、市政工程类（减少 116 人，减幅 0.96%）、建设工程管理类（减少 233 人，减幅 0.15%）。

（4）在校生数从多到少依次为：建设工程管理类、土建施工类、建筑设计类、建筑设备类、市政工程类、房地产类、城乡规划与管理类。与 2020 年相比，各专业类在校生人数排列顺序没有变化；7 个专业类在校生数增加了 135428 人，增幅 12.13%；在校生人数 7 专业类全部增加，按增幅大小依次为：建筑设备类（增加 13177 人，增幅 20.92%）、市政工程类（增加 4525 人，增幅 13.75%）、城乡规划与管理类（增加 735 人，增幅 13.58%）、土建施工类（增加 40232 人，增幅 13.09%）、建设工程管理类（增加 48387 人，增幅 11.53%）、建筑设计类（增加 27494 人，增幅 10.70%）、房地产类（增加 878 人，增幅 2.81%）。

（5）招生数与毕业生数相比，7 个专业类全部增加，增幅从大到小依次为：建筑设备类（95.27%）、城乡规划与管理类（73.28%）、土建施工类（69.45%）、建筑设计类（46.06%）、建设工程管理类（43.97%）、房地产类（27.58%）、市政工程类（25.33%）。

综上，建设工程管理类、土建施工类、建筑设计类是土木建筑大类的主体。该 3 个专业类的开办专业数、毕业生数、招生数、在校生数分别占总数的 77.94%、88.14%、87.77%、87.86%。

2. 土木建筑类专科生按专业分布情况

（1）建筑设计类专业

根据《职业教育专业目录（2021）》，建筑设计类专业共有 7 个目录内专业和 1

个目录外专业（建筑设计类其他专业），其中建筑动画技术专业系由建筑动画与模型制作专业更名。2021 年，7 个目录内专业均有院校开设。该专业类 2021 年的学生培养情况见表 1-28。

2021 年全国高等建设职业教育建筑设计类专业学生培养情况　　　　表 1-28

专业	专业点		毕业生		招生		在校生	
	数量	占比（%）	数量	占比（%）	数量	占比（%）	数量	占比（%）
建筑设计	137	11.95	7851	11.38	10311	10.23	30121	10.59
建筑装饰工程技术	349	30.45	18120	26.27	24769	24.59	70145	24.66
古建筑工程技术	30	2.62	635	0.92	1275	1.27	3193	1.12
园林工程技术	163	14.22	6917	10.03	8508	8.45	25075	8.82
风景园林设计	107	9.34	3317	4.81	5613	5.57	15756	5.54
建筑室内设计	315	27.49	29763	43.15	47259	46.91	131476	46.23
建筑动画技术	34	2.97	1022	1.48	1695	1.68	4079	1.43
建筑设计类其他专业	11	0.96	1351	1.96	1315	1.31	4578	1.61
合计	1146	100.00	68976	100.00	100745	100.00	284423	100.00

1）专业点数。7 个目录内专业的开办点数从多到少依次为：建筑装饰工程技术、建筑室内设计、园林工程技术、建筑设计、风景园林设计、建筑动画技术、古建筑工程技术，排列顺序与 2020 年相同。占比超过 20% 的专业有 2 个，依次为建筑装饰工程技术（30.45%）和建筑室内设计专业（27.49%），与 2020 年相同；2 个专业合计占比达 57.94%，较 2020 年增加 0.07%。与 2020 年比较，专业点数增加的有 5 个专业，按增幅大小依次为：古建筑工程技术（4 个，增幅 15.38%）、建筑动画技术（3 个，增幅 9.68%）、建筑室内设计（23 个，增幅 7.88%）、建筑设计（5 个，增幅 3.79%）、风景园林设计（3 个，增幅 2.88%）；专业点数减少的有 2 个专业，按减幅大小依次为：园林工程技术（5 个，减幅 2.98%）、建筑装饰工程技术（3 个，减幅 0.85%）。

2）毕业生数。7 个目录内专业的毕业生人数从多到少依次为：建筑室内设计、建筑装饰工程技术、建筑设计、园林工程技术、风景园林设计、建筑动画技术、古建筑工程技术，排列顺序较 2020 年有变化。占比超过 20% 的专业有 2 个，依次为建筑室内设计（43.15%）和建筑装饰工程技术（26.27%），排序与上年相同；2 个专业合计占比达 69.42%，较 2020 年占比减少了 1.87%。与 2020 年比较，毕业生数较

2020 年增加的专业有 5 个，按增幅大小依次为：古建筑工程技术（增幅 50.83%）、建筑动画技术（增幅 33.94%）、风景园林设计（增幅 33.43%）、建筑室内设计（增幅 12.60%）、建筑设计（增幅 11.42%）；较 2020 年减少的专业有 2 个，按减幅大小依次为：园林工程技术（减幅 2.38%）、建筑装饰工程技术（增幅 2.15%）。

3）招生数。7 个目录内专业的招生数从多到少依次为：建筑室内设计、建筑装饰工程技术、建筑设计、园林工程技术、风景园林设计、建筑动画技术、古建筑工程技术，排序与 2020 年相同。占比超过 20% 的专业有 2 个，依次为建筑室内设计（46.91%）和建筑装饰工程技术专业（24.59%），与 2020 年相同；2 个专业合计占比为 71.50%，较 2020 年占比增加了 0.69%。与 2020 年比较，招生数增加的专业有 6 个，按增幅大小依次为：建筑动画技术（增幅 33.36%）、古建筑工程技术（增幅 23.91%）、建筑室内设计（增幅 10.05%）、建筑装饰工程技术（增幅 6.25%）、风景园林设计（增幅 2.86%）、园林工程技术（增幅 0.94%）；招生数减少的专业只有建筑设计（减幅 3.02%）。

4）在校生数。7 个目录内专业的在校生数从多到少依次为：建筑室内设计、建筑装饰工程技术、建筑设计、园林工程技术、风景园林设计、建筑动画技术、古建筑工程技术，排列顺序与 2020 年相同。占比超过 20% 的专业有 2 个，依次为建筑室内设计（46.23）和建筑装饰工程技术专业（24.66%），与 2020 年相同；2 个专业合计占比达 70.89%，较 2020 年占比减少 0.12%。与 2020 年比较，7 个专业在校生数都增加，按增幅大小依次为：古建筑工程技术（增幅 29.11%）、建筑动画与模型制作（增幅 16.11%）、建筑室内设计（增幅 13.59%）、风景园林设计（增幅 12.00%）、建筑装饰工程技术（增幅 5.18%）、园林工程技术（增幅 4.04%）、建筑设计（增幅 3.74%）。

综上分析，建筑室内设计和建筑装饰工程技术是建筑设计类专业的主体，2 个专业的开办专业点数、毕业生数、招生数、在校生数分别占总数的 57.94%、69.42%、71.50%、70.89%。

（2）城乡规划与管理类专业

根据《职业教育专业目录（2021）》，城乡规划与管理类专业共有 3 个目录内专业和 1 个目录外专业（城乡规划与管理类其他专业），其中智慧城市管理技术专业系由城市信息化管理专业更名。2021 年，3 个目录内专业均有院校开设。该专业类

2021 年的学生培养情况见表 1-29。

2021 年全国高等建设职业教育城乡规划与管理类专业学生培养情况　表 1-29

专业	专业点		毕业生		招生		在校生	
	数量	占比（%）	数量	占比（%）	数量	占比（%）	数量	占比（%）
城乡规划	40	66.67	1009	76.38	1208	52.77	3491	56.80
智慧城市管理技术	15	25.00	215	16.28	909	39.71	2278	37.06
村镇建设与管理	4	6.67	96	7.27	172	7.51	377	6.13
城乡规划与管理类其他专业	1	1.67	1	0.08	0	0.00	0	0.00
合计	60	100.00	1321	100.00	2289	100.00	6146	100.00

1）专业点数。3 个目录内专业的开办点数从多到少依次为：城乡规划、智慧城市管理技术、村镇建设与管理，排列顺序与 2020 年相同。占比超过 20% 有 2 个专业，按占比大小依次为：城乡规划（占比 66.67%）、智慧城市管理技术（占比 25%）。2 个专业合计占比 91.67%。2020 年只有城乡规划专业占比超过 20%，为 74.55%。与 2020 年比较，专业点数 1 个增加，即智慧城市管理技术（增幅 50%）；1 个减少，即城乡规划（减幅 2.44%）；1 个持平，即村镇建设与管理。

2）毕业生数。3 个目录内专业的毕业生数从多到少依次为：城乡规划、智慧城市管理技术、村镇建设与管理，排序与 2020 年相同。占比超过 20% 的专业只有城乡规划专业（85.57%），与 2020 年相同，但占比较 2020 年减少了 9.19%。与 2020 年比较，毕业生人数增加的专业有 2 个，按增幅大小依次为：村镇建设与管理（增幅 284.00%）、智慧城市管理技术（增幅 11.96%）；毕业生数较 2020 年减少的专业只有城乡规划（减幅 21.60%）。

3）招生数。3 个目录内专业的招生数从多到少依次为：城乡规划、智慧城市管理技术、村镇建设与管理，顺序与 2020 年相同。占比超过 20% 的专业有 2 个，按占比大小依次为：城乡规划专业（占比 52.77%）、智慧城市管理技术（占比 39.71%）。2020 年只有城乡规划专业占比超过 20%，为 67.62%。与 2020 年比较，招生人数较 2020 年增加的专业有 2 个，按增幅大小依次为：智慧城市管理技术（增幅 89.77%）、村镇建设与管理（增幅 3.61%）；较 2020 年减少的专业有 1 个，即城乡规划（减幅 10.32%）。

4）在校生数。3 个目录内专业的在校生数从多到少依次为：城乡规划、智慧城市管理技术、村镇建设与管理，排序与 2020 年相同。占比超过 20% 的专业有 2 个专业，按占比大小依次为：城乡规划专业（56.80%）、智慧城市管理技术（37.06%），与 2020 年相同，但 2 个专业的合计占比较 2020 年增加 0.53%。与 2020 年比较，在校生人数较 2020 年增加的有 2 个专业，按增幅大小依次为：智慧城市管理技术（增幅 53.81%）、村镇建设与管理（增幅 4.43%）；在校生人数较 2020 年减少的专业 1 个，即城乡规划（减幅 2.19%）。

综上分析，城乡规划和智慧城市管理技术是城乡规划与管理类专业的主体，2 个专业的开办专业点数、毕业生数、招生数、在校生数分别占总数的 91.67%、92.66%、92.48%、93.86%。但是，不论是开办专业点数，还是毕业生数、招生数、在校生数均呈现大幅度起落态势，表明这类专业发展尚不成熟。

（3）土建施工类专业

根据《职业教育专业目录（2021）》，土建施工类专业共有 6 个目录内专业和 1 个目录外专业（土建施工类其他专业），其中装配式建筑工程技术、智能建造技术为新增专业。2021 年，6 个目录内专业均有院校开设。表 1-30 为 2020 年全国高等建设职业教育土建施工类专业学生培养情况。

2021 年全国高等建设职业教育土建施工类专业学生培养情况　　表 1-30

专业	专业点		毕业生		招生		在校生	
	数量	占比（%）	数量	占比（%）	数量	占比（%）	数量	占比（%）
建筑工程技术	713	83.10	65268	91.53	111819	92.54	324891	93.49
装配式建筑工程技术	18	2.10	0	0.00	605	0.50	604	0.17
建筑钢结构工程技术	24	2.80	779	1.09	1043	0.86	2664	0.77
智能建造技术	14	1.63	2	0.00	641	0.53	641	0.18
地下与隧道工程技术	41	4.78	2709	3.80	2659	2.20	7764	2.23
土木工程检测技术	43	5.01	2326	3.26	3480	2.88	9875	2.84
土建施工类其他专业	5	0.58	225	0.32	584	0.48	1061	0.31
合计	858	100.00	71309	100.00	120831	100.00	347500	100.00

1）专业点数。6 个目录内专业的开办点数从多到少依次为：建筑工程技术、土木工程检测技术、地下与隧道工程技术、建筑钢结构工程技术、装配式建筑工

程技术、智能建造技术。除新专业装配式建筑工程技术和智能建造技术外，其余专业排列顺序与 2020 年相同。占比超过 20% 的专业只有建筑工程技术专业（83.10%），与 2020 年相同，但占比较 2020 年减少了 2.85%。与 2020 年比较，除 2 个新增专业外，开办点数减少的专业有 3 个，按减幅大小依次为：土木工程检测技术（减幅 33.33%）、地下与隧道工程技术（减幅 18.00%）、建筑工程技术（减幅 1.25%）；开办点数增加的专业有 1 个，即建筑钢结构工程技术（减幅 86.96%）。

2）毕业生数。4 个目录内专业的毕业生数从多到少依次为：建筑工程技术、地下与隧道工程技术、土木工程检测技术、建筑钢结构工程技术，除新专业装配式建筑工程技术和智能建造技术外，其余专业排列顺序与 2020 年相同。装配式建筑工程技术为新增专业，无毕业生。占比超过 20% 的专业只有建筑工程技术专业（91.53%），与 2020 年相同，但占比较 2020 年减少了 1.66%。与 2020 年比较，除新专业装配式建筑工程技术和智能建造技术外，其余 4 个专业毕业生人数增加的专业有 2 个，按增幅大小依次为：建筑钢结构工程技术（增幅 213.06%）、地下与隧道工程技术（增幅 14.59%）；毕业生数减少的专业有 2 个，按减幅大小依次为：土木工程检测技术（减幅 52.50%）、建筑工程技术（减幅 1.80%）。

3）招生数。6 个目录内专业的招生数从多到少依次为：建筑工程技术、土木工程检测技术、地下与隧道工程技术、建筑钢结构工程技术、智能建造技术、装配式建筑工程技术。除新专业智能建造技术和装配式建筑工程技术专业外，其余 4 个专业排列顺序与上年相同。占比超过 20% 的专业只有建筑工程技术（92.54%），与 2020 年相同，占比较 2020 年减少了 0.65%。与 2020 年比较，招生数较 2020 年增加的专业有 2 个，按增幅大小依次为：建筑钢结构工程技术（增幅 226.15%）、建筑工程技术（增幅 5.24%）；招生数减少的专业有 2 个，按减幅大小依次为：土木工程检测技术（减幅 68.87%）、地下与隧道工程技术（减幅 9.06%）。

4）在校生数。6 个目录内专业的在校生数从多到少依次为：建筑工程技术、土木工程检测技术、地下与隧道工程技术、建筑钢结构工程技术、装配式建筑工程技术、智能建造技术。除新专业智能建造技术和装配式建筑工程技术专业外，其余 4 个专业排序与 2020 年相同。占比超过 20% 的专业只有建筑工程技术（93.49%），与 2020 年相同，但占比较 2020 年增加了 0.47%。与 2020 年比较，除新专业智能建造技术和装配式建筑工程技术专业外，在校生数有 2 个专业增加，按增幅大小依次为：

建筑钢结构工程技术（增幅 268.33%）、建筑工程技术（增幅 13.68%）；在校生人数减少的专业有 2 个，按减幅大小依次为：土木工程检测技术（减幅 70.07%）、地下与隧道工程技术（减幅 10.99%）。

综上分析，土建施工类专业分布极不均衡，建筑工程技术专业除开办专业点数外，毕业生数、招生数、在校生数均占 90% 以上，呈一专业独大格局。

（4）建筑设备类专业

根据《职业教育专业目录（2021）》，建筑设备类专业共有 6 个目录内专业和 1 个目录外专业（即建筑设备类其他专业），其中建筑消防工程技术专业系由消防工程技术专业更名。2021 年，6 个目录内专业均有院校开设。表 1-31 为 2021 年全国高等建设职业教育建筑设备类专业学生培养情况。

2021 年全国高等建设职业教育建筑设备类专业学生培养情况　　表 1-31

专业	专业点		毕业生		招生		在校生	
	数量	占比（%）	数量	占比（%）	数量	占比（%）	数量	占比（%）
建筑设备工程技术	60	14.05	2261	16.03	3156	11.46	8839	11.61
建筑电气工程技术	56	13.11	2033	14.41	2564	9.31	7654	10.05
供热通风与空调工程技术	45	10.54	1634	11.58	2093	7.60	5739	7.54
建筑智能化工程技术	154	36.07	5833	41.35	7999	29.04	23464	30.81
工业设备安装工程技术	6	1.41	202	1.43	234	0.85	729	0.96
建筑消防工程技术	102	23.89	1218	8.63	11194	40.64	27372	35.94
建筑设备类其他专业	4	0.94	925	6.56	305	1.11	2365	3.11
合计	427	100.00	14106	100.00	27545	100.00	76162	100.00

1）专业点数。6 个目录内专业的开办点数从多到少依次为：建筑智能化工程技术、建筑消防工程技术、建筑设备工程技术、建筑电气工程技术、供热通风与空调工程技术、工业设备安装工程技术，排序与 2020 年不同。占比超过 20% 的专业有 2 个，即建筑智能化工程技术（占比 37.16%）、建筑消防工程技术（占比 23.89%）。2020 年占比超过 20% 的专业只有建筑智能化工程技术（占比 37.16%）。与 2020 年比较，专业点数增加的专业有 1 个，即建筑消防工程技术（增幅 32.47%）；专业点数减少的专业有 4 个，按减幅大小依次为：建筑电气工程技术（减幅 22.22%）、建筑设备

工程技术（减幅 10.45%）、供热通风与空调工程技术（减幅 8.16%）、建筑智能化工程技术（减幅 4.94%）；专业点数持平的专业有 1 个，即工业设备安装工程技术。

2）毕业生数。6 个目录内专业的毕业生数从多到少依次为：建筑智能化工程技术、建筑设备工程技术、建筑电气工程技术、供热通风与空调工程技术、建筑消防工程技术、工业设备安装工程技术，排序与 2020 年相同。占比超过 20% 的专业有 1 个，即建筑智能化工程技术（占比 41.35%），与 2020 年相同，但占比较 2020 年减少了 3.66%。与 2020 年比较，毕业生数增加的专业有 1 个，即消防工程技术（增幅 95.82%）；毕业生数减少的专业有 5 个，按减幅大小依次为：供热通风与空调工程技术（减幅 15.73%）、建筑电气工程技术（减幅 11.38%）、建筑设备工程技术（减幅 9.96%）、建筑智能化工程技术（减幅 6.31%）、工业设备安装工程技术（减幅 6.05%）。

3）招生数。6 个目录内专业的招生数从多到少依次为：建筑消防工程技术、建筑智能化工程技术、建筑设备工程技术、建筑电气工程技术、供热通风与空调工程技术、工业设备安装工程技术，排序与 2020 年不同。占比超过 20% 的专业有 2 个，分别是：建筑消防工程技术（40.64%）、建筑智能化工程技术（占比 29.04%），2 个专业的合计占比为 69.68%，与 2020 年相同，但占比较 2020 年增加了 1.96%。与 2020 年比较，招生数增加的专业有 4 个，按增幅大小依次为：建筑消防工程技术（增幅 23.39%）、供热通风与空调工程技术（增幅 9.35%）、建筑设备工程技术（增幅 9.13%）、建筑智能化工程技术（增幅 2.38%）；毕业生数减少的专业有 2 个，按减幅大小依次为：工业设备安装工程技术（减幅 31.38%）、建筑电气工程技术（减幅 3.93%）。

4）在校生数。6 个目录内专业的在校生数从多到少依次为：建筑消防工程技术、建筑智能化工程技术、建筑设备工程技术、建筑电气工程技术、供热通风与空调工程技术、工业设备安装工程技术，排列顺序和 2020 年不同。占比超过 20% 的专业有 2 个，分别是：建筑消防工程技术（占比 35.94%）、建筑智能化工程技术（占比 30.81%），2 个专业的合计占比为 66.75%，与 2020 年相同，占比减少了 2.68%。与 2020 年比较，6 个专业在校生数均增加，按增幅大小依次为：建筑消防工程技术（增幅 58.38%）、建筑设备工程技术（增幅 5.28%）、供热通风与空调工程技术（增幅 2.63%）、建筑智能化工程技术（增幅 1.70%）、工业设备安装工程技术（增幅 1.39%）、建筑电气工程技术（增幅 0.58%）。

综上分析，建筑设备类专业分布较为均衡，建筑智能化工程技术专业是该类专业的主体；建筑消防工程技术专业除毕业生数占比较低（8.63%）外，专业点数、招生数、在校生数占比均较大且发展较快。

（5）建设工程管理类专业

根据《职业教育专业目录（2021）》，建设工程管理类专业共有 4 个目录内专业和 1 个目录外专业（建设工程管理类其他专业），其中建筑经济信息化管理专业系由建筑经济管理专业更名，建设项目信息化管理专业并入了建设工程管理专业。2021年，4 个目录内专业均有院校开设。表 1-32 为 2021 年全国高等建设职业教育建设工程管理类专业学生培养情况。

2021 年全国高等建设职业教育建设工程管理类专业学生培养情况　　表 1-32

专业	专业点		毕业生		招生		在校生	
	数量	占比（%）	数量	占比（%）	数量	占比（%）	数量	占比（%）
工程造价	762	55.02	81952	75.44	111471	71.28	334476	71.44
建设工程管理	384	27.73	17239	15.87	33906	21.68	100153	21.39
建筑经济信息化管理	55	3.97	2630	2.42	2541	1.62	8588	1.83
建设工程监理	158	11.41	4789	4.41	5918	3.78	17937	3.83
建设工程管理类其他专业	26	1.88	2021	1.86	2556	1.63	7048	1.51
合计	1385	100.00	108631	100.00	156392	100.00	468202	100.00

1）专业点数。4 个目录内专业的专业点数从多到少依次为：工程造价、建设工程管理、建设工程监理、建筑经济信息化管理，排列顺序与 2020 年相同。占比超过 20% 的专业有 2 个，分别是：工程造价专业（占比 55.02%）、建设工程管理（占比 27.73%），2 个专业的合计占比为 82.75%，与 2020 年相同，但占比增加了 6.07%。与 2020 年比较，专业点数除建筑经济信息化管理专业持平外，其余专业均减少，按减幅大小依次为：建设工程监理（减幅 19.35%）、建设工程管理（减幅 12.50%）、工程造价（减幅 0.92%）。

2）毕业生数。4 个目录内专业的毕业生数从多到少依次为：工程造价、建设工程管理、建设工程监理、建筑经济信息化管理，排列顺序与 2020 年相同。占比超过 20% 的专业只有工程造价专业（占比 75.44%），与 2020 年相同，但占比减少了 0.42%。与 2020 年比较，毕业生人数增加的专业有 2 个，按增幅大小依次为：建筑经济信息化管理（增幅 10.23%）、工程造价（增幅 0.94%）；毕业生人数减少的专业有 2 个，按减幅大小依次为：建设工程监理（减幅 18.27%）、建设工程管理（减幅 2.70%）。

3）招生数。4 个目录内专业的招生数从多到少依次为：工程造价、建设工程管理、建设工程监理、建筑经济信息化管理，排序与 2020 年相同。占比超过 20% 的专业有 2 个专业，分别是工程造价专业（占比 71.28%）、建设工程管理（占比 21.68%），2 个专业的合计占比为 92.96%，与 2020 年相同，但合计占比增加了 2.13%。与 2020 年比较，招生数增加的专业有 1 个，即工程造价（增幅 0.94%）；招生人数减少的专业有 3 个，按减幅大小依次为：建设工程监理（减幅 19.21%）、建筑经济信息化管理（减幅 14.40%）、建设工程管理（减幅 2.34%）。

4）在校生数。4 个目录内专业的在校生数从多到少依次为：工程造价、建设工程管理、建设工程监理、建筑经济信息化管理，排列顺序与 2020 年相同。占比超过 20% 的专业有 2 个，即工程造价专业（占比 71.44%）、建设工程管理（占比 21.39%）。2020 年占比超过 20% 的专业只有工程造价专业（占比 73.10%）。与 2020 年比较，在校生数增加的专业有 3 个，按增幅大小依次为：建设工程管理（增幅 16.30%）、工程造价（增幅 8.25%）、建筑经济信息化管理（增幅 1.63%）；在校生数减少的专业有 1 个，即建设工程监理（减幅 4.03%）。

综上分析，工程造价和建设工程管理专业是建设工程管理类专业的主体专业。其中，工程造价专业除专业点占比为 55.02% 外，毕业生数、招生数、在校生数的占比都超过该类专业的 70%。

（6）市政工程类专业

根据《职业教育专业目录（2021）》，市政工程类专业共有 5 个目录内专业和 1 个目录外专业（市政工程类其他专业），其中城市环境工程技术专业系由城市环境卫生工程技术专业更名，市政管网智能检测与维护专业为新增专业。2021 年，5 个目录内专业均有院校开设。表 1-33 是 2021 年全国高等建设职业教育市政工程类专业学生培养情况。

<table>
<tr><th rowspan="2">专业</th><th colspan="2">专业点</th><th colspan="2">毕业生</th><th colspan="2">招生</th><th colspan="2">在校生</th></tr>
</table>

2021年全国高等建设职业教育市政工程类专业学生培养情况　　表1-33

专业	专业点		毕业生		招生		在校生	
	数量	占比（%）	数量	占比（%）	数量	占比（%）	数量	占比（%）
市政工程技术	143	63.84	5416	56.51	8137	67.74	24111	64.39
给排水工程技术	57	25.45	2196	22.91	2799	23.30	8357	22.32
城市燃气工程技术	20	8.93	874	9.12	770	6.41	2098	5.60
市政管网智能检测与维护	1	0.45	0	0.00	61	0.51	60	0.16
城市环境工程技术	1	0.45	0	0.00	47	0.39	47	0.13
市政工程类其他专业	2	0.89	1098	11.46	198	1.65	2771	7.40
合计	224	100.00	9584	100.00	12012	100.00	37444	100.00

1）专业点数。5个目录内专业的专业点数从多到少依次为：市政工程技术、给排水工程技术、城市燃气工程技术、城市环境工程技术、市政管网智能检测与维护。除城市环境工程技术、市政管网智能检测与维护2020年未招生外，其余3个的排列顺序与2020年相同。占比超过20%的专业有2个，即市政工程技术（占比63.84%）、给排水工程技术（占比25.45%），与2020年相同；2个专业的合计占比为89.29%，较2020年减少了0.80%。与2020年比较，除2020年未招生的城市环境工程技术、市政管网智能检测与维护专业外，3个专业的专业点数都减少，按减幅大小依次为：城市燃气工程技术（减幅20.00%）、给排水工程技术（减幅12.28%）、市政工程技术（减幅7.69%）。

2）毕业生数。5个目录内专业的毕业生数从多到少依次为：市政工程技术、给排水工程技术、城市燃气工程技术，除城市环境工程技术、市政管网智能检测与维护专业无毕业生外，其余3个专业排列顺序与2020年相同。占比超过20%的专业有2个，即市政工程技术（占比56.51%）、给排水工程技术（占比22.91%），与2020年相同；2个专业的合计占比为79.42%，较2020年减少了10.82%。与2020年比较，除城市环境工程技术、市政管网智能检测与维护专业无毕业生外，其余3个专业的毕业生数都增加，按增幅大小依次为：城市燃气工程技术（增幅8.24%）、给排水工程技术（增幅5.37%）、市政工程技术（增幅1.42%）。

3）招生数。5个目录内专业的招生人数从多到少依次为：市政工程技术、给排水工程技术、城市燃气工程技术、市政管网智能检测与维护、城市环境工程技术，前 3 个专业排列顺序与 2020 年相同。占比超过 20% 的专业有 2 个，即市政工程技术（占比 67.74%）、给排水工程技术（占比 23.30%），与 2020 年相同；2 个专业的合计占比为 91.04%，较 2020 年减少了 3.88%。与 2020 年比较，除城市环境工程技术、市政管网智能检测与维护专业未招生外，招生人数增加的专业有 1 个，即城市燃气工程技术（增幅 19.87%）；招生人数减少的专业有 2 个，按减幅大小依次为：市政工程技术（6.34%）、给排水工程技术（减幅 2.10%）。

4）在校生数。5 个目录内专业的在校生数从多到少依次为：市政工程技术、给排水工程技术、城市燃气工程技术、市政管网智能检测与维护、城市环境工程技术。除市政管网智能检测与维护、城市环境工程技术 2020 年无在校生外，其余 3 个专业排列顺序与 2020 年相同。占比超过 20% 的专业有 2 个，即市政工程技术（占比 64.39%）、给排水工程技术（占比 22.32%），与 2020 年相同；2 个专业的合计占比为 86.71%，较 2020 年减少了 5.75%。与 2020 年比较，除市政管网智能检测与维护、城市环境工程技术 2020 年无在校生外，在校生数增加的专业有 2 个，按增幅大小依次为：市政工程技术（增幅 7.45%）、给排水工程技术（增幅 2.80%）；在校生数减少的专业有 1 个，即城市燃气工程技术（减幅 18.30%）。

综上分析，市政工程技术和给排水工程技术专业是该类专业的主体专业。

（7）房地产类专业

根据《职业教育专业目录（2021）》，房地产类专业共有 3 个目录内专业和 1 个目录外专业（房地产类其他专业），其中房地产智能检测与估价、现代物业管理专业分别由房地产检测与估价、物业管理专业更名。2021 年，3 个目录内专业均有院校开设。表 1-34 为 2021 年全国高等建设职业教育房地产类专业学生培养情况。

2021 年全国高等建设职业教育房地产类专业学生培养情况 表 1-34

专业	专业点		毕业生		招生		在校生	
	数量	占比（%）	数量	占比（%）	数量	占比（%）	数量	占比（%）
房地产经营与管理	100	40.32	3457	40.76	2769	25.59	9413	29.26
房地产智能检测与估价	16	6.45	344	4.06	321	2.97	955	2.97
现代物业管理	131	52.82	4680	55.18	7730	71.44	21783	67.71
房地产类其他专业	1	0.40	0	0.00	0	0.00	18	0.06
合计	248	100.00	8481	100.00	10820	100.00	32169	100.00

1）专业点数。3 个目录内专业的开办点数从多到少依次为：现代物业管理、房地产经营与管理、房地产智能检测与估价，排列顺序与 2020 年相同。占比超过 20% 的专业有 2 个，即现代物业管理（占比 52.82%）、房地产经营与管理（占比 40.32%），与 2020 年相同；2 个专业的合计占比为 93.14%，较 2020 年增加了 2.03%。与 2020 年比较，3 个专业的开办点数均减少，按减幅大小依次为：房地产智能检测与估价（减幅 37.50%）、房地产经营与管理（减幅 9.00%）、现代物业管理（减幅 4.58%）。

2）毕业生数。3 个目录内专业的毕业生数从多到少依次为：物业管理、房地产经营与管理、房地产检测与估价，排列顺序与 2020 年相同。占比超过 20% 的专业有 2 个，即现代物业管理（占比 53.33%）、房地产经营与管理（占比 41.02%）与 2020 年相同；2 个专业的合计占比为 94.35%，较 2020 年增加了 0.11%。与 2020 年比较，3 个专业的毕业生人数都减少，按减幅大小依次为：房地产智能检测与估价（减幅 52.03%）、房地产经营与管理（减幅 9.86%）、现代物业管理（减幅 5.51%）。

3）招生数。3 个目录内专业的招生数从多到少依次为：现代物业管理、房地产经营与管理、房地产检测与估价，排列顺序与 2020 年相同。占比超过 20% 的专业有 2 个，即物业管理（占比 68.68%）、房地产经营与管理（占比 28.13%），与 2020 年相同；2 个专业的合计占比为 96.81%，较 2020 年增加了 1.22%。与 2020 年比较，招生人数增加的专业有 1 个，即现代物业管理（增幅 2.01%）；招生数减少的专业有 2 个，按减幅大小依次为：房地产经营与管理（减幅 12.03%）、房地产智能检测与估价（减幅 4.98%）。

4）在校生数。3 个目录内专业的在校生数从多到少依次为：现代物业管理、房地产经营与管理、房地产智能检测与估价，排列顺序与 2020 年相同。占比超过 20% 的专业有 2 个，即现代物业管理（占比 62.02%）、房地产经营与管理（占比 34.63%），与 2020 年相同；2 个专业的合计占比为 96.65%，较 2020 年增加了 1.63%。与 2020 年比较，在校生人数增加的专业有 1 个，即现代物业管理（增幅 10.91%）；在校生数减少的专业有 2 个，按减幅大小依次为：房地产经营与管理（减幅 15.11%）、房地产智能检测与估价（减幅 6.39%）。

综上分析，房地产经营与估价和现代物业管理是房地产类专业的主体专业，2 个专业的开办专业点数、毕业生数、招生数、在校生数分别占总数的 93.14%、

95.94%、97.03%、96.97%。

1.2.2.5　按地区统计

2021年土木建筑类专科生按地区分布情况见表1-35。

2021年土木建筑类专业专科生按地区分布情况　　　表1-35

地区		开办学校		开办专业		毕业生		招生		在校生		招生数较毕业生数增幅（%）
		数量	占比（%）	数量	占比（%）	数量	占比（%）	数量	占比（%）	数量	占比（%）	
华北	北京	18	1.59	37	0.85	1016	0.36	897	0.21	2671	0.21	−11.71
	天津	16	1.41	57	1.31	4348	1.54	4653	1.08	14661	1.17	7.01
	河北	57	5.02	211	4.85	11304	4.00	14562	3.38	44099	3.52	28.82
	山西	26	2.29	102	2.35	5977	2.12	7743	1.80	23293	1.86	29.55
	内蒙古	29	2.56	94	2.16	2440	0.86	5103	1.18	12111	0.97	109.14
	小计	146	12.86	501	11.52	25085	8.88	32958	7.65	96835	7.73	31.39
东北	辽宁	26	2.29	93	2.14	5739	2.03	7745	1.80	31363	2.50	34.95
	吉林	24	2.11	67	1.54	1356	0.48	3841	0.89	10499	0.84	183.26
	黑龙江	27	2.38	106	2.44	5226	1.85	8397	1.95	24672	1.97	60.68
	小计	77	6.78	266	6.12	12321	4.36	19983	4.64	66534	5.31	62.19
华东	上海	10	0.88	43	0.99	2578	0.91	2764	0.64	8135	0.65	7.21
	江苏	66	5.81	294	6.76	17683	6.26	25016	5.81	70174	5.60	41.47
	浙江	33	2.91	115	2.64	11627	4.12	14330	3.33	40775	3.26	23.25
	安徽	55	4.85	225	5.17	10226	3.62	23942	5.56	66069	5.28	134.13
	福建	34	3.00	145	3.33	9293	3.29	13033	3.03	41939	3.35	40.25
	江西	54	4.76	196	4.51	13247	4.69	18461	4.29	52063	4.16	39.36
	山东	76	6.70	287	6.60	18433	6.53	27247	6.33	80185	6.40	47.82
	小计	328	28.90	1305	30.01	83087	29.42	124793	28.98	359340	28.70	50.20
中南	河南	100	8.81	372	8.56	25538	9.04	39692	9.22	100830	8.05	55.42
	湖北	75	6.61	240	5.52	14432	5.11	19062	4.43	58093	4.64	32.08
	湖南	41	3.61	127	2.92	13381	4.74	18857	4.38	52252	4.17	40.92
	广东	56	4.93	238	5.47	18932	6.70	25299	5.87	83793	6.69	33.63
	广西	40	3.52	186	4.28	17662	6.25	33709	7.83	94886	7.58	90.86
	海南	9	0.79	32	0.74	1603	0.57	2349	0.55	8683	0.69	46.54
	小计	321	28.28	1195	27.48	91548	32.42	138968	32.27	398537	31.83	51.80

地区		开办学校		开办专业		毕业生		招生		在校生		招生数较毕业生数增幅（%）
		数量	占比（%）	数量	占比（%）	数量	占比（%）	数量	占比（%）	数量	占比（%）	
西南	重庆	31	2.73	171	3.93	9790	3.47	18569	4.31	58878	4.70	89.67
	四川	67	5.90	253	5.82	18187	6.44	29415	6.83	76907	6.14	61.74
	贵州	33	2.91	138	3.17	11936	4.23	16837	3.91	49242	3.93	41.06
	云南	35	3.08	151	3.47	10996	3.89	19664	4.57	49142	3.92	78.83
	西藏	1	0.09	4	0.09	216	0.08	240	0.06	743	0.06	11.11
	小计	167	14.71	717	16.49	51125	18.10	84725	19.67	234912	18.76	65.72
西北	陕西	43	3.79	161	3.70	8459	3.00	14794	3.44	48058	3.84	74.89
	甘肃	22	1.94	77	1.77	4405	1.56	5751	1.34	21132	1.69	30.56
	青海	3	0.26	20	0.46	1285	0.46	1128	0.26	3091	0.25	−12.22
	宁夏	7	0.62	31	0.71	1293	0.46	1924	0.45	6467	0.52	48.80
	新疆	21	1.85	75	1.72	3800	1.35	5610	1.30	17140	1.37	47.63
	小计	96	8.46	364	8.37	19242	6.81	29207	6.78	95888	7.66	51.79
合计		1135	100.00	4348	100.00	282408	100.00	430634	100.00	1252046	100.00	52.49

（1）2021 年土木建筑类专业专科生按各大区域分布特点

1）学校数。从多到少依次为华东、中南、西南、华北、西北、东北。

2）专业点数。从多到少依次为华东、中南、西南、华北、西北、东北。处于前两位的华东、中南地区共 2500 个专业点，占专业点总数的 57.49%，而后两位的东北、西北合计仅 630 个，占 14.49%。

3）毕业生数。从多到少依次为中南、华东、西南、华北、西北、东北。处于前两位的中南、华东地区共 174635 人，占毕业生总数的 61.84%，而处于后两位的西北、东北地区仅 31563 人，占总数的 11.17%。

4）招生数。从多到少依次为中南、华东、西南、华北、西北、东北。处于前两位的中南、华东地区共 263761 人，占招生总数的 61.25%，而后两位的西北、东北地区仅 49190 人，占 11.42%。

5）在校生数。从多到少依次为中南、华东、西南、华北、西北、东北。在校生数处于前两位的为中南、华东地区，共 757877 人，占在校生总数的 60.53%；处于后两位的为西北、东北地区，共 162422 人，占在校生总数的 12.97%。

6）招生数较毕业生数的增幅。各大区域均为正数，即均处于进大于出的状态。增幅从大到小依次为：西南、东北、中南、西北、华东、华北。

（2）2021年土木建筑类专业专科生按省级行政区分布情况

1）学校数。开办土木建筑类专科专业的学校数位居前五位的省级行政区依次为：河南、山东、湖北、四川、江苏。学校数位居后五位的省级行政区依次为：西藏、青海、宁夏、海南、上海。

2）专业点数。专业点数位居前五位的省级行政区依次为：河南、江苏、山东、四川、湖北。专业点数位居后五位的省级行政区依次为：西藏、青海、宁夏、海南、北京。

3）毕业生数。毕业生数位居前五位的省级行政区依次为：河南、广东、山东、四川、江苏。毕业生数位居后五位的省级行政区依次为：西藏、北京、青海、吉林、宁夏。

4）招生数。招生数位居前五位的省级行政区依次为：河南、广西、四川、山东、广东。招生数位居后五位的省级行政区依次为：西藏、北京、青海、宁夏、海南。

5）在校生数。在校生数位居前五位的省级行政区依次为：河南、广西、广东、山东、四川。在校生数位居后五位的省级行政区依次为：西藏、北京、青海、宁夏、吉林。

6）招生数与毕业生数相比，有2个省级行政区减少，有29个省级行政区增加。按减少幅度由大到小排序，2个省级行政区：青海（-12.22%）、北京（-11.71%）。招生人数较毕业生人数增加的前五个省级行政区，按增加幅度从大到小依次为吉林（183.26%）、安徽（134.13%）、内蒙古（109.14%）、广西（90.86%）、重庆（89.672%）。

1.2.3 高等建设职业教育发展面临的问题

职业教育是与经济社会发展联系最为密切的重要类型，在国家人才培养体系中有着基础性作用，对于立足新发展阶段、贯彻新发展理念、构建新发展格局、推动高质量发展，具有重大而深远的意义。近年来，在习近平总书记职业教育重要讲话精神和全国职业教育大会精神的鼓舞下，各建设类高等职业院校积极贯彻落实习近平总书记关于职业教育重要论述精神，以服务建设行业高质量发展为主题，以推进建设行业产教融合为鲜明主线，着力打造体系更全、质量更高、贡献更大的现代高等建设职业教育，加快培育精益求精的"大国工匠"和"中国建造"的生力军，改革推进深入，建设成效明显，发展态势良好。

建设行业是国民经济支柱产业、民生产业和基础产业，为推进我国城乡建设和新型城镇化发展、改善人民群众居住条件、吸纳农村转移劳动力、缓解社会就业压力做出重要贡献。在今后较长的时期内，建筑业发展总体上仍处于重要战略机遇期，具有强大的发展空间与动力。长期以来，各建设类高等职业院校紧跟经济社会发展需求，服务产业升级，推进产教融合、校企合作，不断推动建设类专业高等职业教育高质量发展；坚持扎根中国大地、立足中国国情，服务区域产业发展，不断提升建设类专业高等职业教育发展适应性；落实立德树人根本任务，培养德技并修、手脑并用、终身发展的高素质技术技能人才，促进教育链、人才链与产业链、创新链有效衔接，促进就业创业，不断提高社会贡献度和认可度。经过多年的办学实践，建设类专业高等职业教育肩负培养多样化人才、传承技术技能、促进就业创业的重任，为支撑国家住房和城乡建设事业转型升级、推进"中国建造"和服务的水平、保障民生等方面做出了突出贡献。

在肯定成绩的同时我们也清醒地看到，对照我国住房和城乡建设事业高质量发展对建设类专业高等职业教育的需求，对照人民群众对"上大学、上好学"的美好期盼，对照高等职业教育自身高质量发展的要求，我国建设类专业高等职业教育还存在一定的差距。主要表现为：

1.2.3.1　政策配套支持有待进一步落地

以习近平同志为核心的党中央高度重视职业教育，习总书记亲自主持中央深改委会议，审议《国家职业教育改革实施方案》，明确了职业教育改革的重大制度设计和政策举措。国务院出台的《国家职业教育改革实施方案》明确提出"职业教育与普通教育是两种不同教育类型，具有同等重要地位"，整体搭建职业教育体制机制改革的"四梁八柱"集中释放了一批含金量高的政策红利。2019 年，教育部、财政部印发了《关于实施中国特色高水平高职学校和专业建设计划的意见》，集中力量建设一批引领改革、支撑发展、中国特色、世界水平的高职学校和专业群，带动高等职业教育高水平、高质量发展。2020 年，教育部等九部门印发的《职业教育提质培优行动计划（2020—2023 年）》进一步确立国家宏观管理、省级统筹保障、学校自主实施的工作机制。31 个省份和新疆生产建设兵团的 4562 所学校和有关单位承接任务，计划投入 3075 亿元。2021 年，国务院召开了全国职业教育大会，习近平总书记对职业教育工作作出重要指示，强调加快构建现代职业教育体系，培养更多高素质技术技能人才、能工巧匠、大国工匠。

但是，当前在促进政策和理论"落地与发挥实效"上仍然存在短板，相关配套政策和具体实施细则相对滞后，在推进制度与机制建设方面力度还不够大，在统筹协调方面没有形成合力，仍然没有形成"多家参与、多方协力、齐抓共管"的机制，尚存在"想法多、做法少"等问题。尤其在行业企业参与职业教育法律与政策、校企深度融合制度建立与机制形成、调动企业参与人才培养积极性的配套激励政策、校外实训基地建设的体制机制、学生获取职业岗位证书有效途径、企业专家参与学校专业设计及教学活动的模式与激励制度、企业专家真正介入日常专业教学等方面，仍存在政府部门之间协调力度不够，教育行政部门出台的政策得不到真正贯彻落实等问题。

为此，目前当务之急是要真正构建完善各部门间的协同推进机制，在政策层面积极推进，在机制层面认真设计，在协同层面有所突破，在措施层面狠抓落实，构建完善现代职业教育体系。同时，通过制定由政府、行业、企业、院校齐抓共管的职业教育制度，支持、倡导、鼓励多元主体参与各建设类高等职业院校办学，形成职业教育良性发展的氛围，实现国家、社会、行业、企业、家长、学生对建设类专业高等职业教育的期望。

1.2.3.2　职教类型特色有待进一步凸显

2021 年，中共中央办公厅、国务院办公厅印发了《关于推动现代职业教育高质量发展的意见》，系统梳理中国职业教育改革实践经验，从巩固职业教育类型定位、推进不同层次职业教育纵向贯通、促进不同类型教育横向融通三个方面强化职业教育类型特色。2022 年 5 月 1 日，新修订的《中华人民共和国职业教育法》正式实施，明确"职业教育是与普通教育具有同等重要地位的教育类型，是国民教育体系和人力资源开发的重要组成部分，是培养多样化人才、传承技术技能、促进就业创业的重要途径"，标志着现代职业教育体系建设进入新的法治化进程，也意味着职业教育"类型"地位在法理上得到保障。

但是，当前建设类专业高等职业教育的职业教育"类型"特色尚不明显，尤其在建设类专业高等职业教育的教育评价方面仍未凸显职业教育"类型"特色。教育评价是教育的"指挥棒",事关教育发展方向;有什么样的评价指挥棒,就有什么样的办学导向。经过多年的发展,我国建设类专业高等职业教育取得了一系列成就,但是各地区、各建设类高等职业院校间的发展还不够均衡,还存在着诸多薄弱环节。这些问题和薄弱环节的存在,关键在于建设类专业高等职业教育的招生考试、人才培养、师资队伍、毕业就业等环节的科学评价体系没有真正确立起来,学生的思想道德、职业技能、职业素养、综合能力等方面的教育评价还缺少职业教育"类型"特征,"唯分数、唯升学、唯文凭、唯论文、唯帽子"的"五唯"顽瘴痼疾在各高职院校中还有不同程度地存在。

为此,当前各建设类高等职业院校要深入贯彻落实《深化新时代教育评价改革总体方案》,构建引导学生德智体美劳全面发展的考试内容体系,改变相对固化的试题形式,增强试题开放性,减少死记硬背和"机械刷题"现象,加快完善初、高中学生综合素质档案建设和使用办法,逐步转变简单以考试成绩为唯一标准的招生模式,完善建设类专业高等职业教育"文化素质 + 职业技能"考试招生办法,探索建立学分银行制度,推动多种形式学习成果的认定、积累和转换,实现不同类型教育、学历与非学历教育、校内与校外教育之间互通衔接,畅通终身学习和人才成长渠道。

1.2.3.3　社会价值取向有待进一步转变

近年来,我国的职业教育不断深化改革,探索建立"职教高考"制度,实施"文化素质 + 职业技能"分类考试招生;规范特色培养过程,从培养目标、课程设置、学时安排、实践教学、毕业要求等方面对职业学校专业人才培养方案制订提出具体要求,为专业人才培养和质量评价提供基本依据;建立实习管理制度,明确实习的内涵和边界,重点对职业学校实习治理水平提出系列措施;将职业本科纳入现有学士学位制度体系,在学士学位授权、学位授予标准等方面强化职业教育育人特点。从顶层设计到制度标准,构建了一整套贯穿学生入口到出口、具有中国特色的职业教育制度体系,社会、行业、企业、家长和学生等各个层面对职业教育的认同感有了一定程度的转变和提高。

但是,社会对职业教育的认可度和接受度仍然不高。发展职业教育最大的问题在于认识问题。"职业教育和普通教育同等重要"的观念转化为自觉行动还需要一个较长过程,相当多家长和学生就读职业院校往往是无奈的选择,"可读普高决不读职高，可读普通本科决不读职业本科或优质高职"的思想还根深蒂固。普职融通、普职协调的难度也很大，普通教育向职业教育流动容易，职业教育向普通教育流动困难。这可从学生（潜在学生）、家长、企业人事部门等方面对待高等职业教育的态度中看出来，普通高中成绩相对好的毕业生倾向于接受普通高等教育，而成绩相对比较差的学生才会报考高职院校，有的学生甚至宁愿再复读一年，也不愿到高职院校就读。因此，社会上对高等职业教育的认识还存在偏见，技术技能人才发展渠道窄、总体待遇偏低，不少学生将高等职业教育视为"低人一等"的无奈选择，高职院校的社会报考热情不高，综合生源质量普遍偏低。

为此，政府应从现代职业教育体系构建、制度顶层设计等层面，进一步消弭社会偏见，推动高等职业教育深化改革发展。譬如，部分省份已对招考制度进行一系列改革，取消文理分科、高考科目由"3+X"（语文、数学、外语＋文综／理综）改变为"3+3"（语文、数学、外语＋高中学业水平考试3个科目）、高考录取批次减少为2个，尤其是合并减少录取批次这个举措，就是取消人为的等第之别，将会改变高职院校长期以来依附统一高考选拔并处于录取批次末端的状况，可以消弭社会对高等职业教育长期以来的偏见和误解，对提升高等职业教育的社会认同度，加大政府、行业、社会对高等职业教育的重视和投入，将产生十分重要的影响和作用。

1.2.3.4　行业服务贡献有待进一步彰显

"十四五"时期是我国经济发展进入新常态的战略期，是我国新型城市化提质发展的机遇期，也是建设行业转型升级、高质量发展的关键期，更是高水平全面建成小康社会的决胜期。《"十四五"建筑业发展规划》指出要"以推动建筑业高质量发展为主题，以深化供给侧结构性改革为主线，以推动智能建造与新型建筑工业化协同发展为动力，加快建筑业转型升级，实现绿色低碳发展，切实提高发展质量和效益，不断满足人民群众对美好生活的需要，为开启全面建设社会主义现代化国家新征程奠定坚实基础"，并规划了推动智能建造与新型建筑工业化、推进建筑节能与绿色建筑发展、发展建筑产业工人队伍等转型升级任务，为建设类专业高等职业教育发展提供了强大的行业机遇。

但是，立足当前国际形势分析，全球处在疫情影响、金融危机后的深度调整期，世界多极化、经济全球化、文化多样化、社会信息化加快发展，新一轮科技革命蓬勃兴起，经济增速放缓但增量可观，气候变化、能源安全等问题突出，为我国工业化与城市化发展带来机遇挑战。同时，随着建筑"走出去"战略地不断深入，国外众多建筑企业纷纷进入国内寻求发展，需要更多具有较强实践应用能力和国际视野的建筑人才。立足当前国内形势分析，我国经济发展方式加快转型且增长动力多元，消费结构升级，新技术新业态新模式涌现，"一带一路"倡议、长江经济带等国家战略与"多规合一"、海绵城市、地下综合管廊、装配式建筑等试点推进，简政放权进一步释放市场活力，中央城市工作会议及《中共中央国务院关于进一步加强城市规划建设管理工作的若干意见》《中共中央国务院关于深入推进城市执法体制改革改进城市管理工作的指导意见》均对建设行业转型升级、高质量发展与规划建设转型提出了更高要求，但供给滞后需求、发展不平衡的问题仍然突出，去产能、去库存、去杠杆、降成本、补短板的任务艰巨。

因此，与上述国际国内的复杂形势和艰巨任务相比，各建设类高等职业院校围绕、紧贴、扎根建设行业办学仍有一定差距。专业结构布局不够均衡、人才培养质量不够显著、校企合作成效不够突出、技术研发能力不够强劲、行业服务水平不够有效等问题还比较明显，仍有一部分院校还在依靠传统的思维方式和手段办法，仍然沉浸在"以不变应万变"的办学状态中，这在一定程度上制约了建设类专业高等职业教育的可持续、高质量发展。

1.2.3.5　专业建设力度有待进一步加大

建设行业市场化、工业化、信息化、国际化发展趋势，建筑业技术创新、管理创新和业态创新，传统建筑业与先进制造技术、信息技术、节能技术的融合，绿色建筑和绿色建材、建筑节能减排等一系列行业发展最新要求，急切需要严谨专注、敬业专业、精益求精、追求卓越的"鲁班巧匠"。培养具有一专多能、工匠精神的高素质技术技能人才，推动人才培养高质量发展，是建设类专业高等职业教育人才培养工作面临的新挑战。

但是，与建设行业大发展形势不相适应的是，建设类专业高等职业教育的专业结构不尽合理，面向建设行业转型升级、建筑"走出去"的高新技术类、技术应用类专业没有得到充分发展，面向建设行业新技术的技术应用性和复合型人才比较缺乏。同时，目前建设类专业高等职业教育的专业发展水平不够均衡，专业前沿跟踪不够紧密，专业集群效应不够明显，专业行业影响力有待提高；部分专业招生录取分数线和就业质量有待进一步提升。此外，建设类相关传统专业改造力度不够，一些传统的专业无论是课程体系，还是教学内容和教学手段都已不适应当今科学技术飞速发展的需要。因此，必须加大使用信息科学等现代科学技术，提升、改造传统专业的力度，实现传统专业新的发展。

1.2.3.6 课堂教学改革有待进一步深化

《国家职业教育改革实施方案》把职业教育，尤其是高等职业教育的改革和发展，提到了前所未有的历史高度。其中，实施方案提出完善教育教学相关标准和开展"三教"改革的任务，要求促进职业院校加强专业建设、深化课程改革、增强实训内容、提高师资水平，全面提升教育教学质量；2019年，教育部启动"双高计划"建设。在新的人才观、教学观和质量观的要求下，"三教"改革已然成为推进"双高计划"技术技能人才培养高地建设的重要抓手。

但是，目前课堂教学改革还存在一些问题，譬如，课程资源不够，特别是特色课程、优质课程资源比较缺乏。课程建设尚在进行中，教学大纲、教材管理都尚待进一步规范和完善；教师教学基本规范还有待加强，教学能力有待进一步提升。课堂教学改革与创新急需深化，许多教师还是使用传统的"灌输式"教学方法，启发式、研讨式等新型教学方式运用不足。形成性评价存在考核项目少、考核记录不规范和随意性大等问题。

为此，各建设类高等职业院校应进一步深入贯彻"工学结合、知行合一"的人才培养理念，全面对接建设行业高端发展优化专业结构、构建学历教育与职业培训并举的现代职业教育体系；坚持立德树人、德技并修，畅通建设行业技术技能人才成长通道；以职业需求为导向，以实践能力培养为重点，深化"三教"改革，优化"双师"结构、创新特色教材、打造"金课"，培养建设行业急需的下得去、用得上、留得住、有后劲的德智体美劳全面发展的"鲁班工匠"。

1.2.3.7 人才培养质量有待进一步提高

当前，我国产业升级和经济转型处于关键时期，建设行业的转型升级，亟需大量高素质新型技能人才，需要建设类专业高等职业教育的同步发展作为支撑。目前，我国建筑业从业人员技能素质偏低等问题仍很突出，建筑业各类从业人员总量虽逐年增长，但高层次建设类人才依旧短缺，与建设行业转型升级需求还存在一定差距。建设类专业高等职业教育应以就业为导向，需要着力培养大批满足产业结构转型升级和区域经济社会发展需要的高素质技术技能型人才。

但是，与之不相匹配的是建设类专业高等职业教育人才培养和质量有待进一步提升。建设类专业高等职业教育人才培养体系跟不上建设行业转型升级的需求，学历教育与技术技能要求还没有很好地对接。建设类专业高等职业教育师资队伍建设仍然是一块短板，也成为制约人才培养质量的重要因素。受力量配备、体制机制和相关分配政策限制，建设类高等职业院校面向社会开展职业培训等社会服务的意识不强、动力不足、能力不够，离育训并重并举的要求还有很大差距。

"十四五"期间，我国要努力实现"建设世界建造强国"的目标，到 2035 年，建筑业发展质量和效益大幅提升，建筑工业化全面实现，建筑品质显著提升，企业创新能力大幅提高，高素质人才队伍全面建立，产业整体优势明显增强，"中国建造"核心竞争力世界领先，迈入"智能建造"世界强国行列，全面服务社会主义现代化强国建设。但从目前我国建设行业人才队伍建设来看，依然存在着人才队伍整体素质不高、专业人才队伍总量不足、复合型外向型人才比较缺乏、人才队伍结构性矛盾突出等问题，人才需求缺口很大。要促进建筑业转型升级，大力提高我国城镇化水平，关键在人才、在技术，这将为建设类专业高等职业教育和建设行业各类企业的共赢共荣、共同发展提供更大的空间和机遇。

1.2.3.8　双师双能团队有待进一步打造

教师队伍是发展职业教育的第一资源，是支持新时代国家职业教育改革的关键力量，教师团队建设也是建设类专业高等职业教育发展最重要的基础。建设高素质"双师型"教师队伍是加快推进建设类专业高等职业教育现代化的基础性工作。改革开放以来特别是党的十八大以来，建设类专业高等职业教育教师培养培训体系基本建成，教师管理制度逐步健全，教师地位待遇稳步提高，教师素质能力显著提升，为建设类专业高等职业教育改革发展提供了有力的人才保障和智力支撑。近年来，教育部也印发了《深化新时代职业教育"双师型"教师队伍建设改革实施方案》《关于印发〈全国职业院校教师教学创新团队建设方案〉的通知》等文件，启动实施国家级职业教育教师教学创新团队建设及科学研究工作。

但是，在整体形势向好的同时，建设类专业高等职业教育的高精尖师资队伍面临新挑战。尤其是建设行业进入转型升级关键时期，新技术、新材料、新工艺，建筑业工业化、信息化、国际化发展，对高水平师资队伍提出新要求。当前，各建设类高等职业院校对接建设行业高端的高水平专业群带头人仍然不足，急需引培一批建设行业有权威、国际有影响的专业群建设带头人，带动一批能够解决建设行业关键技术难题的骨干教师及技术能手，推动建设类专业高等职业教育师资队伍整体水平提升。

1.2.3.9　校企深度融合有待进一步推进

产教融合、校企合作是职业教育办学的基本模式，也是办好职业教育的关键所在。长期以来，职业教育的产教融而不合、校企合作不深不实是痛点，也是堵点。同样，当前建设类专业高等职业教育的校企深度融合也面临着新挑战，部分建筑业企业由于受到企业经营理念、经营成本等因素考量，最新技术、最新设备较难与教学资源深度融合，需要深度推进产教融合、校企合作，充分发挥建设行业、建筑业企业的技术、场地、设备等资源优势，推进各建设类高等职业院校和建设行业、建筑业企业在人才培养、技术服务、成果转化等方面资源共享、优势互补，构建校企深度合作新机制。

但是，目前各建设类高等职业院校与建设行业、建筑业企业的深度融合还存在诸多瓶颈。产教融合就是要让建设行业、建筑业企业真正成为人才培养的重要主体。当前推动产教融合、校企合作的政策文件不少，但能够真正发挥作用的不多，一些好的支持政策未能真正落地，直接影响建设行业、建筑业企业参与建设类专业高等职业教育的积极性。譬如，国企资源进入职业教育办学存在政策障碍，发展股份制、混合所有制职业院校和各类职业培训机构还处于初步探索阶段，缺少具体的措施办法和适宜的操作路径，等等。

1.2.3.10　国际交流合作有待进一步突破

职业教育已经成为我国国际交流合作的重要内容，在许多重要国际会议上不断提出职业教育合作新举措。例如，中国同东盟加强职业教育、学历互认等合作；实施"未来非洲—中非职业教育合作计划"，继续同非洲国家合作设立"鲁班工坊"；倡议建立金砖国家职业教育联盟，举办职业技能大赛，为五国职业院校和企业搭建交流合作平台；举办世界职业技术教育发展大会，成立世界职业技术教育发展联盟，为职业教育国际交流合作指明了方向，职业教育成为构建人类命运共同体的重要助力。

但是，目前建设类专业高等职业教育的国际合作教育面临着诸多挑战。全面服务"一带一路"倡议，服务建设行业、建筑业企业"走出去"，拓展国际建筑市场工作，服务建筑业企业在高速铁路、公路、电力、港口、机场、油气长输管道、高层建筑等工程建设、服务打造"中国建造"品牌，需要加快构建全面开放的国际合作教育格局，全面加强相关中央企业、地方企业、大型企业的合作，联合企业有效利用当地资源，实现更高程度的本土化国际人才培养，探索新型国际合作教育模式。

1.2.3.11　现代治校水平有待进一步提升

目前，政府确立了"管办评分离"教育治理原则，厘清政府、学校和社会三者的权责关系，优化职业教育生态，建立系统完备、科学规范、运行有效的制度体系，形成了职能边界清晰、多元主体充分发挥作用的新局面。一是加强政府统筹管理作用，深化政府职能转变，教育"统管"转变为教育"督导"。二是强化行业自律和主动参与，积极发挥行业指导和企业重要办学主体作用，推行产业规划和人才需求发布制度，引导学校紧贴市场和就业形势，动态调整专业目录。三是提升办学主体自治能力，持续扩大职业学校办学自主权，积极推进以章程为引领的现代学校制度建设，激发办学活力和自主性。四是构建社会监督体系，发挥利益相关方评价作用，引导职业教育良性发展。借助第三方评价，定期跟踪评价人才培养质量，发挥监测评价、预测预警功能，提升教育发展动态监测能力。

但是，目前建设类专业高等职业教育在管理体制上仍存在统筹不够的问题。大多数建设类高等职业院校在干部管理和业务管理上分属建设系统和教育系统主管，不同的隶属关系形成了两套不同的管理体系和办学标准，建设类专业高等职业教育总体规划设计未能真正体现"大职教"理念，部门政策协同和叠加效应不但没有放大，反而造成基层各建设类高等职业院校办学的重叠和纠结，既浪费了教育资源，也不利于人才培养。

1.2.3.12　信息技术应用有待进一步加强

教育信息化作为教育系统性变革的内生变量，支撑引领教育现代化发展，推动教育理念更新、模式变革、体系重构。党的十八大以来，我国教育信息化事业实现了前所未有的快速发展，取得了全方位、历史性成就，实现了"三通两平台"建设与应用快速推进、教师信息技术应用能力明显提升、信息化技术水平显著提高、信息化对教育改革发展的推动作用大幅提升、国际影响力显著增强等"五大进展"，在构建教育信息化应用模式建立全社会参与的推进机制、探索符合国情的教育信息化发展路子上实现了"三大突破"，为新时代教育信息化的进一步发展奠定了坚实的基础。

但是，建设类专业高等职业教育的信息化建设还存在一些问题。一是教育信息化建设的思想认识问题。部分建设类高等职业院校尚未认清教育信息化发展的国际形势和国家在教育信息化服务社会经济发展中的战略部署，信息化基础设施的"为建而建"现象还存在，数字化资源和设备在教学和管理中的创新应用意识不足，信息化技术在服务学生的全面发展和培养创新人才中的认知不足，网络信息和教育基础数据的安全意识不足。二是信息化基础设施建设与运维问题。宽带资费成本高、运行速度低，部分建设类高等职业院校新型信息化教学与管理设备缺乏，老旧设备运维困难，更新资金不到位，淘汰机制不健全。三是优质教育资源建设与共享问题。数字教育资源海量化，但优质教育资源依旧不足，区域间、校际间的优质资源建设标准不统一、共享渠道不畅通、共享机制不健全，资源平台重复建设现象严重，线上教育资源知识产权保护机制亟待建立。四是信息技术对教学模式与学习方式的支撑问题。部分建设类高等职业院校信息化教学与学习方式仍停留在初级阶段，单纯用电子白板取代黑板，优秀的信息化教学模式缺乏推广，对信息技术在日常教学中的应用探索有待加深。

1.2.4 促进建设类专业高等职业教育发展的对策建议

围绕打造建设类专业高等职业教育"金名片"，打造高等职业教育高质量发展高地。更加突出类型定位，以提升技术技能人才培养层次和适应性为目标，以促进高质量就业创业和适应建设行业发展需求为导向，以强化政策供给和顶层设计为着力点，进一步完善建设类专业现代职业教育体系，将建设类专业高等职业教育摆入"中国建造"战略建设，形成与住房和城乡建设事业发展紧密结合的建设类专业高等职业教育发展新格局。

1.2.4.1 聚焦顶层设计，在努力推动关键政策落地上下功夫

加快构建与建设类专业高等职业教育办学规模、培养成本、办学质量等相适应的投入机制，确保政策、项目、资金、人员、技术向建设类专业高等职业教育倾斜。落实建设类专业高等职业教育产教融合、校企合作的各项激励政策，调动建设行业、建筑业企业和社会各方举办或参与建设类专业高等职业教育的积极性。建立健全建设类高等职业院校绩效激励机制，提升公办建设类高等职业院校开展建设行业相关社会化培训等社会公共服务的积极性。将支持建设类专业高等职业教育发展相关政

策落实情况纳入对地方行业主管部门履行教育职责的重要内容，确保政策在基层落地落实。

1.2.4.2　聚焦贯通融通，在加快完善职业教育体系上下功夫

打破建设类专业职业教育学历"天花板"，完善建设类专业职业教育"育人链"，畅通建设类专业学生成长成才通道，提升建设类专业职业教育人才培养质量和自身吸引力。夯实建设类专业中等职业教育基础地位，强化文化基础和技术技能综合素养培育，提高中职学校人才培养质量。巩固建设类专业高等职业教育主体地位，扩大人才培养规模，实现建设类专业高等职业教育愿学尽学。有序推进建设类专业中职与高职、高职与职业教育本科贯通培养，逐步扩大一体化设计、长学制培养学生的比例。积极推动建设类专业职业教育向本科层次延展，并作为关键环节予以突破，使学生在建设类专业职业教育体系内就可以无缝衔接进入高一级职业院校学习。深入推进普职融通，拓宽建设类专业职业教育与普通教育的人才培养通道和相互转学通道，建立普通高中与建设类中等职业学校、建设类高等职业院校与应用型大学合作机制。

1.2.4.3　聚焦行业发展，在优化均衡专业结构布局上下功夫

根据建设行业发展趋势和行业企业需求，对各建设类高等职业院校现有专业结构体系进行优化调整；在专业优化、撤并、新增的基础上，深化各专业的建设发展、课程改革、师资培养、绩效考核。做精品牌专业，将现有优势专业打造成在全国同领域具有较强影响力和竞争力的国内品牌专业；每个品牌专业拥有在全国有影响的专业带头人，形成标志性教学成果，建成共享型专业教学资源库。做强特色专业，将一批鲜明行业特色的专业建设成为产教深度融合、全国一流的特色专业；每个特色专业拥有有影响的专业带头人，形成特色教学成果，建成校本专业教学资源库；发挥专业特长，服务建设行业企业自主技术创新。做大特需专业，服务军民融合发展战略、服务乡村振兴战略、落实中央城市工作会议要求，大力建设好城市管理信息化、物业服务、村镇建设与管理等急需专业。做新传统专业，对传统专业进行"互联网+"、国际化、工业化转型升级。

1.2.4.4　聚焦三教改革，在不断提升人才培养质量上下功夫

以实现"高水平建设类专业高等职业教育"和培养"专业基础厚实，实践适应能力较强的高素质建设类技术技能人才"为根本目标，努力形成具有建设类专业特

色的教学内容体系，将人才培养目标落到实处。不断改革创新，及时更新教学内容，改革教学方法及手段，形成基本教学规范和课程标准，提升教育教学质量和水平。每门课程都必须遵循教育教学规律，构建"三位一体"课程内容体系。大力推进课程的标准化建设，实现情感态度和社会主义核心价值观、教学过程和教学方法、知识结构和专业技能相统一，形成建设类专业高等职业教育的课程标准。以学生发展为中心，通过教学改革促进学习革命，积极推广小班化教学、混合式教学、翻转课堂，推进智慧教室建设，构建线上线下相结合的教学模式。因课制宜选择课堂教学方式方法，科学设计课程考核内容和方式，不断提高课堂教学质量。积极引导学生自我管理、主动学习，激发求知欲望，提高学习效率，提升自主学习能力。积极推进课程在线平台建设和智慧教室的建设，以满足课堂教学改革的需求。

1.2.4.5 聚焦双师双能，在着力加强师资队伍建设上下功夫

将师资队伍建设作为打造"高水平建设类专业高等职业教育"的重中之重，把好师资队伍"入口关"和"培育关"，不断强化外部保障，激发内生动力，提升师资队伍整体水平。加强师德师风建设，引导教师教书育人和自我修养相结合，做到以德立身、以德立学、以德施教，更好担当起学生健康成长指导者和引路人的责任；建立激励约束机制，师德建设与业务考核并重，将师德综合评价作为教师聘任、晋升、晋级的重要依据。积极开展教学名师和优秀教学教师培育工程，树立教书育人先进典型，促进优良教风形成，以教风建设带动学风建设。充分发挥教师教学发展中心作用，构建研究、培训、咨询、评价、服务一体化的教学服务平台，满足教师个性化发展需求，提升教师的专业水平和教学能力。完善教研室（教研组）、教学团队等基层教学组织，加强教学研究和教改实践，进一步增强教学的学术意识。健全老中青教师传帮带机制，健全完善助教制度。鼓励地方先行先试，实施现代产业导师特聘岗位计划，打造一批建设类专业高等职业教育领军人才和顶尖团队。

1.2.4.6 聚焦产教融合，在持续深化校企深度合作上下功夫

强化行业指导，充分发挥全国住房和城乡建设职业教育教学指导委员会作用，对专业设置、人才培养、教材编写和培训工作提供专业咨询、指导和服务；新组建一批行业指导委员会，实现专业大类全覆盖。深化产教对接，推进建设类专业与行业产业对接、课程与职业能力标准对接、教学与生产过程对接、实训基地与工作岗

位对接、师资与行业企业对接，实现校企双元专业共建、教材共编、标准共融、教学共育、基地共享、师资共培。同时，深入推进现代学徒制和企业新型学徒制人才培养模式改革，推动企业深度参与协同育人。深化职业教育供给侧结构性改革，建立职业教育与产业集群联动发展机制，研究制定职业教育产教对接谱系图，引导职业精准对接产业人才需求。

1.2.4.7　聚焦建设行业，在大力拓展社会服务贡献上下功夫

坚持育训并举并重，支持各建设类高等职业院校面向全体社会成员开展职业培训，开发一批产业发展急需、行业特色鲜明、层次类型多样的培训项目、课程和教材，实现需求端与供给端有效匹配。支持各建设类高等职业院校与企业合作建设各种类型的培训平台，组织好企业在职员工的提升培训。强化职业院校技术技能积累，整合社会资源建设创新平台，推动创新成果应用；进一步提升高水平专业群配套服务能力，高水平服务产业发展能级提升。围绕构建终身教育体系和学习型社会，鼓励各建设类高等职业院校举办老年大学（学堂），为老年人提供就近、便捷的教育服务。加强职业体验中心建设，推进中小学生职业启蒙、职业认知、职业体验教育，广泛开展中小学职业体验日活动。

1.2.4.8　聚焦开放融合，在致力打造建设职教品牌上下功夫

坚持开放合作、互利共赢，创新共享开放理念，以国际视野兼容并蓄，以国际胸怀开放合作，深度融入世界职业教育改革发展潮流，积极构建国际化交流平台。服务国家"一带一路"倡议，围绕人才培养国际化需求和建设类专业高等职业教育国际化需求，以人才培养国际化、专业建设国际化、课程设置国际化、师资队伍国际化、技术合作国际化为重点，深化国际交流合作，建成高水平的国际建设人才培养基地和建设职教资源输出基地，打造建设职教国际品牌。不断加大与"一带一路"沿线国家、东盟成员国、澜湄流域、非洲国家的合作，聚焦智能建造、绿色建筑、建筑节能等领域，构建建设类专业高等职业教育服务国际建设事业合作框架，实施建设类专业高等职业教育服务国际建设事业合作行动，有序优化建设类专业高等职业教育资源投放精准性，积极探索中国建筑业企业与各建设类高等职业院校合作开展海外办学，推动建设类专业高等职业教育与中国建筑业企业一道"走出去"，团结世界各国合力应对人类共同挑战，为促进产教融合、拉动就业、减贫脱贫提供系统性、高质量的中国职教方案。

1.2.4.9 聚焦数字治理，在日益注重现代治理水平上下功夫

积极深化各建设类高等职业院校内部治理体系和运行机制改革，健全党委领导下的决策与统筹机制、以校长负责制为核心的执行与责任机制、以学术委员会为主体的教授治学机制、以教职工代表大会为依托的民主管理机制、以六方四层发展构架为基础的社会参与与监督机制，全面提升学院"党委领导、校长负责、教授治学、民主管理、社会参与"的依法治理体系和治理能力现代化，全面保障学院高水平、可持续发展。以各建设类高等职业院校章程为依托，健全各建设类高等职业院校内部管理体系，完善党委领导下的校长负责制、教职工代表大会制度、学术委员会制度、学院校企合作理事会章程和学院内部控制等制度。以二级学院建设标准为重点，明确二级学院责权利，激发二级学院活力。改革完善部门（系部）目标考核办法、绩效分配方案。以高职院校诊改试点工作为依托，积极开展诊断实施工作，构建内部质量保证体系，建立数字化信息管理支撑平台。

1.2.4.10 聚焦智慧校园，在逐步加大信息技术应用上下功夫

贯彻落实《教育信息化 2.0 行动计划》，以《职业院校数字校园建设规范》为底线，打造符合各建设类高等职业院校高水平特色发展的"感知型智慧校园"，提高信息化智能化对教学改革、学校治理、科学决策的服务力和引领力，提升学生、教师、家长、企业、社会"五类用户"的获得感和幸福感，为实现高质量发展增添新动力，推进建设类专业高等职业教育现代化发展。实施"智慧 +"服务教学工程，打造课程教学与应用服务有机结合的新一代专业群教学资源库和开放课程大平台。实施"智慧 +"服务学生工程，建立学生成长社区平台，为在校生构建包括第二课堂、成长记载、生活需求、校内办事、企业选聘、家长互动、毕业服务于一体的学生移动服务网，全方位、全过程沉淀学生成长大数据。实施"智慧 +"服务管理工程，以师生 2 个管理闭环为视域，建章立标，完善全校统一的流程互通平台和网上办事大厅平台，全面开展业务流程的重组和再造，探索开展"刷脸办""远程办"，做深做实"掌上办"，打造流程化管理模式，提供"办事一站式服务"。实施"智慧 +"服务产业工程，建立建设类行业人员继续教育网络培训平台，采用云服务模式，结合优质教学资源，实现建设类从业人员从报名、缴费、培训、考试、物流到下次注册培训提醒的一站式公共服务平台，实现"教学小资源"向"行业大资源"的转变，更好服务于行业发展和区域经济。

　　当前我国住房和城乡建设事业已进入新发展阶段，新发展格局构建和人才供给侧改革将对建设类专业高等职业教育发展提出全新挑战，人口趋势变化、"技能中国""中国建造"深入推进将深刻影响建设类专业高等职业教育与经济社会发展、建设行业转型升级的互动模式及教育内部结构，建设类专业高等职业教育在整个高等职业教育体系和经济体系中的作用将日益突出。坚持问题导向，进一步深化改革，加快深化发展建设类专业高等职业教育，已成为一项迫在眉睫的任务。

1.3　2021 年中等建设职业教育发展状况分析

1.3.1　中等建设职业教育发展的总体状况

　　根据国家统计局的统计数据，2021 年比 2020 开办的中等职业教育土木建筑类学校、专业点数、毕业生数、招生数、在校生规模均呈现整体性、全局性减少趋势。

　　2021 年，开办中等职业教育土木建筑类专业的学校为 1403 所，较 2020 年减少 125 所，减少比例为 8.18%。开办土木建筑类专业点数 2130 个，较 2020 年减少 389 个，减少比例为 15.44%。毕业生数 100203 人，较 2020 年减少 27035 人，减少比例为 21.25%；招生数 148611 人，较 2020 年减少 11249 人，减少比例为 7.04%；在校生规模达 379446 人，较 2020 年减少 32596 人，减少比例为 7.91%。

　　图 1-9 和图 1-10 分别示出了 2014～2021 年全国土木建筑类中等职业教育开办学校、开办专业情况和学生培养情况。

1.3.2　中等建设职业教育发展的统计分析

1.3.2.1　土木建筑类中职教育学生按学校类别培养情况

1. 土木建筑类中职教育学生按学校办学类型分布情况

　　开办中职教育土木建筑类的学校按办学类型分为七类：调整后中等职业学校（普通中等专业学校）、中等技术学校、中等师范学校、成人中等专业学校、职业高中学校、附设中职班和其他中职机构。与 2020 年相比，开办的学校办学类型未发生变化。2021 年土木建筑类中职教育学生按学校办学类型的分布情况见表 1-36。

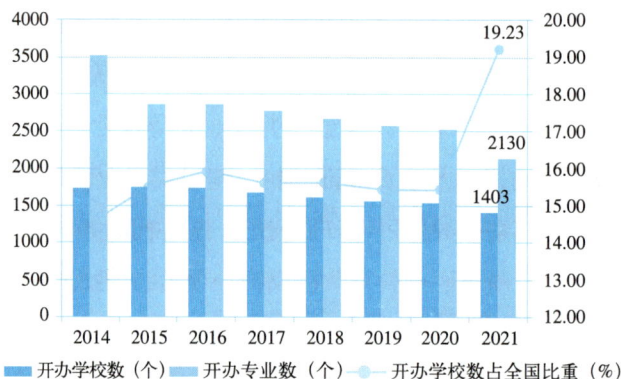

图 1-9　2014～2021 年全国建设类中等职业教育开办学校、开办专业情况

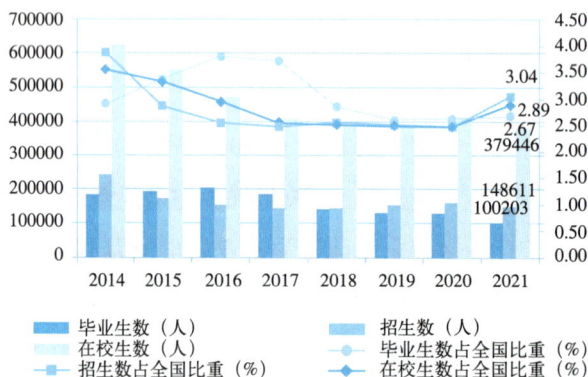

图 1-10　2014～2021 年全国建设类中等职业教育学生培养情况

2021 年土木建筑类中职教育学生按办学类型分布情况　　　　表 1-36

学校类别	开办学校		开办专业		毕业生		招生		在校生	
	数量	占比（%）	数量	占比（%）	数量	占比（%）	数量	占比（%）	数量	占比（%）
调整后中等职业学校	207	14.75	343	16.10	20998	20.96	28868	19.43	72113	19.00
职业高中学校	493	35.14	629	29.53	29239	29.18	47465	31.94	121420	32.00
中等技术学校	384	27.37	662	31.08	32667	32.60	47155	31.73	124509	32.81
成人中等专业学校	29	2.07	46	2.16	4247	4.24	8015	5.39	13631	3.59
附设中职班	271	19.32	421	19.77	12607	12.58	15270	10.28	44234	11.66
其他中职机构	18	1.28	28	1.31	445	0.44	1806	1.22	3465	0.91
中等师范学校	1	0.07	1	0.05	0	0.00	32	0.02	74	0.02
合计	1403	100.00	2130	100.00	100203	100.00	148611	100.00	379446	100.00

按表 1-36 的统计数据分析，调整后中等职业学校、职业高中学校和中等技术学校三个学校类别的开办学校数为 1084 所，占开办中职教育土木建筑类专业学校总数的 77.26%；开办专业数为 1634 个，占开办土木建筑类专业点总数的 76.71%；毕业生数达 82904 人，占土木建筑类专业毕业生总数的 82.74%；招生数达 123488 人，占比达 83.10%；在校生数达 318042 人，占比达 83.81%，每所学校平均在校生数为 293 人。

与 2020 年相比，土木建筑类中职生按学校类别分布情况的变化如下：

（1）调整后中等职业学校的开办数、开办的土木建筑类专业点数、毕业生数、招生数、在校生数分别减少 6 所、31 个、1169 人、1923 人、5555 人，下降幅度分别为 2.82%、8.29%、5.27%、6.25%、7.15%。

（2）职业高中学校的开办数、开办的土木建筑类专业点数、毕业生数分别减少 25 所、47 个、2587 人，下降幅度分别为 4.83%、6.95%、8.13%；招生数、在校生数分别增加 1101 人、2564 人，增加幅度分别为 2.37%、2.16%。

（3）中等技术学校的开办数、开办的土木建筑类专业点数、毕业生数、招生数、在校生数分别减少 56 所、174 个、16410 人、7216 人、16695 人，下降幅度分别为 12.73%、20.81%、33.44%、13.27%、11.82%。

（4）成人中等专业学校的开办数、开办的土木建筑类专业点数、毕业生数分别减少 7 所、19 个、3017 人，下降幅度为 19.44%、29.23%/41.53%；招生数、在校生数分别增加 1912 人、1223 人，增加幅度分别为 31.33%、9.86%。

（5）附设中职班的开办数、开办的土木建筑类专业点数、毕业生数、招生数、在校生数分别减少 25 所、113 个、3445 人、5068 人、13495 人，下降幅度分别为 8.45%、21.16%、21.46%、24.92%、23.38%。

（6）其他中职机构的开办数、开办的土木建筑类专业点数、毕业生数、招生数、在校生数分别减少 6 所、5 个、407 人、44 人、627 人，下降幅度分别为 25.00%、15.15%、47.77%、2.38%、15.32%。

2. 土木建筑类中职教育学生按学校举办者分布情况

土木建筑类中职教育学生的学校按举办者分为四类：一是教育行政部门举办，包括省级教育部门、地级教育部门和县级教育部门；二是行业行政主管部门举办，包括中央其他部门、省级其他部门、地级其他部门和县级其他部门；三是企业举办；

四是民办。与 2020 年比较，2021 年土木建筑类中职教育学生的学校举办者类别没有变化，但是举办者少了国务院国有资产监督管理委员会（原属于二类）以及中国建筑工程总公司（原属于三类）。表 1-37 给出了 2021 年土木建筑类中职教育学生按学校举办者的分布情况。

2021 年土木建筑类中职教育学生按学校举办者的分布情况　　　　表 1-37

举办者		开办学校		开办专业		毕业生		招生		在校生	
		数量	占比(%)	数量	占比(%)	数量	占比(%)	数量	占比(%)	数量	占比(%)
教育行政部门	省级教育部门	80	5.70	152	7.14	8827	8.81	9027	6.07	26397	6.96
	地级教育部门	258	18.39	472	22.16	20112	20.07	29659	19.96	76248	20.09
	县级教育部门	556	39.63	725	34.04	35826	35.75	56151	37.78	146913	38.72
	小计	894	63.72	1349	63.34	64765	64.63	94837	63.81	249558	65.77
	中央其他部门	3	0.21	5	0.23	439	0.44	814	0.55	1959	0.52
	省级其他部门	108	7.70	218	10.23	13855	13.83	21434	14.42	49713	13.10
	地级其他部门	86	6.13	134	6.29	6667	6.65	7670	5.16	23192	6.11
	县级其他部门	9	0.64	12	0.56	300	0.30	578	0.39	1298	0.34
	小计	206	14.68	369	17.31	21261	21.22	30496	20.52	76162	20.07
地方企业		6	0.43	12	0.56	755	0.75	715	0.48	1990	0.52
民办		297	21.17	400	18.78	13422	13.39	22563	15.18	51736	13.63
合计		1403	100.00	2130	100.00	100203	100.00	148611	100.00	379446	100.00

与 2020 年相比，土木建筑类中职学生按学校举办者分布情况的变化如下：

（1）教育行政部门举办的学校开办数、开办的土木建筑类专业点数、毕业生数、招生数、在校生数分别减少 74 所、200 个、10896 人、4106、7442 人，下降幅度分别为 7.64%、12.91%、14.40%、4.15%、2.90%。

（2）行业行政主管部门举办的学校开办数、开办的土木建筑类专业点数、毕业生数、招生数、在校生数分别减少 40 所、147 个、11134 人、4557、16224 人，下降幅度分别为 16.26%、28.49%、34.37%、13.00%、17.56%。

（3）地方企业举办的学校开办数、开办的土木建筑类专业点数、毕业生数、招生数、在校生数分别减少 5 所、12 个、1062 人、670 人、2148 人，下降幅度分别为 45.45%、50.00%、58.45%、48.38%、51.91%。

（4）民办学校的学校开办数、开办的土木建筑类专业点数、毕业生数、招生数、在校生数分别减少 6 所、30 个、3943 人、1916 人、6782 人，下降幅度分别为 1.98%、6.98%、22.71%、7.83%、11.59%。

（5）按在校生规模，四类举办者的学校从大到小的顺序未变，占比变化为：教育行政部门举办的学校占比增加 0.37%，行业行政主管部门举办的学校占比下降 1.43%，民办学校占比增加 1.34%，企业开办学校占比下降 0.29%。

1.3.2.2　土木建筑类中职教育学生按地区培养情况

1. 土木建筑类中职教育学生按各大区域分布情况

根据华北（含京、津、冀、晋、蒙）、东北（含辽、吉、黑）、华东（含沪、苏、浙、皖、闽、赣、鲁）、中南（含豫、鄂、湘、粤、桂、琼）、西南（含渝、川、贵、云、藏）、西北（含陕、甘、青、宁、新）等六个区域板块划分，2021 年土木建筑类中职教育学生按各大区域板块分布情况，见表 1-38。

2021 年土木建筑类中职教育学生按区域板块分布情况　　　表 1-38

地区	开办学校		开办专业		毕业生		招生		在校生		招生数较毕业生数增幅(%)
	数量	占比(%)	数量	占比(%)	数量	占比(%)	数量	占比(%)	数量	占比(%)	
华北	176	12.54	249	11.69	8548	8.53	14273	9.6	36373	9.59	66.97
东北	94	6.7	127	5.96	2362	2.36	3273	2.2	9082	2.39	38.57
华东	410	29.22	672	31.55	34761	34.69	50210	33.79	131860	34.75	44.44
中南	316	22.52	481	22.58	27040	26.99	40456	27.22	101888	26.85	49.62
西南	274	19.53	413	19.39	20658	20.62	30747	20.69	75293	19.84	48.84
西北	133	9.48	188	8.83	6834	6.82	9652	6.49	24950	6.58	41.24
合计	1403	100	2130	100	100203	100	148611	100	379446	100	48.31

2021 年土木建筑类中职教育学生按各大区域分布的特点如下：

（1）开办学校数从多到少依次为：华东、中南、西南、华北、西北、东北地区。

处于前两位的华东、中南地区共 729 所，占六大区域总数的 51.74%。处于后两位的西北、东北地区共 227 所，占总数的 16.18%。

（2）专业点数从多到少依次为：华东、中南、西南、华北、西北、东北地区。处于前两位的华东、中南地区共 1153 个，占六大区域总数的 54.13%。处于后两位的西北、东北地区共 315 个，占总数的 14.79%。

（3）毕业生数从多到少依次为：华东、中南、西南、华北、西北、东北地区。处于前两位的华东、中南地区共 61801 人，占六大区域总数的 61.68%。处于后两位的西北、东北地区共 9196 人，占总数的 9.18%。

（4）招生数从多到少依次为：华东、中南、西南、华北、西北、东北地区。处于前两位的华东、中南地区共 90666 人，占六大区域总数的 61.01%。处于后两位的西北、东北地区共 12925 人，占总数的 8.69%。

（5）在校生数从多到少依次为：华东、中南、西南、华北、西北、东北地区，处于前两位的华东、中南地区共 233748 人，占六大区域总数的 61.60%，处于后两位的西北、东北地区共 34032 人，占总数的 8.97%。

从统计分析可见，在各大区域的开办学校数、专业点数、毕业生数、招生数、在校生数五项数据中，华东和中南地区均处于前两位，且两地区的数据之和都超过六大区域总数的一半，达到 51.74% ~ 61.68%。可以看出，中等建设职业教育的区域发展情况，与区域人口规模、经济发展水平和中等建设职业教育的发展水平等方面是一致的。

与 2020 年相比，2021 年土木建筑类中职教育学生按各区域分布变化有以下特点：

（1）开办学校数整体趋势为减少。2021 年各大区域按开办学校数减小幅度从大到小依次为：华北减少 27 所，降幅 13.30%；西北减少 19 所，降幅 12.50%；东北减少 11 所，降幅 10.48%；西南减少 25 所，降幅 8.36%；华东减少 30 所，降幅 6.82%；中南减少 13 所，降幅 3.95%。

（2）在校生规模整体趋势为减少。2021 年各大区域按在校生规模减少幅度从大到小依次为：西南减少 16533 人，降幅 18.00%；西北减少 24950 人，降幅 15.77%；华北减少 36373 人，降幅 9.90%；中南减少 8266 人，降幅 7.50%；东北减少 185 人，降幅 2.00%；华东增加 1054 人，增幅 0.81%。

（3）招生数较毕业生数增幅指标显著好转。2021 年各大区域按招生数较毕业生数增幅指标从大到小依次为：华北地区 66.97%、中南地区为 49.62%、西南地区 48.84%、华东地区 44.44%、西北地区 41.24%、东北地区 38.57%。

2. 土木建筑类中职教育学生按省级行政区分布情况

2021 年土木建筑类中职教育学生按省级行政区分布情况，见表 1-39。

2021 年土木建筑类中职教育学生按省级行政区分布情况　　　表 1-39

地区	开办学校		开办专业		毕业生		招生		在校生		招生数较毕业生数增幅（%）
	数量	占比（%）	数量	占比（%）	数量	占比（%）	数量	占比（%）	数量	占比（%）	
北京	12	0.86	20	0.94	332	0.33	377	0.25	851	0.22	13.55
天津	2	0.14	6	0.28	605	0.6	674	0.45	1779	0.47	11.4
河北	74	5.27	103	4.84	5322	5.31	8656	5.82	22831	6.02	62.65
山西	44	3.14	60	2.82	1455	1.45	2915	1.96	6922	1.82	100.34
内蒙古	44	3.14	60	2.82	834	0.83	1651	1.11	3990	1.05	97.96
辽宁	23	1.64	37	1.74	940	0.94	987	0.66	2961	0.78	5
吉林	41	2.92	53	2.49	744	0.74	1331	0.9	3420	0.9	78.9
黑龙江	30	2.14	37	1.74	678	0.68	955	0.64	2701	0.71	40.86
上海	8	0.57	25	1.17	1607	1.6	1698	1.14	5189	1.37	5.66
江苏	81	5.77	146	6.85	6984	6.97	9781	6.58	26312	6.93	40.05
浙江	56	3.99	107	5.02	7116	7.1	7345	4.94	24810	6.54	3.22
安徽	67	4.78	90	4.23	5226	5.22	10200	6.86	19024	5.01	95.18
福建	60	4.28	116	5.45	5472	5.46	8801	5.92	21417	5.64	60.84
江西	50	3.56	70	3.29	2248	2.24	4395	2.96	10399	2.74	95.51
山东	88	6.27	118	5.54	6108	6.1	7990	5.38	24709	6.51	30.81
河南	133	9.48	205	9.62	10559	10.54	17688	11.9	44893	11.83	67.52
湖北	37	2.64	55	2.58	3232	3.23	4229	2.85	12554	3.31	30.85
湖南	55	3.92	68	3.19	2868	2.86	4330	2.91	11065	2.92	50.98
广东	48	3.42	86	4.04	4277	4.27	4994	3.36	13572	3.58	16.76
广西	35	2.49	54	2.54	5835	5.82	8389	5.64	18265	4.81	43.77
海南	8	0.57	13	0.61	269	0.27	826	0.56	1539	0.41	207.06
重庆	42	2.99	62	2.91	2900	2.89	5623	3.78	14373	3.79	93.9
四川	92	6.56	122	5.73	7387	7.37	13162	8.86	28529	7.52	78.18
贵州	49	3.49	75	3.52	3162	3.16	3842	2.59	11138	2.94	21.51
云南	85	6.06	140	6.57	6939	6.92	7275	4.9	19409	5.12	4.84

续表

地区	开办学校		开办专业		毕业生		招生		在校生		招生数较毕业生数增幅（%）
	数量	占比（%）	数量	占比（%）	数量	占比（%）	数量	占比（%）	数量	占比（%）	
西藏	6	0.43	14	0.66	270	0.27	845	0.57	1844	0.49	212.96
陕西	31	2.21	33	1.55	928	0.93	1256	0.85	3310	0.87	35.34
甘肃	43	3.06	57	2.68	1173	1.17	3452	2.32	7539	1.99	194.29
青海	8	0.57	16	0.75	488	0.49	532	0.36	1812	0.48	9.02
宁夏	12	0.86	23	1.08	824	0.82	854	0.57	2327	0.61	3.64
新疆	39	2.78	59	2.77	3421	3.41	3558	2.39	9962	2.63	4
合计	1403	100	2130	100	100203	100	148611	100	379446	100	48.31

2021 年土木建筑类中职教育学生按省级行政区分布的特点如下：

（1）开办学校数占全国总数 5% 以上的依次为：河南、四川、山东、云南、江苏、河北。开办学校数占全国总数不足 1% 的有：北京、宁夏、上海、海南、青海、西藏、天津。

（2）专业点数占全国总数 5% 以上的依次为：河南、江苏、云南、四川、山东、福建、浙江。专业点数占全国总数不足 1% 的有：北京、青海、西藏、海南、天津。

（3）毕业生数占全国总数 5% 以上的依次为：河南、四川、浙江、江苏、云南、山东、广西、福建、河北、安徽。毕业生数占全国总数不足 1% 的有：辽宁、陕西、内蒙古、宁夏、吉林、黑龙江、天津、青海、北京、西藏、海南。

（4）招生数占全国总数 5% 以上的依次为：河南、四川、安徽、江苏、福建、河北、广西、山东。招生数占全国总数不足 1% 的有：吉林、陕西、辽宁、黑龙江、宁夏、西藏、海南、天津、青海、北京。

（5）在校生数占全国总数 5% 以上的依次为：河南、四川、江苏、浙江、山东、河北、福建、云南、安徽。在校生数占全国总数不足 1% 的有：吉林、陕西、辽宁、黑龙江、宁夏、西藏、青海、天津、海南、北京。

（6）招生数较毕业生数增幅指标，31 个省级行政区均为正值，即招生数大于毕业生数。招生数较毕业生数增幅最大的是西藏，增幅达 212.96%，其次为海南，增幅达 207.06%，紧接是甘肃（194.29%）、山西（100.34%）。增幅在 50% ~ 100%

的依次为内蒙古（97.96%）、江西（95.51%）、安徽（95.18%）、重庆（93.90%）、吉林（78.90%）、四川（78.18%）、河南（67.52%）、河北（62.65%）、福建（60.84%）、湖南（50.98%）；增幅在 10%～50% 的依次为广西（43.77%）、黑龙江（40.86%）、江苏（40.05%）、陕西（35.34%）、湖北（30.85%）、山东（30.81%）、贵州（21.51%）、广东（16.76%）、北京（13.55%）、天津（11.40%）；增幅在 10% 以下的依次为青海（9.02%）、上海（5.66%）、辽宁（5.00%）、云南（4.84%）、新疆（4.00%）、宁夏（3.64%）、浙江（3.22%）。

与 2020 年相比，2021 年土木建筑类中职教育学生按省级行政区分布情况变化如下：

（1）开办学校数。在 31 个省级行政区中，有 2 个增加，5 个持平，24 个减少。数量增加的 2 个省级行政区及其增量依次为广东 5 所，江西 2 所。持平的 5 个省级行政区为上海、湖北、海南、西藏、宁夏。数量减少达 5 所及以上的省级行政区有 14 个，依次为河北 14 所，安徽 13 所，河南 9 所，内蒙古、黑龙江、江苏、云南、甘肃各 8 所，湖南、新疆各 7 所，四川、贵州各 6 所，浙江、重庆各 5 所。

（2）在校生规模。2021 年在校生规模较 2020 年有所增加的省级行政区有 8 个，增幅前 5 位的依次为：西藏（40.02%）、安徽（28.54%）、江西（11.37%）、福建（4.67%）、广东（3.00%）。2021 年在校生规模较 2020 年有所减少的 23 个省级行政区中，降幅超过 20% 的为宁夏（−36.30%）、天津（−36.21%）、贵州（−35.68%）、云南（−33.59%）、海南（−28.08%）、青海（−25.22%）。

1.3.2.3 土木建筑类中职教育学生按专业培养情况

中等建设职业教育以《中等职业教育专业目录（2021 年修订）》土木建筑大类设置的建筑工程施工等 18 个专业为主，并包括各省级行政区开设专业目录外的土木水利类专业或专业（技能）方向。2021 年土木建筑类中等职业教育学生按专业分布情况，见表 1-40。

2021 年土木建筑类中等职业教育学生按专业分布情况 表 1-40

专业	开办学校		毕业生		招生		在校生	
	数量	占比（%）	数量	占比（%）	数量	占比（%）	数量	占比（%）
建筑工程施工	996	46.76	57998	57.88	86292	58.07	218702	57.64
建筑装饰技术	428	20.09	19778	19.74	25143	16.92	68021	17.93

续表

专业	开办学校		毕业生		招生		在校生	
	数量	占比（%）	数量	占比（%）	数量	占比（%）	数量	占比（%）
古建筑修缮	12	0.56	137	0.14	368	0.25	1062	0.28
城镇建设	13	0.61	344	0.34	830	0.56	1728	0.46
建筑工程造价	365	17.14	14211	14.18	23598	15.88	58952	15.54
建筑水电设备安装与运维	26	1.22	658	0.66	1006	0.68	3280	0.86
建筑智能化设备安装与运维	70	3.29	1781	1.78	2029	1.37	6008	1.58
供热通风与空调施工运行	4	0.19	10	0.01	60	0.04	122	0.03
建筑表现	25	1.17	632	0.63	742	0.50	2065	0.54
城市燃气智能输配与应用	10	0.47	758	0.76	731	0.49	2327	0.61
给排水工程施工与运行	13	0.61	316	0.32	355	0.24	923	0.24
市政工程施工	42	1.97	1071	1.07	1880	1.27	4520	1.19
建筑工程检测	21	0.99	539	0.54	1611	1.08	3207	0.85
园林景观施工与维护	5	0.23	103	0.10	159	0.11	790	0.21
装配式建筑施工	19	0.89	25	0.02	1704	1.15	1813	0.48
建设项目材料管理	3	0.14	0	0.00	105	0.07	105	0.03
房地产营销	18	0.85	423	0.42	346	0.23	1001	0.26
物业服务	60	2.82	1419	1.42	1652	1.11	4820	1.27
合计	2130	100.00	100203	100.00	148611	100.00	379446	100.00

（1）开办学校数超百所的共3个专业，依次为：建筑工程施工、建筑装饰技术、建筑工程造价。3个专业开办学校数合计1789所，占比83.99%。开办学校数较少的专业为建筑项目材料管理、供热通风与空调施工运行、园林景观施工与维护。

（2）毕业生数超过万人的共3个专业，依次为：建筑工程施工、建筑装饰技术、建筑工程造价。毕业生数排后续三位的专业依次为：建筑项目材料管理、供热通风与空调施工运行、装配式建筑施工。

（3）招生数超过万人的共3个专业，依次为：建筑工程施工、建筑装饰技术、建筑工程造价。招生数排后续三位的专业依次为供热通风与空调施工运行、建设项目材料管理、园林景观施工与维护。

（4）在校生数超过万人的共 3 个专业，依次为：建筑工程施工、建筑装饰技术、建筑工程造价。在校生数较少的专业是建设项目材料管理、供热通风与空调施工运行。

（5）招生数较毕业生数的增幅，有 15 个目录内专业为正值，即招生数大于毕业生数，按增幅大小依次为：装配式建筑施工（6716.00%）、供热通风与空调施工运行（500.00%）、建筑工程检测（198.89%）、古建筑修缮（168.61%）、城镇建设（141.28%）、市政工程施工（75.54%）、建筑工程造价（66.05%）、园林景观施工与维护（54.37%）、建筑水电设备安装与运维（52.89%）、建筑工程施工（48.78%）、建筑装饰技术（27.13%）、建筑表现（17.41%）、物业服务（16.42%）、建筑智能化设备安装与运维（13.92%）、给排水工程施工与运行（12.34%）。

招生数较毕业生数的增幅为负值，即招生小于毕业生数的目录内专业，按降幅大小依次为：房地产营销（−18.20%）、城市燃气智能输配与应用（−3.56%）。

依据 2021 年按专业分布的数据统计可以看出，建筑工程施工、建筑装饰技术、建筑工程造价专业的开办学校数、毕业生数、招生数和在校生数，继续分别排列前三位。三个专业的开办学校数合计为 1789 所，占 83.99%；毕业生数合计 91987 人，占 91.80%；招生数合计 135033 人，占 90.87%；在校生数合计 345675 人，占 91.11%。

与 2020 年相比，2021 年土木建筑类中职教育学生按专业分布情况的变化如下：

（1）建筑工程施工专业：2021 年开办学校数、毕业生数、招生数、在校生数的数值变化和变化幅度依次为减少 25 所（−2.45%）、减少 5722 人（−8.98%）、增加 3075 人（3.70%）、增加 13112 人（6.38%）。

（2）建筑装饰技术专业：2021 年开办学校数、毕业生数、招生数、在校生数的数值变化和变化幅度依次为增加 5 所（1.18%）、增加 1051 人（5.61%）、减少 327 人（−1.28%）、减少 163 人（−0.24%）。

（3）古建筑修缮专业：2021 年开办学校数、毕业生数、招生数、在校生数的数值变化和变化幅度依次为持平（0.00%）、减少 2 人（1.44%）、增加 41 人（12.54%）、增加 202 人（23.49%）。

（4）城镇建设专业：2021 年开办学校数、毕业生数、招生数、在校生数的数值变化和变化幅度依次为减少 1 所（−7.14%）、减少 552 人（−61.61%）、增加 62 人

（8.07%）、减少 442 人（−20.37%）。

（5）建筑工程造价专业：2021 年开办学校数、毕业生数、招生数、在校生数的数值变化和变化幅度依次为减少 26 所（−6.65%）、减少 2216 人（−13.49%）、增加 2022 人（9.37%）、增加 3783 人（6.86%）。

（6）建筑水电设备安装与运维专业：2021 年开办学校数、毕业生数、招生数、在校生数的数值变化和变化幅度依次为减少 5 所（−16.13%）、减少 307 人（−31.81%）、减少 439 人（−30.38%）、减少 391 人（−10.65%）。

（7）建筑智能化设备安装与运维专业：2021 年开办学校数、毕业生数、招生数、在校生数的数值变化和变化幅度依次为减少 18 所（−20.45%）、减少 283 人（−13.71%）、减少 559 人（−21.60%）、减少 1762 人（−22.68%）。

（8）供热通风与空调施工运行专业：2021 年开办学校数、毕业生数、招生数、在校生数的数值变化和变化幅度依次为减少 3 所（−42.86%）、减少 152 人（−93.83%）、增加 15 人（33.33%）、增加 32 人（35.56%）。

（9）建筑表现专业：2021 年开办学校数、毕业生数、招生数、在校生数的数值变化和变化幅度依次为增加 1 所（4.17%）、减少 38 人（−5.67%）、减少 135 人（−15.39%）、减少 308 人（−12.98%）。

（10）城市燃气智能输配与应用：2021 年开办学校数、毕业生数、招生数、在校生数的数值变化和变化幅度依次为持平、增加 163 人（27.39%）、减少 33 人（−4.32%）、减少 29 人（−1.23%）。

（11）给排水工程施工与运行专业：2021 年开办学校数、毕业生数、招生数、在校生数的数值变化和变化幅度依次为减少 3 所（−18.75%）、减少 96 人（−23.30%）、减少 62 人（−14.87%）、减少 168 人（−15.40%）。

（12）市政工程施工专业：2021 年开办学校数、毕业生数、招生数、在校生数的数值变化和变化幅度依次为减少 1 所（−2.33%）、减少 463 人（−30.18%）、增加 143 人（8.23%）、增加 352 人（8.45%）。

（13）建筑工程检测专业：2021 年开办学校数、毕业生数、招生数、在校生数的数值变化和变化幅度依次为增加 3 所（16.67%）、减少 91 人（−14.44%）、增加 566 人（54.16%）、增加 708 人（28.33%）。

依据 2021 年按专业分布的数据统计排列前三位的为建筑工程施工、建筑装饰技术、建筑工程造价专业，三个专业的开办学校数合计为 1789 所，占 83.99%；毕业生数合计 91987 人，占 91.80%；招生数合计 135033 人，占 90.87%；在校生数合计 345675 人，占 91.11%。

与 2020 年相比，开办学校数合计减少 389 所，减少幅度为 15.44%；毕业生数合计减少 27035 人，减少幅度为 21.25%；招生数合计减少 11249 人，减少幅度为 7.04%；在校生数合计减少 32596 人，减少幅度为 7.91%。

2021 年，开办学校数增幅前三位的专业是：建筑工程检测（16.67%）、建筑表现（4.17%）、建筑装饰技术（1.18%）。降幅较大的末三位是：供热通风与空调施工运行（-42.86%）、建筑智能化设备安装与运维（-20.45%）、给排水工程施工与运行（-18.75%）；毕业生数增幅前三位的专业分别是：城市燃气智能输配与应用（27.39%）、建筑装饰技术（5.61%）、古建筑修缮（-1.44%）。降幅较大的末三位是：供热通风与空调施工运行（-93.83%）、城镇建设（-61.61%）、建筑水电设备安装与运维（-31.81%）；招生数增幅前三位的是：建筑工程检测（54.16%）、供热通风与空调施工运行（33.33%）、古建筑修缮（12.54%）。降幅较大的末三位是：建筑水电设备安装与运维（-30.38%）、建筑智能化设备安装与运维（-21.60%）、建筑表现（-15.39%）；在校生数增幅前三位的是：供热通风与空调施工运行（35.56%）、建筑工程检测（28.33%）、古建筑修缮（23.49%）。降幅较大的末三位是：建筑智能化设备安装与运维（-22.68%）、城镇建设（-20.37%）、给排水工程施工与运行（-15.40%）。

1.3.3　建设类专业中等职业教育发展面临的问题

依据中等职业教育土木建筑类专业近几年的相关数据作分析对比，以及发展所呈现的趋势，当前我国建设类专业中等职业教育发展还面临以下问题。

1.3.3.1　学校数量呈现整体性下降趋势

2019 ～ 2021 年开办中职教育土木建筑类专业的学校数分别为 1556 所、1528 所、1403 所，2020 年比 2019 年减少 28 所，减少幅度为 1.80%；2021 年比 2020 减少 125 所，减少幅度为 8.18%。开办学校数呈现连续两年减少的趋势。

从 2019 ～ 2021 年的学校类别分布情况分析：调整后中等职业学校的开办学校数分别为 218 所、213 所、207 所，2020 年减少幅度为 2.29%，2021 年减少幅度为

2.82%。职业高中学校的开办学校数分别为 533 所、518 所、493 所，2020 年减少幅度为 2.81%，2021 减少幅度为 4.83%；中等技术学校的开办学校数分别为 434 所、440 所、384 所，2020 年增加幅度为 1.38%，2021 年减少幅度为 12.73%；成人中等专业学校的开办学校数分别为 36 所、36 所、29 所，2020 年与 2019 年持平，2021 年减少幅度为 19.44%。以上四类学校中的调整后中等职业学校和职业高中学校在 2020 年和 2021 年均呈现开办学校数连续减少的趋势；中等技术学校在 2020 年开办学校数有所增加，但 2021 年开办学校数减少；成人中等专业学校在 2020 年处于持平的状态，但 2021 年开办学校数减少。

从 2019～2021 年的学校举办者分布情况分析：教育行政部门开办学校数分别为 985 所、968 所、895 所，2020 年减少幅度为 1.73%，2021 年减少幅度为 7.64%；行业行政主管部门开办学校数分别为 262 所、246 所、206 所，2020 年减少幅度为 6.11%，2021 年减少幅度为 16.26%；民办学校的开办数分别为 295 所、303 所、297 所，2020 年增加幅度为 2.71%，2021 年减少幅度为 1.98%；企业开办学校数分别为 14 所、11 所、6 所，2020 年减少幅度为 21.43%，2021 年减少幅度为 45.45%。

1.3.3.2　专业点持续减少，中职校体系待优化

2019～2021 年开办中职教育土木建筑类专业点数分别为 2568、2519、2130 个，2020 年减少幅度为 1.91%，2021 年减少幅度为 15.44%。三年累计降幅较大的省级行政区有黑龙江（-51.52%）、内蒙古（-41.18%）、陕西（-39.13%）、北京（-38.46%）、海南（-36.84%）、安徽（-31.45%）、福建（-24.65%）、新疆（-24.32%）、湖南（-23.86%）、云南（-20.11%）等。

1.3.3.3　办学定位不明确，需探索融合发展路径

由于职业教育本身具有社会和经济双重属性。目前全国各级教育部门、多个行业行政主管部门均开办中等职业学校，分属教育行政部门、地方行政主管部门、企业等机构，再加上民办等社会办学力量。从 2021 年统计数据分析，开办中职教育土木建筑类专业的学校中，隶属教育行政部门的学校为 894 所，占开办中职教育土木建筑类专业学校总数的 63.72%，隶属行业行政主管部门的学校为 206 所，占开办中职教育土木建筑类专业学校总数的 14.68%，隶属企业的学校为 6 所，占开办中职教育土木建筑类专业学校总数的 0.43%，民办学校共 297 所，占开办中职教育土木建筑类专业学校总数的 21.17%。

这些学校互不隶属，会产生不同的结果。劳动经济部门管理职业学校，会强化其经济属性；相反，教育部门管理职业学校，则会强化其教育属性；原来由企业行业管理具有的"校企结合"的先天优势丧失，职业学校的"实践性"成为突出问题，需探索融合发展路径。

1.3.3.4　区域发展不平衡，差距逐步加大

当前我国经济发展的新形势下，虽然职业教育已获得空前发展，但国内各区域的职业教育发展水平并不一致。从统计分析可见，在各大区域的开办学校数、专业点数、毕业生数、招生数、在校生数五项数据中，华东和中南地区均处于前两位，且两地区的数据之和都超过六大区域总数的一半，达到 51.74% ~ 61.68%。可以看出，中等建设职业教育的区域发展情况，与区域人口规模、经济发展水平和中等建设职业教育的发展水平等方面是一致的。大致呈现由东部沿海省市向内陆地区逐次递减的阶梯形结构分布，表现为区域性不平衡的发展状态。

1.3.3.5　对接产业发展滞后，新增专业不足

通过 2021 年的分析数据显示：供热通风与空调施工运行专业在学校开办数降幅，毕业生数降幅中排在第一位；建筑智能化设备安装与运维专业在学校开办数降幅中排在前三位。一些中等职业学校土木建筑类专业设置未能与我国经济发展的产业结构调整、建设行业提质发展的新形势、新要求相适应。土木建筑类专业开设主要分布在建筑工程施工、建筑工程造价、建筑装饰技术专业等传统土建类专业。有些专业开设未做科学合理的调研，滞后于产业发展对专业提升要求，使学生培养数量不足，或超过行业发展需求，行业产业创新发展不够，新增专业不足，专业体系待优化。

1.3.4　促进建设类专业中等职业教育发展的对策建议

伴随国家区域战略发展的进程，国家重大基础项目的建设需求，交通运输系统不断完善，构建国内国际双循环新格局和乡村振兴现代新农村的建设推进，对社会主义现代化建筑产业的升级发展需求强烈。中等建筑职业教育应该洞察现状，及时发现和审视存在的问题，提高核心竞争力。针对上述中等职业教育专业建设中存在的问题，各级教育行政部门和学校要在不同的层面，采取相应措施加以解决。

1.3.4.1　分类选择，推动中等职业建设教育类型定位办学

根据目前开办中等职业学校的主体不同，实行学校分类管理，中职校充分利用

分类选择的窗口期，分别借助约束机制、补偿机制、互惠机制等，明确办学定位，民办中职校发挥先行先试的优势，企业办学加大校企融合办学的典型示范推动，行政机构办学提升对接区域建筑行业需求专业性人才培养力度，教育行政机构办学推动中职校教学改革探索;推动建筑行业中职学校类型定位办学形成新格局。推动"中职声音"和"中职经验"能够在技能职业教育发展第一站"唱得响""用得灵"，为我国职业教育高质量发展夯实基础;要借助制造业发达、科教资源丰富、开放程度高等优势，积极参与绿色建筑、智能制造等重点领域的技术技能人才培养;借助数字经济领先、生态环境优美、民营经济发达等优势，积极参与建筑行业软件和信息服务的开发和应用研究等产业建设;发挥建造特色鲜明、生态资源良好、内陆腹地广阔等优势，积极参与国家建设行业人才培养;增强中等建筑职业教育认可度和吸引力。

1.3.4.2　推陈出新，完善土木建筑类专业体系构建

贯彻落实《国家职业教育改革实施方案》，面对新时代不断凸显的新经济、新技术、新业态、新职业，对专业进行改造和升级。根据学校所在区域的社会政治、经济、社会、文化、生态发展的需要及学校建筑专业所处的环境，从办学条件与办学现状出发，确定学校专业布局发展方向、奋斗目标、建设重点以及办学特色等，以履行自身的社会角色和职能，赋能于建筑行业，推动建筑专业建设升级发展。中等建筑职业教育发展，要分析建筑行业对技术技能人才培养的新需求，按照专业口径宽窄相济、适度从宽原则确定专业，确保专业设置的成熟度、完整性以及专业之间的区分度，科学确定普职融通发展路径、中职技能提升等专业不同层次技术技能人才的知识能力素质要素、课程体系和接续逻辑，理清职业教育学生持续成长通道、与普职融通发展轨道。从整体上，进行系统优化调整，构建普职融通发展轨道，构建基于普职"双轨制"的"双通制"（纵向贯通、横向融通），在保持高中阶段职普比大体相当前提下，允许符合条件的中职建设学校与普通高中学校学籍互转、学分互认，促进普通高中和中等建设职业教育融通发展。支持优质建设职业学校举办五年制高职教育，自主设置五年制高职专业并保证相应的经费支持。

1.3.4.3　数字化转型，加快新技术的应用，升级中等建设职业教育

建筑业的数字化转型已是产业革命发展的必然，建筑工业化＋智能化＋绿色化是建筑业发展的必然趋势。随着住房城乡建设领域向建筑信息化、数字化、工业化、

智能化、绿色化发展，既有的技术技能已经不能适应行业的发展新需要。对专业进行数字化升级和改造，紧密跟踪和对接建筑行业发展趋势以及与之相应的技术发展现状，在对每个专业进行市场需求分析、岗位分析、专业核心能力分析基础上，结合新业态、新技术、新职业，对课程体系进行优化调整。通过课程体系和教学内容优化，将建筑信息模型、5G、大数据、区块链等技术融入中等职业教育发展中，实现中等建设职业教育内涵升级。实施智能建造与建筑工业化协同发展，大力发展装配式建筑，加快建筑产业互联网的建设，大力发展人工智能，重点发展建筑机器人行业。增加中等建筑职业教育优势，提升中等建筑职业教育在校学生技术技能水平，增加中等建设职业教育的招生吸引力，拓展中等职业教育学生的就业前景。

1.3.4.4　传承传统技艺，弘扬中职工匠优势

深入挖掘传统技艺与文化精髓，以传统技艺铸就传统专业历史文化传承；积极挖掘六大区域民族民间文化技艺，传承民族技艺，创新民间建筑技艺，打造具有地方职校特色、艺术水平较高的特色技能专业品牌，如建筑园林技艺、景观施工与维护专业、建筑文物修缮等。充分利用各种资源和渠道，积极协调争取和落实中职建设职业学校传统技艺专业品牌发展，结合中等职校各自发展优势，准确定位，明确发展方向，加大发展力度，引导中等建设职校"涅槃重生"。

1.3.4.5　项目引领，开创中等建设职业教育国际路径

充分发挥建筑行业头部企业和教育行政部门办学主体优势，利用华北、东北、华东、中南、西南、西北各自地缘中职建设职业教育亮点，推进地区中等建设职业教育国际化，积极借鉴吸收国际先进经验，打造和输出长三角、珠三角、粤港澳等中职教育品牌。围绕"一带一路"倡议和京津冀协同发展、长三角一体化发展战略、粤港澳大湾区等国家战略，进一步加强区域性中等建设职业教育发展优势，与"一带一路"沿线国家的中职教育交流与合作。选聘优秀的外国教师加入中职建设教师队伍，在政策和待遇上给予保障。以项目为引领，选派优秀教师和学生到职教理念先进的国家访学交流，参与外国建筑工程，吸收学习新技术技能，交流借鉴建筑行业职业教育发展经验，积极参与全球化建设中去，不断拓宽中等建筑职业教育视野，开创中等建设职业教育国际职业教育交流路径。

1.3.4.6　制度保障，统筹协调，推动中职校新发展

推进中等建设职业教育改革，完善制度保障体系，增强职业教育适应性，建立

健全适应社会主义市场经济和社会发展需要、符合技术技能人才成长规律的职业教育制度框架，为全面建设社会主义现代化国家提供有力人才和技能支撑。发挥不同管理机构的主体作用，统筹协调，结合本地的资源优势、经济发展方向、人才的需求情况和分类以及未来发展的产业结构来综合分析和研究，进而制定中等建设职业教育方针、政策、制度。充分发挥调整后中等职业学校、职业高中学校、中等技术学校、附设中职班、其他中职机构、中等师范学校作用，为企业针对性、实效性培养人才，满足企业人才需求；充分发挥中职成人中等专业学校办学优势，多元化发展，以服务经济转型升级为契机，面向社会，广泛开展立足岗位的技术技能培训。同时，充分利用职业教育的资源优势，面向市民开展职业体验教育。利用所属行业特点，着力打造专业特色鲜明、社会服务能力强、与经济社会发展需要契合度高的职工继续教育基地；探索建立学历教育与非学历教育并举、线上线下培训互通的继续教育和社会培训新模式；推动中职建设教育全面发展。

第 2 章　2021 年建设继续教育和执（职）业培训发展状况分析

2.1　2021 年建设行业执业人员继续教育与培训发展状况分析

2.1.1　建设行业执业人员继续教育与培训的总体状况

1992 年 6 月，建设部发布了《监理工程师资格考试和注册试行办法》（建设部第 18 号令），标志着我国工程建设领域第一个执业资格制度正式建立。随着改革开放与社会主义市场经济建设进程不断深化，建设部及有关部门在事关国家公众生命财产安全的工程建设领域相继又设立了注册建筑师、勘察设计注册工程师、造价工程师、注册城乡规划师（注册城乡规划师职业资格实施单位于 2019 年 1 月调整为自然资源部、人力资源社会保障部及相关行业协会）、房地产估价师、房地产经纪人、建造师和物业管理师（根据《国务院关于取消和调整一批行政审批项目等事项的决定》国发〔2015〕11 号，物业管理师注册执业资格认定已取消）等 9 项执业资格制度，形成了覆盖工程建设各专业领域的执业资格制度体系，积极推进我国建设行业与国际市场接轨，有效提升了从业人员的整体业务水平。最新统计数据显示，截至 2021 年年底，共有约 278.7 万人通过全国统一考试（不含二级）取得住房城乡建设领域各类执（职）业资格，有效注册人数约 173.5 万。

2.1.1.1　执业人员考试与注册情况

1.执业人员考试情况

执（职）业资格考试是对从业人员实际工作能力的一种考核，是人才选拔的必要过程，也是提高从业人员知识水平和综合素质的重要方式。随着经济社会的飞速发展，住房城乡建设领域相关工作对从业人员的能力要求在不断更迭，各类执（职）

业资格考试也在不断进行着适应性调整。

（1）根据人力资源社会保障部通告，自2021年度起，包括监理工程师、注册建筑师（一、二级）、一级建造师、一级造价工程师等在内的多项专业技术人员职业资格考试实行相对固定的合格标准，各科目合格标准为试卷满分的60%。

（2）为贯彻落实党中央、国务院深化"放管服"改革决策部署，人力资源社会保障部在注册建筑师（一、二级）、监理工程师、造价工程师（一、二级）、一级建造师、勘察设计注册工程师等专业技术人员职业资格中推行了电子证书，与纸质证书具有同等法律效力。

（3）为不断提升城乡建筑品质和设计水平，适应新的城乡建设发展理念，加强新时期注册建筑师队伍建设，进一步提高一级注册建筑师执业能力和水平，全国注册建筑师管理委员会于2021年完成了对一级注册建筑师资格考试大纲的修订，形成了《全国一级注册建筑师资格考试大纲（2021年版)》。新版考试大纲计划于2023年正式实施。

（4）为全面实施《全国一级注册建筑师资格考试大纲（2021年版)》，做好一级注册建筑师资格考试新旧科目间的衔接和考试成绩的认定，全国注册建筑师管理委员会研究制定了《全国一级注册建筑师资格考试大纲新旧考试科目成绩认定衔接办法》，保障新旧大纲考试平稳过渡。

2021年，全国共有超过290万人次报名参加住房城乡建设领域执（职）业资格全国统一考试（不含二级），当年共有约29.6万人通过考试并取得资格证书。其中报名人数最多的是一级建造师，报考人数超153万人，较2020年略有增加。报考人数增幅最大的是房地产经纪人，2021年报考人数较2020年增长约53.98%。

2021年，住房和城乡建设领域执（职）业资格全国统一考试报考人数专业分布情况（不含二级）见表2-1。

2021年住房和城乡建设领域职业资格全国统一考试报考人数
专业分布情况（不含二级）　　　　　　　　　　　　　表2-1

序号	专业	2021年报考人数	比例（%）	较2020年报考人数增幅（%）
1	一级注册建筑师	75318	2.59	22.54
2	勘察设计注册工程师	90526	3.12	1.23
3	一级建造师	1538360	53.04	3.77

序号	专业	2021 年报考人数	比例（%）	较 2020 年报考人数增幅（%）
4	注册监理工程师	317540	10.95	46.16
5	一级造价工程师	584124	20.14	29.86
6	房地产估价师	12780	0.44	−24.39
7	房地产经纪人	91088	3.14	53.98
8	中级注册安全工程师（建筑施工安全）	190844	6.58	53.60
	合计	2900580	100	15.99

2. 执业人员注册情况

2021 年，住房和城乡建设部相关机构及各省（市、区）住房城乡建设主管部门严格参照《中华人民共和国行政许可法》和各执（职）业资格注册管理有关规定，按照"高效、便民、透明"的原则，进一步梳理注册审批管理流程，着力简化审批流程与申报材料，大幅提高了工作效率和服务水平。

（1）根据《关于简化监理工程师执业资格注册程序和条件的通知》（建办市函〔2021〕450 号），为深入推进建筑业"放管服"改革，优化审批服务，提高审批效率，住房和城乡建设部明确自 2022 年 1 月 1 日起，进一步简化监理工程师执业资格注册程序和条件。一是取消公示审核意见环节，在审核后不再公示审核意见，直接公告审批结果。二是取消相关职称注册条件，在注册审查中不再考核职称条件。

（2）根据《关于全面实行一级建造师电子注册证书的通知》（建办市〔2021〕40 号），为扎实推进"我为群众办实事"实践活动，深化建筑业"放管服"改革，进一步提升政务服务规范化、便利化水平，住房和城乡建设部明确自 2021 年 10 月 15 日起在全国范围内实行一级建造师电子注册证书，自 2022 年 1 月 1 日起，一级建造师统一使用电子证书，原有纸质注册证书作废。

（3）根据《关于开展使用一级注册建筑师电子注册证书工作的通知》（注建〔2021〕2 号），为深入推进建筑业"放管服"改革，贯彻落实《国务院关于加快推进全国一体化在线政务服务平台建设的指导意见》（国发〔2018〕27 号），进一步推进"互联网＋政务服务"，提升政务服务规范化、便利化水平，全国注册建筑师管理委员会明确自 2021 年 8 月 1 日起启用一级注册建筑师电子注册证书，自 2022 年 7 月 1 日起全面实施电子证书，原有纸质证书失效。

（4）为遏制工程建设领域专业技术人员职业资格"挂证"现象，维护建筑市场秩序，促进建筑业持续健康发展，住房和城乡建设部持续开展对违规注册行为的常态化查处，严格依照各执（职）业资格注册管理规定，加强对投诉举报情况的受理、核查工作，落实相关惩处措施。住房和城乡建设部在2021年度共查处工程建设领域专业技术人员执（职）业资格"挂证"问题78起。

截至2021年年底，住房和城乡建设领域部分专业累计取得资格人数及有效注册情况（不含二级）见表2-2。

住房和城乡建设领域部分专业累计取得资格人数
及有效注册情况统计表（不含二级）　　　表2-2

序号	类别	累计取得资格人数	有效注册人数
1	一级注册建筑师	51906	38585
2	勘察设计注册工程师	216405	132387
3	一级建造师	1421932	815417
4	注册监理工程师	463354	283212
5	一级造价工程师	374497	268587
6	房地产估价师	72059	69389
7	房地产经纪人	150647	57761
8	中级注册安全工程师（建筑施工安全）	36344	69639
	总计	2787144	1734977

备注：中级注册安全工程师自2019年开始分专业考试，有效注册人数含分专业考试前已选择"建筑施工安全"专业人员。

2.1.1.2　执业人员继续教育情况

面对国内新冠病毒反复出现、多点散发的客观压力，各省（市、区）住房城乡建设主管部门及相关执（职）业资格管理机构主动作为，结合"放管服"提出的为基层减负要求，适时调整了培训组织管理方式，致力于在保障人民群众生命财产安全的前提下，为注册执业人员提供便捷、高效、优质的继续教育服务，放管结合，持续优化服务。

2021年，在住房和城乡建设部的正确领导下，住房和城乡建设部执业资格注册中心、全国各省（市、区）有关单位、行业学（协）会积极筹措，主动担当，在完善管理体系建设、推动培训数据流转、适时更新培训内容、灵活组织培训活动等方面做了有益的探索。

（1）完善管理体系，放管结合助力优学优培。为深入贯彻落实党中央、国务院"放管服"改革相关决策，各省（市、区）执（职）业资格管理机构结合本地注册人员与行业发展实际情况，在打破原有封闭管理体系的同时，以市场化改革为主导思想，在继续教育培训市场活力提升方面重点发力，相继构建起符合本地实际的继续教育培训管理模式。四川省注册建筑师管理委员会为不断提高省内注册建筑师技术水平和综合素质，保证注册建筑师继续教育质量，提高注册建筑师执业能力，于2021 年 4 月发布了《关于开展注册建筑师第十二注册期（2021—2022 年）继续教育工作的通知》，明确了注册建筑师继续教育机构的备案条件；继续教育的对象、方式、内容及学时；继续教育信息报送及监督管理等内容。经培训机构自主申报，共有 8 家川内培训机构完成备案申请，可向省内注册建筑师提供继续教育培训服务。

（2）开展数据协同，提质增效减轻群众负担。各省（市、区）执（职）业资格管理机构在深化"放管服"改革的同时，积极推进"数字政府"建设，通过让"数据多跑动、群众少跑腿"的方式，不断提升政务服务水平，以实际成效提高人民群众获得感、满意度。根据《关于进一步加强注册执业人员继续教育数据管理的通知》，广东省建设执业资格注册中心明确自 2021 年 4 月 1 日起，借助"建设执业资格专业技术人员继续教育信息服务平台"与"广东省二级注册建造师、二级注册结构工程师、二级注册建筑师注册管理信息系统"的直接对接，实现执业人员继续教育数据实时共享，二级注册建造师、二级注册结构工程师、二级注册建筑师在申请办理注册业务时不再需要上传继续教育学时证明材料。同时，培训机构在开展注册执业人员继续教育培训工作前，应登录继续教育信息服务平台进行信息登记，并在每期培训班次开班前与开班后按规定进行数据信息上传或录入。

（3）优化课程设置，知识赋能助力乡村振兴。为规范各省（市、区）农房建设活动，提升农房建设质量安全水平，精准实施乡村振兴行动，逐步改善农村建筑风貌，各省（市、区）执（职）业资格管理机构结合本地乡村建设发展需要，将继续教育与乡村振兴工作相结合，致力于推动注册执业人员投身乡村建设事业，更好地服务于城乡建设协同发展。安徽省建设干部学校（安徽省住房和建设执业资格注册中心）围绕省内农房建设发展特点，在 2021 年度注册结构工程师、注册土木（岩土）工程师继续教育课程中有针对性地增设了《绿色宜居型装配式钢结构农房建筑设计和应用》。江苏省住房和城乡建设厅执业资格考试与注册中心在近年举办的省内注册建筑师、注册结构工程师的继续教育工作中，积极将特色田园乡村、近零能耗农房等技术实践类课程融入培训过程，邀请省内外相关领域知名专家授课，不断以前沿技术、理论武装注册执业人员知识储备，更好地服务于设计下乡工作，助力乡村振兴。

（4）灵活组织培训，多元结合适应后疫情时代。新冠病毒的零星散发与反复严重制约了各地继续教育培训工作的开展，为保证各专业注册执业人员生命安全，同时推动知识更新，各省（市、区）执（职）业资格管理机构在继续教育培训组织方面展现出了更强的灵活性，通过采取线上线下相结合的培训组织模式，为注册执业人员在疫情防控常态化期间提供了丰富的学习课程。安徽省建设干部学校（安徽省住房和建设执业资格注册中心）在 2021 年度注册结构工程师、注册土木（岩土）工程师继续教育工作中采取了网络培训与面授培训相结合的学习方式，同时明确提出年龄在 60 周岁以上的注册执业人员全部继续教育课程采用网络培训，体现了对注册执业人员的适老化关怀。广西住房和城乡建设厅培训中心（广西建设执业资格注册中心）应广大注册执业人员诉求，于 2021 年 2 月和 9 月相继开通了二级造价工程师继续教育网络学习系统和一级建造师网络继续教育学习系统，有效缓解了继续教育工作中存在的工学矛盾，为提高注册执业人员执业能力提供了更加便利的外部条件。

2.1.2　建设行业执业人员继续教育与培训存在的问题

受近年新冠病毒影响，建设领域执（职）业资格继续教育培训工作遇到了前所未有的困难，各省（市、区）虽然在包括优化培训组织模式、搭设在线教育平台等方面投入了大量精力，在缓解工学矛盾、持续赋能行业发展领域取得了不错的成效，但仍存在不少问题和困难，需要各方进一步加强研究。

2.1.2.1　线上培训模式固化

随着建设领域执（职）业资格继续教育线上培训模式的逐步推广，相关培训工作受疫情零星散发与反复的不利影响逐渐得到缓解，对持续夯实注册执业人员知识储备起到了不错的效果。但与此同时，各省（市、区）的线上继续教育培训大多采取简单的直播或录播方式，授课方式较为单一。同时，受制于视频化学习易产生的距离感与疏离感，学员在参训过程中的课堂参与感较弱，一定程度上制约着注册执业人员对相关知识、技能的理解与内化，无法保证培训质量。

2.1.2.2 教材体系建设滞后

近年来，建设领域各执（职）业资格在继续教育内容方面，始终坚持以服务住房和城乡建设领域重点工作为核心，较好地推动了包括装配式建筑、减隔震技术等前沿技术在注册执业人员中的普及。但随着建设领域相关工程技术及管理方式的不断更迭，各专业现有继续教育教材与课程难以全方位涵盖注册执业人员应了解的行业前沿知识与最新发展，无法较好满足继续教育培训对学习内容时效性的实际需求。部分专业继续教育的教材所涉主题较为分散，尚未构建起相应的课程或教材体系，不利于对重点知识开展有针对性的延展与深化。

2.1.2.3 培训标准有待完善

为切实提高建设领域各执（职）业资格继续教育培训质量，部分省（市、区）管理机构对拟从事相关培训工作的用人单位或社会培训机构采取了备案登记制管理模式，一定程度上规范了相关培训机构的培训行为。但针对具体教学内容、课堂组织模式、教学培训效果等方面仍缺乏相应的量化评估标准，各培训机构自行组织开展的结业考试可能无法客观反映学员对应知应会新知识、新技术的掌握情况。

2.1.2.4 监管手段尚不健全

远程线上继续教育培训在缓解工学矛盾、适应疫情反复等方面发挥了积极作用，有效拓宽了建设领域各执（职）业资格开展继续教育培训工作的渠道并搭建了平台。但部分执（职）业资格相关培训工作因长期以线下模式组织开展，相关管理机构在线上转型方面准备不足，且各地继续教育培训平台或系统建设呈现分散化特点，培训数据及相关信息与注册管理业务工作尚未建立有效衔接，一方面导致监管机构难以对培训机构提供的培训数据实施有效的监督管理，另一方面也不利于对注册申报的"个人承诺制"开展闭环核验，严重制约着注册审查工作的提质增效。

2.1.3 促进建设行业执业人员继续教育与培训发展的对策建议

随着我国进入新发展阶段，住房和城乡建设事业迎来了全新的发展机遇，但也面临着前所未有的问题与困难，城乡建设与城市发展的整体性、系统性与日俱增，韧性城市、乡村振兴、城市更新等全新建设课题被提上日程，建筑产业转型升级逐渐步入深水区，装配式、钢结构等建筑结构类型全面推开，对注册执业人员的知识、技术水平提出了更高的要求。继续教育作为普及新技术、新产业、新业态、新模式的重要手段，要肩负起应有的使命与责任，持续以知识、技术等赋能注册执业人员，助力住房城乡建设事业平稳健康发展。

2.1.3.1 借力多元教学模式，着力提升培训质量

继续教育培训活动应以更加积极的态度；主动适应后疫情时代在线教育全面普及的必然趋势，借助多元化、多样性的教学授课工具与手段，持续提升继续教育培训质量，赋能建设行业人才建设与高质量发展。

（1）在全面推开线上继续教育培训工作的基础上，着力开发适应建设领域继续教育培训特点的线上教学授课模式，充分利用虚拟现实、全景视频、智能学习等辅助工具，将原有线下培训包括的现场踏勘、案例演示、情景再现等教学内容同步补充到线上课程培训之中，强化继续教育线上培训的体验感与可视性。

（2）转变继续教育培训结业考试单一知识性考核的传统模式，利用绘图或拼图工具、真实案例全景复原等线上辅助工具，重点考核学员对已学知识、技术的应用能力，优化继续教育培训对注册执业人员实际业务能力的提升作用。

2.1.3.2 系统规划教材编写，优化培训内容体系

继续教育培训内容应适应建设产业转型升级与高速发展的实际需求，各级执（职）业资格管理机构要持续强化各类教材的体系化建设，以更具完备性和时效性的培训内容，更好地服务于行业发展。

（1）要紧扣不同时期住房和城乡建设领域重点工作，围绕行业发展热点信息，积极组织专业人员编写专题教材，适时更新培训内容，强化继续教育的时效性，利用前沿技术持续赋能注册执业人员。

（2）在拓宽培训内容广度的同时，进一步梳理总结现有各类教材所涉及的知识与技术领域，研判重点技术领域向纵向深化的可行性，积极构建"横向有广度，纵向有深度"的建设领域执（职）业资格继续教育教材与培训内容体系。

2.1.3.3 建立双元评估体系，规范培训主体行为

继续教育培训质量评估是督促各培训主体行为，提升培训质量的重要手段。对继续教育培训的评估工作应从知识的提供者与接收者两方入手，形成双元评估体系，双管齐下持续提升培训质量。

（1）在开放继续教育培训市场的同时，持续完善继续教育培训机构申报备案制度，全面掌握施训机构底数，对师资情况、培训方案、技术条件等信息进行评估与登记，确保施训机构具备提供规范、优质继续教育培训服务的基本条件。

（2）加强对注册执业人员参训结业考核活动的管理与约束，规范继续教育培训机构自行组织开展的考试行为，探索建立区域化统一考核的继续教育结业组织模式，在敦促注册执业人员认真参与培训学习的同时，也可有效推动培训机构主动提升教学质量，建立起"以考促培"的良性循环。

2.1.3.4 打通数据流动壁垒，提质增效赋能监管

继续教育作为注册执业人员注册管理的重要一环，相关管理机构的监管行为对于促进培训工作持续优化、提高注册执业人员执业能力具有积极意义。

（1）由相关管理机构牵头开展数据对接工作，建立各地建设领域执（职）业资格继续教育培训信息汇总上报机制，打破培训数据与注册管理系统间的流动壁垒，实现在注册审查过程中对注册执业人员继续教育信息的自动校验，完善注册申报"个人承诺制"核验的闭环管理。

（2）借助流动起来的培训数据，通过随机抽查、数据比对等方式核验注册执业人员的参培情况，辅以相应的惩戒措施，为管理机构提供实施监管的基础条件，借此对继续教育培训活动中所涉及的各个主体形成震慑效果，杜绝未培上报、虚假承诺等违规注册申报行为，切实发挥事后监管效能。

2.2 2021 年建设行业专业技术人员继续教育与培训发展状况分析

2.2.1 建设行业专业技术人员继续教育与培训的总体状况

建设行业发展速度变缓，个别细分产业存在同比下降情况，对于行业专业技术人员的教育培训需求也有一定的下降，全年培训人数较 2020 年略有下降。各地建设行业教育工作，在满足防疫要求的前提下，在面授和网络学习之间不断调整，网络学习比例略大于面授比例。各地建设行政主管部门、行业组织、培训机构等单位在

做好防疫工作的基础上，总结经验，不断改进网络授课方式及内容，不断更新课程体系，不断为学员提供更加良好的课后服务，积极探索网络课程质量新的评价方式。各地均在疫情暴发初期建立的网络教学平台的基础上，进行了多方面的升级，保证了建设行业专业技术人员的培养工作开展，较圆满地完成了任务。

2.2.1.1　专业技术人员培训情况

截至 2021 年年底，各省上报培训机构数量共 931 家。2021 年累计参训人数65.5 万余人，其中施工员 18.8 万人、质量员 16.2 万人、材料员 7.9 万人、机械员 4.3万人、劳务员 5.8 万人、资料员 8.8 万人、标准员 3.7 万人。

2.2.1.2　专业技术人员考核评价情况

2021 年全国住房和城乡建设系统专业技术人员教育培训考核工作以习近平新时代中国特色社会主义思想为指导，贯彻党的十九届五中全会精神，在住房和城乡建设部及各地建设行政主管部门的指导下，围绕建筑业转型发展、产业升级和技术创新等方面内容，不断更新教学内容，完善考核评价体系，为行业专业技术人员培训考核工作高质量发展提供有力保障。

各地在专业技术人员岗位培训考核评价工作上继续推进网络化（无纸化）考核和电子证书使用工作，在实际操作中遵循以下原则：一是转变培训方式，由试点培训机构开展培训、测试，不能再搞统一考核，变相实行考培分离。二是各地培训系统按照要求与住房城乡建设部培训信息管理系统对接，由住房和城乡建设部系统生成电子培训合格证书。三是培训测试使用全国统一培训测试题库，地方题库与住房和城乡建设部系统对接后，按比例组题。四是各地试点培训机构必须有企业参与。

截至 2021 年，浙江、湖北、河北、上海、河南、甘肃、安徽、西藏、海南、宁夏、山西、福建、湖南、广西、广东、黑龙江、天津、江西、陕西、四川、新疆生产建设兵团、山东、辽宁、青海等 24 个省（区、市）住房和城乡建设主管部门和中国中铁、中国铁建 2 家企业向住房和城乡建设部提交了培训试点方案。

2.2.1.3　证书发放情况

2021 年共生成电子合格证 45 万余本，其中，施工员 12.7 万、质量员 11 万、材料员 5.6 万、机械员 3.1 万、劳务员 4.1 万、资料员 5.8 万、标准员 2.6 万。

截至 2021 年年底，共生成电子合格证 217 万余本，其中，施工员 68.6 万、质量员 54 万、材料员 25 万、机械员 15.6 万、劳务员 16.9 万、资料员 27.6 万、标准员 9.3 万。

2.2.1.4　专业技术人员培训管理情况

按照住房和城乡建设部《关于改进住房和城乡建设领域施工现场专业人员职业培训工作的指导意见》（建人〔2019〕9 号）、《关于推进住房和城乡建设领域施工现场专业人员职业培训工作的通知》（建办人函〔2019〕384 号）要求，各省级住房和城乡建设主管部门积极开展施工现场专业人员职业培训试点工作，在转变培训模式，建立职业培训体系，落实企业培训主体责任，发挥企业和行业组织、职业院校等各类培训机构优势，不断加强和改进职业培训工作等方面取得了一定成效。

（1）在严格防疫下开展工作。各地建设主管部门根据疫情常态化防控原则，制定了疫情防控下的职业培训工作细则。重点防控境外、中高风险地区、无症状感染者等人员现场参加培训。坚持把疫情防控知识培训作为开班第一课，提高参训人员、工作人员防范意识和科学防疫能力。培训机构按照"谁培训、谁负责"的原则，建立健全本机构防控工作责任制度和管理制度，制定疫情防控工作方案和线下培训工作方案，制定应急预案；按照当地疫情防控指挥部规定，科学核定培训考核规模，并通过信息化系统统计、上报，严格按照属地管理原则，主动接受本机构所在地住房和城乡建设主管部门的指导和监督。

（2）培训管理信息系统不断完善。住房和城乡建设部在建设行业从业人员培训管理信息系统中，增加了施工现场专业人员管理模块，开发过程监管、测试题库管理、继续教育管理等功能，满足施工现场专业人员职业培训管理需要，供各地免费使用。各地建设行政主管部门积极按要求升级管理系统，完成对接工作。

（3）网络教学资源日趋丰富。在各地建设行政主管部门的指导下，行业组织、培训机构、参培企业积极开发网络教学资源，更新内容包括：科技前沿、经济热点、传统文化、职业素养、生态环境保护、高质量发展和乡村振兴等方面内容。课程展现方式也从长时段的课程逐步升级到以某一专业知识或专业技能为核心的微信精品课程。课程制作更加注重融入多媒体元素，做到"易学、易懂"。

（4）建立完善测试题库。住房和城乡建设部组织编制了全国统一培训测试题库，并依据试运行情况，对系统和题库进行了完善，供各地免费使用。各地建设行政主管部门组织当地行业组织、培训学校、参与企业更新试题库。

（5）开展职业标准修订工作。组织修订《建筑与市政工程施工现场专业人员职业标准》JGJ/T 250—2011，突出能力主线，充分体现建筑业高质量发展对施工现场专业管理人员的能力要求，补充完善近几年来在工程建设领域施工现场产生的新的专业管理岗位，以适应新型建造方式逐步推广的形势。

（6）制定测试系统对接方案。编制培训管理信息系统和题库对接方案，在保证培训数据安全的基础上，实现已建地方管理系统、题库与住房和城乡建设部培训管理信息系统技术对接。根据各地提出的需求和发现的问题，不断完善对接方案，保证对接工作平稳有序进行。

（7）加强服务管理。积极组织技术支持单位，按照对接方案，实施省级培训管理信息系统与住房城乡建设部培训管理信息系统对接。截至 2022 年底，江西、湖南、福建、河南、安徽、广西 6 个省（区）住房和城乡建设主管部门提出信息系统对接需求，其中江西、湖南、广西、福建 4 地已完成对接工作。

截至目前，组织试点培训机构开展职业培训试点工作的省（区、市）住房和城乡建设主管部门和企业共有 19 个，分别是河北、甘肃、湖北、浙江、广东、天津、四川、宁夏、黑龙江、海南、广西、江西、福建、陕西、山西、上海、西藏共 17 个省级住房和城乡建设主管部门及中国中铁、中国铁建 2 家企业。上传的试点培训机构累计 416 家，完成培训 173792 人次，颁发电子培训合格证 43416 个。

（8）建立评估反馈体系，提高培训质量。全国多地建设行业专业技术人员培训系统中增加了培训过程中和结束后的教学质量评估内容，针对教师、课件等方面打分反馈，并根据学员反馈情况进行调整。

2.2.1.5　专业技术人员继续教育情况

按照人力资源社会保障部关于专业技术人员开展继续教育的总体要求，以知识更新、学以致用为原则，根据岗位需求，结合住房和城乡建设行业实际，住房和城乡建设部组织制定并发布了继续教育大纲。针对施工员、质量员等 13 个岗位，明确本岗位应掌握的新法律、新法规、新标准和新规范，以及相关新材料、新设备、新技术和新工艺，着力完善从业人员相关专业知识结构，提升专业素质、职业能力和职业道德素养。

各地逐步规范继续教育。截至 2021 年年底，甘肃、湖北、广东、天津、浙江、海南、江西、西藏共 8 个省（市、区）住房和城乡建设主管部门启动了继续教育工作。参加继续教育的人员约 195010 人，完成电子合格证换发 151594 个。

河南、湖南、海南、江苏、湖北、广东、四川、浙江、陕西等多地行业组织召开会议共同研究专业技术人员继续教育问题。分享了专业技术人员继续教育工作情况及优质继续教育课程建设开发经验。各地积极开展课程共建工作，围绕提升课程资源质量、建立统一课程平台、共建课程评价机制等方面开展。

各地专业技术人员继续教育课程主要包括公共科目和专业科目两方面展开。公共科目：主要包括学习贯彻党各项会议精神和国家转型升级战略，弘扬爱国精神，新一代信息技术、乡村振兴、科技前沿、经济热点、传统文化、职业素养、知识产权等方面内容。专业科目：主要包括建筑业转型发展、产业升级和技术创新等方面内容，以住房和城乡建设行业"新技术、新标准、新政策、新法规、新知识、新方法"等新知识和 BIM、GIS、"双碳"、绿色建筑、装配式建筑、新型城镇化等内容。

2.2.2　建设行业专业技术人员继续教育与培训存在的问题

2021 年，在疫情防控的总体要求下，全国大部分地区能够按照深化"放管服"改革的要求，转变工作方式方法，调整工作模式，稳步推进培训试点工作，在专业技术人员培训考核等方面取了一定的成绩，但也存在一些问题和不足。

（1）省、部工作没有完全同步。个别省级住房和城乡建设主管部门未按照住房和城乡建设部工作要求和文件精神开展工作，未提交试点方案，未与住房和城乡建设部信息系统对接，自行发文，使用自建题库组织培训机构进行培训发证，有的地方组织集中考核，变相实行考培分离。这些做法给施工现场专业人员职业培训工作带来很多问题隐患。

（2）参培人数有所减少。2021 年受疫情影响及国内外经济影响，建筑业增长速度继续放缓，部分企业经营状况不甚理想，相关专业技术人员从业人数有所减少，在职人员学习意愿有所降低，参加现场专业技术人员培训和继续教育的人数也有所减少。

（3）课程资源质量不高。自 2020 年新冠病毒暴发以来，各地建设教育培训工作的开展逐步从线下培训转移至线上培训，培训机构也投入大量人力、财力、物力开发教育培训平台，录制网络课程资源。但是大多数仅是将面授老师课程进行录制，并没有深入研究网络教育的特点及优势，导致课程资源质量不高，学员在学习过程中兴趣不高。

（4）相关标准亟待更新。现行专业技术人员职业标准已出台多年，随着建设行业的不断发展，每个具体岗位的内涵和工作内容都在不断发生变化，各地在开展相关人员培训过程中也提出了更新相关职业标准的需求。

（5）继续教育受训比例不高。持证从业人员存在一人多证、转行、转岗或证书由单位统一保管等情况，缺少继续教育规划，大量持证人并没有及时参加继续教育。目前，首次持证人员的继续教育比例不超过50%。

（6）缺少继续教育相关标准。专业技术人员的初始培训有相关职业标准可依，教育培训工作开展较系统、正规。目前专业技术人员的继续教育仍缺少相关标准，致使各地在开展专业技术人员培训的过程中尺度不一，难以高质量完成相关工作。

（7）继续教育内容亟待完善。由于缺少专业技术人员继续教育相关标准，在继续教育内容、教材、课程资源、培训方式、学时等方面各地都有着很大不同，相关内容亟待统一完善。

2.2.3　促进建设行业专业技术人员继续教育与培训发展的对策建议

各地住房和城乡建设行政主管部门和培训机构都应在深入总结前期工作的基础上，始终坚持目标导向、问题导向，系统思考和研究施工现场专业人员培训试点工作遇到的问题和困难，加强监督指导，确保培训质量，做实做细，持续改进。

（1）稳步推进试点工作。各地住房和城乡建设行政主管部门和企业应积极按要求向住房和城乡建设部报送试点方案，推进相关工作。试点方案审核通过的省级住房和城乡建设主管部门和企业，要按照工作计划和方案要求，尽快组织试点培训机构启动相关培训工作和继续教育工作；试点成熟的省级住房和城乡建设主管部门和企业，在总结试点经验的基础上，在本省（单位）稳步推进职业培训，在住房和城乡建设部组织的相关会议上积极分享交流试点经验。

（2）做好全国数据对接及报送工作。各省住房和城乡建设主管部门应按照工作安排，积极与住房和城乡建设部培训管理信息系统与建筑业实名制等系统进行数据对接，满足企业和持证人的信息查询需求。

（3）加强培训监管，提升培训质量。各级住房和城乡建设主管部门要加强施工现场专业人员培训监管力度，对培训机构实施动态管理。运用信息化手段，加强培训过程监督检查，随机抽查，确保培训工作质量。

（4）不断提高继续教育工作水平。省级住房和城乡建设主管部门要制定施工现场专业人员继续教育工作方案，加强监管，制定相应措施办法，做好学时认定工作。

（5）更新相关职业标准。根据行业发展和企业需求情况，更新《建筑与市政工程施工现场专业人员职业标准》JGJ/T 250—2011 等标准，组织编写培训、继续教育等方面行业或团体标准，引导专业人员培训更加规范化发展。

（6）建立继续教育保障机制。用人单位应当按照《专业技术人员继续教育规定》（人社部令第 25 号），进一步健全完善本单位专业技术人员继续教育与使用、聘任、晋升、考核相衔接的激励机制，充分调动专业技术人员参加继续教育学习的积极性，为专业技术人员创造学习条件并提供必要的学习时间和经费保障。

（7）提升课程资源质量。借鉴国际课程开发经验，结合建设行业从业人员学习特点，开发内容新颖、形式多样、趣味性强、表现直观的新型现代化课程。积极推进微课录制，将传统体系知识碎片化，减轻学员学习负担。

2.3　2021 年建设行业技能人员培训发展状况分析

2.3.1　建设行业技能人员培训的总体状况

截至 2021 年年底，建筑业从业人数为 5282.94 万人，与 2020 年年底的从业人数相比减少了 83.98 万人。至此，建筑业从业人数已经连续三年减少。与建筑业从业人员减少相反的是，全国建筑企业数量达到 128746 个，与 2020 年相比增加了12030 个。

2021 年，全国建设行业技能人员约 103 万人经培训取得证书。其中：按等级划分，普工 6.1 万人，初级工 12.6 万人，中级工 73.4 万人，高级工 10.8 万人，技师与高级技师 0.1 万人；按类别划分，建筑类 97 万余人，市政类 3 万余人，其他类 2 万余人。

2.3.2 建设行业技能人员培训的成绩与经验

加强建设行业技能人员职业技能提升培训，就是让绝大多数农民工都成为有技能的现代化劳动者，成为中高级技能人才，实现技术人才的良性发展，进而促进我国经济的转型升级及新型城镇化发展。

2.3.2.1 创新农民工职业技能提升培训体系建设

（1）创新农民工职业技能提升培训体系建设。当下，农村劳动力富裕化现象突出，劳动力城乡流动加快，农民工群体将成为影响我国经济结构转型升级的关键因素。建筑业从我国经济社会发展的实际出发，顺应工业化、城镇化发展的大趋势，引导农村富余劳动力向非农产业和城镇有序转移。

（2）创新农民工职业技能提升培训体系建设。当前我国农民工庞大的人口数量，承载着连接城乡、改变城乡"二元结构"的历史使命，是解决我国"三农"问题的关键。因此，我们充分认识到，创新农民工职业技能提升培训模式，不断提升他们的理论素养和职业技能是促进我国经济整体转型升级、落实工业强国发展理念的重要途径。

（3）创新农民工职业技能提升培训体系建设。近年来，中共中央、国务院多次下发文件，指导农民工职业技能培训事业的发展，《国务院关于大力发展职业教育的决定》《国务院关于解决农民工问题的若干意见》等各项规定要求凸显了我国政策层面对于农民工问题的重视。

2.3.2.2 技工院校创新农民工职业技能提升培训体系建设

（1）切实增强农民工职业技能提升培训的基础能力。主要是从软硬件两个方面。软件方面，首先也是最重要的就是要加强师资力量建设。目前多数技工院校实施"一体化"教学。加大"一体化"教师培养的力度，专门培养负责给农民工技能提升培训的老师，教师队伍做到专业化、规范化、制度化。其次编制好相关的教材和教学计划。组织开展专题研究，紧密结合生产实际制订具体的培训计划，使生产过程各个环节的核心能力涵盖其中，使培训更具有针对性和实用性。此外，不断创新授课的方式方法，积极利用微信、微博等新型的媒体进行教学，使教学资源得到最大程度的共享，从而确保技能提升培训的质量和效果。在硬件方面，重要的是提供了功能齐全的实习实训场地，及满足 3 ～ 4 人拥有一个实习工位，让他们通过充分的动手实践学到真本事，练出真本领。

（2）充分发挥职业教育职能，实施分类培训，提高培训质量。技工院校不断强化培训工作意识，充分发挥自身的人力资源优势、硬件技术优势和管理经验优势，紧紧围绕经济发展转方式、调结构需求，积极构建全日制教育和技能培训"两翼齐飞"的办学格局，逐步形成多专业、多工种、多规格、多层次的培训能力，从而逐步扩大培训规模。有效区分农民工职业教育培训参与主体，做到分类实施，精准发力，专业对口。培训机构把培训质量放在首位，利于取得良好的培训效果。

（3）积极开展校企合作，开展"订单式"培训和"定向式"培训。要重视校企合作，加强校企合作培养人才，做到实践与理论相结合，与市场接轨，亟社会所需。技工院校开展农民工技能提升培训结合社会需求，加强与企业的沟通与合作，特别是教学内容和教学计划的制订在与单位充分商量的基础上共同制定，直接聘请用人单位的工程师上课，开展全方位校企合作，加强职业技能实训，突出操作训练，让培训者能学到一技之长，达到学成就能顶岗的目的。

2.3.2.3　构建农民工职业技能提升培训就业服务体系

（1）充分发挥政府主导作用，构建综合公共服务保障体系。一是统筹规划，完善农民工公共服务体系。在城市发展规划编制、公共政策制定、公用设施建设、医疗卫生、住房安置及子女教育等方面充分考虑农民工群体的实际需求，将农民的社会保障纳入城市公共服务体系，充分发挥农民工尤其是新生代农民工群体在建设新型大国制造业和重塑新发展格局中的积极作用，提高城市综合承载能力；二是综合发力，维护和保障农民工权益。现阶段，对农民工职业技能培训保障体现在以下几个方面：首先，劳动行政执法部门要加大对农民工职业群体培训制度的监督检查力度，严格执法，充分保障农民工职业群体的劳动及相关就业权益，确保农民工的职业技能培训权利得到的顺利行使。其次，充分发挥司法行政部门法律服务职能，将农民工列为法律援助的重点对象，简化程序，快速办理，为农民工权益保护提供法律支持。再次，发挥单位工会职能，增强服务意识，充分发挥好权力代言人职能，督促用人单位履行法律法规规定的义务，维护农民工合法权益；三是加大宣传，营造重技尚能浓厚氛围。发挥舆论的宣传引导力，科学规划，制订"农民工职业技能培训计划"的宣传方案，积极利用新媒体、新技术，充分发挥党媒、党刊的阵地作用，加强舆论引导，充分调动农民工和用人单位参与计划的积极性和主动性，促使社会各阶层尊重知识，尊重创造，尊重技术，崇德尚贤，引导广大农民工群体树立农民工职业技能培训权利的意识，在全社会形成重技尚能的浓厚氛围。

（2）主动发挥市场作用，有序开展农民工职业技能培训。一是完善就业服务保障体系，促进农民工群体有序流动。发挥好公益服务机构的公共服务相关职能，鼓励社会公益职业介绍机构的建设与发展，引导规范劳务市场多元化发展，积极开展劳务协作，建立完善劳动用工信息沟通渠道和政策协调机制。树立品牌意识，培养打造一批名牌服务企业，结合当地人文和经济发展特点，以品牌促输出，优化农民工职业群体结构，促进农村劳动力合理有序转移；二是充分发挥企业主体地位，开展农民工职业技能培训。政府加强引导，综合运用职业培训补贴、职业介绍补贴政策，激发企业参与农民工职业技能培训的积极性、主动性，为已经在岗及新招录的农村劳动者提供有效培训和服务，提高其就业技能，拓展企业发展空间。

（3）发挥技工院校职业培训功能，开展职业鉴定工作。一是明确办学职能，深化教学改革。技工院校要坚持高端引领、多元办学，促进技工院校内涵、特色、创新发展，改革传统的学科教育方式，创新职业技能人才培养模式，探索职业教育"双轨制"发展模式，深化校企合作，大力开展农民工职业技能培训，做到定向培养、订单式输出；二是重视社会培训工作，创新农民工技能培养模式。技工院校进一步重视农民工社会培训工作，研究制定农民工职业技能培训新标准，设立农民工职业培训一揽子教学规划，完善农民技能培养教学规划，明确教学任务，强化过程控制，提高农民工职业技能培训的针对性、有效性；三是完善农民工职业技能鉴定标准，开展好农民工职业技能鉴定工作。技工院校充分发挥好连接点作用，以市场需求为基础，以企业需求为导向，从农民工群体职业能力建设这一根本实际出发，完善技能鉴定标准。与各职业协会、行业组织一道，研究制定符合农民工培训实际的鉴定标准，开发完善培训教材，降低收费标准，提高服务质量，更好地服务"三农"，开展好农民工技能培训工作。

2.3.3　建设行业技能人员培训面临的问题

建筑业技能人员培训具有重要的价值及意义，也就需要积极落实培训工作，而要实现培训工作的有效实施，必须要先清楚认识建筑业技能人员培训中存在的问题。

2.3.3.1　建筑业技能人员培训理念存在问题

就目前建筑企业技能人员培训实际情况来看，首先面临的问题就是培训理念问题。具体来说，目前很多企业对技能人员培训工作都缺乏重视，导致培训工作的开展缺乏有力的支持及保障，不利于培训工作的开展。对于建筑业技能人员培训工作而言，通常情况下都是由企业人力资源管理部门负责的，但当前很多企业的人力资源管理部门只注重人才的利用，而忽略技能的培训，基本上只是在员工刚入职时进行简单培训，在后续的工作中并未制定定期培训计划及方案，甚至完全没有技能培训的意识。在这种错误想法及理念的影响下，对于企业培训工作的开展就会缺乏充分的投入及支持，也就会影响建筑业技能人员培训工作的开展。

2.3.3.2　建筑业技能人员培训内容存在问题

对于当前的建筑业技能人员培训工作，除技能培训理念方面的问题之外，还有一个问题就是技能培训内容。目前，很多企业在进行技能培训计划的制定方面，未能够提前分析技能人员工作内容及需求，单纯凭借自身的想法及经验制定培训计划，这种情况下所制定的技能培训计划缺乏针对性，不利于技能培训效果的提升。另外，在对技能培训内容选择方面，通常情况下只注重提升技能人员的职业技能培训，但对于企业文化及个人价值观方面的培训往往忽略，这导致技能在开展工作过程中，遇到困难或者面临较大的压力时往往不知道如何应对解决。此外，目前很多企业在进行技能培训时都选择集中培训，对岗位差异及个体性格差异往往忽略，这就导致选择的培训内容可能与接受培训的人员能力具有差异性存在，不但会导致资源浪费，还会影响技能人员参与培训工作的积极性，最终会影响培训的效果，也不利于技能人员水平及能力的提升。

2.3.3.3　建筑业技能人员培训方式问题

在当前的技能培训工作中，除上述两个方面的问题之外，还有一个关键的问题就是培训方式，这直接影响到技能培训结果。目前，很多企业在开展技能培训工作的过程中，基本上都选择灌输式的培训方式，特别是在理论知识的培训方面，基本上都是单纯的对技能人员进行讲读，并未作深入阐述。在职业技能及技巧的培训方面，并未真正提供机会及平台让技能人员进行训练，导致很多技能人员虽然接受了培训，但自身的能力及水平并未真正得到提升，培训效果不佳。

2.3.4　促进建设行业技能人员培训发展的对策建议

针对上述问题，促进建设行业技能人员培训发展具有极其重要的意义。

2.3.4.1　相关法规政策和规章制度的制定和完善

（1）执行国家相关政策，完善地方政策。地方政府根据《中华人民共和国建筑法》《中华人民共和国劳动法》、人社部印发的《农民工稳就业职业技能培训计划》等法律法规和计划，结合地方实际情况，出台或完善地方政府规章制度。明确农民工职业技能培训的组织机构、所需的师资、物资和资金、职业技能培训方式和考核发证，建立约束和规范建筑业农民工技能培训的长效机制。

（2）严把行业准入制度。凡是从事建筑业岗位的从业人员，上岗前必须持人社部门或建设主管部门印制的《职业资格证书》，对于不按规定录用无证人员的单位，建设行政主管部门应依法查处。以此带动农民工上岗前的职业技能培训，提高他们的操作水平、安全意识、质量意识和持证上岗率，使建筑业农民工职业技能培训工作常态化，在相关的法规政策和制度的执行下，强化建筑业农民工入职管理，只要是有明确工种岗位要求的，从业人员就必须持证上岗。

2.3.4.2　多方协调促进培训工作的开展

（1）对建筑业农民工加大宣传。建筑业对从事一线的作业人员一般要求比较低，技术含量要求不高，所以他们没有主动参加培训的意识。对此培训的宣传力度要加大，可借助于现在的一些自媒体或者大家喜欢应用的抖音软件做一些专题，介绍国家对农民工培训的利好政策，促进农民工对培训产生新的认识，让他们切实意识到培训不但可以提升自己的职业技能，取得相应的职业资格证书，而且可以拓宽自己的视野，掌握前沿技术，全面提高施工质量，保证施工安全，也能拓宽自己的工作方向。逐步形成主动培训学习意识，建筑业农民工培训工作才能更好地推进。

（2）解决农民工的培训费用和时间的问题。大部分农民工是不会主动为一个未知的明天提前买单，培训费用的支出是决定农民工是否愿意参与培训的主要因素。政府主管部门可以实行提供补贴或对通过考核获得职业资格证的农民工由政府承担费用等培训方式，以此减轻农民工的经济负担，鼓励和促进建筑业农民工参与培训。同时，雇佣单位或组织单位可以为参培的农民工免费提供食宿、车旅费、误工补贴等，吸引建筑业农民工主动参与培训。在培训的时间安排上尽量集中，采用线上和线下相结合的方式，尽可能提供多样化的培训方式供其选择。

（3）按技术等级实行差异工资。出台政策性文件，要求用人单位对取得建筑相关证书的农民工与普通农民工之间实行工资差异性，如将其技术能力分为若干等级，一级、二级、三级等，并且技术等级与劳动报酬挂钩，以此来促进建筑业农民工参与培训的积极性和主动性。只要农民工转变思想由被动强制学习向主动自愿学习，那么，农民工转化为真正的产业工人也就为期不远了。

（4）培训内容要满足实际需求。内容设置要注重学以致用，着重技能的提升，跟实际工作岗位关联，能提高工作能力和效率为目的。也就是要结合他们在从事一线的岗位技能需求为出发点来确定，旨在以培养岗位所需的实用技术为核心，开设以基础理论为基础、以技能培训为重点的建筑业农民工培训工作。同时，还需兼顾培训中的障碍，需提前开设基础文化知识的培训。

2.3.4.3　实施灵活的培训和鉴定管理

（1）实施灵活的培训管理。培训内容实行模块化，每个模块有明确的学习目标和考核标准，要突出实践性，不同的职业技能培训采取不同的培训方式，以适用于不同文化差异和不同需求的人群，每一次培训即可获得一定的学分，由点连线形成完整的学习体系，最后经过考核合格的发相应的技能等级证书，通过人社部门考核合格的可颁发相应的职业资格证书。

（2）建筑用人单位组织的岗位培训。发挥好农民工进场前的"三级"安全教育，岗前培训要注重相应工作岗位的业务操作流程、安全作业知识、质量控制要求等基本业务的培训。实践证明，农民工最能接受的就是岗前的这种针对性强的培训，培训后就能上岗，减少了合格后再去找工作的过程，学习时也就能更加投入、更加安心，没有后顾之忧。

（3）推行产学结合的培训模式。整合现有的社会和职业院校的培训资源，借助于他们良好的先天条件和教育培训经验，形成不同工种的专门培训基地，让农民工结合师资、自己的岗位需求就近去选择中意的机构，通过培训考核取得上岗职业资格证，获得准入资格。培训中可考虑将职业技能培训与职业素质教育相结合的模式，这样做既能够保障农民工近期的个人职业技能的提升，又能够从长远角度去提升他们的文化素养和素质，以及长远的职业规划，逐步将劳动密集型产业转化成技术密集型产业方可指日可待。

　　（4）效果鉴定及后续管理。考虑到农民工的现实情况，考核鉴定可采用行业主管部门鉴定与现场鉴定相结合的方式。对已获得证书的农民工建立教育培训电子证，内容涉及接受职业技能培训学时及是否通过考核、获得职业资格的种类、等级和工作经历等，对于更换工作单位而岗位不变的时可免除岗前的培训而直接上岗，以提高单位之间的认可度和通用性。

第 3 章　案例分析

3.1　学校教育案例分析

3.1.1　构建精准评价体系，破立并举推进落实教育评价改革

为深入推进《深化新时代教育评价改革总体方案》（以下简称《总体方案》）落实落地，根据吉林省委教育工作领导小组印发的《关于印发吉林省贯彻落实〈深化新时代教育评价改革总体方案〉部门分工、措施清单和负面清单的通知》（吉委教组〔2021〕2号）文件精神，结合学校具体工作实际，吉林建筑大学扎扎实实推动《总体方案》落地落细落实，各项重点任务重点工作不断取得新进展。

3.1.1.1　基本做法

（1）科学明确任务，努力在"实"上下功夫见成效。学校党委深入贯彻落实中共中央、国务院关于《深化新时代教育评价改革总体方案》，积极推进教育评价改革"立梁架柱"。学校坚持破立结合，进一步明确"清单有特色、内容具体化、措施有实效"的工作原则和工作思路，制定实施《贯彻落实〈深化新时代教育评价改革总体方案〉的工作办法》《〈深化新时代教育评价改革总体方案〉落实措施清单》，压紧压实各方责任，明确工作进度，坚决破除"五唯"顽瘴痼疾，努力在完善立德树人体制机制、提升学校办学成效，深化教师评价制度改革、突出师德师风第一标准、健全学生评价制度、促进德智体美劳全面发展等方面取得实效，努力建立更加科学、符合时代要求的教育评价制度和机制，提升学校人才培养质量，推动学校高质量内涵发展。

（2）强化对标对表，努力在"破"上下功夫见成效。学校始终坚持"对标对齐、实事求是、落实落细"总要求，坚持系统思维，树立协同意识，着力改革痛点，扎

实做好《总体方案》贯彻落实工作。学校认真对照《总体方案》"十不得、一严禁"等要求，在打破思想禁锢、冲破体制障碍、突破行为方式上积极求变。学校及时开展自查工作，多次组织召开专项会议，开展负面清单自查，通过自查，梳理了学校现有各项规章制度，并明确了下一步工作方向，确保党中央决策部署和省委部署安排不折不扣贯彻落实。

（3）切实督促落实，努力在"抓"上下功夫见成效。学校党委高度重视宣贯工作，组织党员领导干部深入学习领会《总体方案》出台的时代背景、重大意义、主要特点、精神实质和工作要求，并要求各二级单位面向全体师生员工开展再培训再学习，实现广泛学、深入学、系统学，推动实现有关人员学习培训全覆盖，引导广大干部教师深刻领会和把握深化新时代教育评价改革在学校事业发展全局中的重要意义，统一思想认识，明确工作任务、工作要求、工作进度。学校党委高度重视《总体方案》推进落实工作，不断完善推进机制，定期调度、督导检查、追责问责，及时部署安排、调度推进、总结进展、通报问题，督促各部门、各单位按时间节点有序推进任务清单落实。

（4）坚持破立并举，努力在"改"上下功夫见成效。学校从党委和行政教育工作评价、学校评价、教师评价、学生评价、用人评价五个方面入手，进行了全方位的改革探索。

3.1.1.2　改革党委和行政教育工作评价，推进科学履行职责

（1）坚持党对教育工作的全面领导。学校党委切实扛起领导责任，建立健全党委统一领导、党政齐抓共管、部门各负其责的教育领导体制，履行好把方向、管大局、作决策、抓班子、带队伍、保落实的领导职责，把思想政治工作作为学校各项工作的生命线紧紧抓在手上，贯穿学校教育管理全过程。

（2）坚决克服短视行为和功利化倾向。一是牢固树立科学的教育发展理念，进一步加强党委领导下的校长负责制相关配套制度建设，科学明晰各级领导班子党政职责分工，建立健全党委统一领导、党政分工合作、协调运行的工作机制。二是进一步加强和改进思想政治工作，健全立德树人落实机制，深化"三全育人"综合改革，建立师生思想政治状况分析研判机制，构建内容完善、标准健全、运行科学、保障有力、成效显著的思想政治工作体系。三是进一步修订完善《吉林建筑大学校院两级领导干部联系基层工作暂行办法》，明确校院两级党政主要负责

同志和领导干部深入一线调研、为师生上思政课等具体工作要求。

3.1.1.3 改革学校评价，推进落实立德树人根本任务

（1）坚持把立德树人成效作为根本标准。一是加强思想理论建设,制定实施"首要议题"学习制度，扎实推进学校党委领导班子读书班、学校党委理论学习中心组建设。以党史学习教育和庆祝建党一百周年为主线，扎实开展思想政治教育，激励广大师生从伟大建党精神中汲取继续前进的智慧和力量。以省委巡视专项检查为契机，全面梳理学校意识形态工作，在师生中建立广泛稳固的主流意识形态认同。持续推进文化建设，为建设特色高水平大学凝聚精神动力。二是印发实施《共青团吉林建筑大学 2022 年工作要点》《吉林建筑大学 2021 年度团内"创先争优"活动先进集体和优秀个人的决定》《吉林建筑大学校团委网络舆情突发事件应急处置方案》《吉林建筑大学团属新媒体工作管理办法》《吉林建筑大学共青团改革实施方案》《吉林建筑大学学生会（研究生会）改革实施方案》等文件，扎实做好全校青年学生思想引领、社会实践、志愿服务、校园文化、基层团组织建设等工作。三是印发《吉林建筑大学本科生劳动教育实施方案》《吉林建筑大学本科课程建设项目经费管理办法》。落实《吉林建筑大学本科专业建设与管理实施办法》《关于加强和改进新形势下大中小学教材建设的意见》《吉林建筑大学本科实习工作管理规定》《吉林建筑大学实验室开放管理办法》。印发实施《吉林建筑大学人才培养质量达成情况评价管理办法（试行）》《吉林建筑大学教学督导工作办法》《关于加快构建吉林省大中小学思政课一体化建设工作机制的意见》工作清单。组织购买"四史"线上课程，并组织 2021 级学生开展线上学习。建立教材建设和管理运行机制，成立教材建设管理工作领导机构，切实保证教材建设的政治方向。有效利用实验教学资源，充分发挥实验教学中心（实验室）在人才培养、学生科技竞赛和其他教学活动中的重要作用。四是围绕立德树人根本任务这一主线，开展《吉林建筑大学研究生管理文件》《吉林建筑大学优秀硕士生论文奖励办法》等相关文件的修订工作。开展研究生导师任职资格及招生资格审核及遴选工作。研究生公共学位课增设马克思主义必修课程，以理解把握习近平新时代中国特色社会主义思想为课程主线，在政治认同、家国情怀、道德修养、法治意识、文化修养等方面提出明确要求。五是推进完善《吉林建筑大学学生工作量化考核办法（试行）》《吉林建筑大学学生工作测评指标体系（试行）》。坚持定性与定量相结合的原则，突出导向性、规范性、科学性、创新性。指

标体系及评分标准的制定体现全面性、客观性和可操作性。进一步提高了学生教育、管理、服务工作水平，充分调动了各学院学生工作积极性，科学评价各学院学生工作，达到奖励先进、相互促进、共同提高的目的，使学校学生工作朝着规范化、科学化、系统化、制度化的方向不断迈进。

（2）积极推进落实高等学校评价改革。一是切实将毕业生就业工作作为"一把手"工程来抓，建立健全校院两级联动的就业工作机制。明确责任分工，各部门协同配合，通力合作，深挖潜力，积极营造"一把手"亲自抓、分管领导具体抓、主管部门重点抓、全校教职员工人人抓的工作格局。注重毕业生发展和用人单位满意度。通过走访、座谈及问卷调查等形式全方位了解用人单位对学校毕业生思想、工作及敬业奉献满意度，根据市场需求调整未来人才培养策略，提升毕业生就业竞争力。积极开展"就业大讲堂"系列活动，帮助学生树立正确的择业、就业观念和就业取向。组织开展宣讲会、对接双选会300余场，与中建、中交、中铁、中国电建、中冶等600余家大型国企进行供需洽谈。不断完善和健全新媒体平台服务功能，帮助学生第一时间了解市场行业动态，知晓、用好、用足政策与就业信息。二是修订完善《吉林建筑大学重点学科（学术）带头人遴选及管理办法》《吉林建筑大学重点学科（学术）带头人考核标准》，进一步突出立德树人、以人才培养为中心、服务国家重大战略性需求和新时代吉林全面振兴发展导向，去除"唯论文、唯帽子"导向。在组织相关申报、评估工作中，把人才培养质量摆在首位。坚决破除"五唯"顽疾。改革教师队伍评价、突出质量、贡献和特色等主要举措要求，避免片面以学术头衔评价学术水平的做法，强化学科对国家、区域重大战略需求和经济社会发展的实际贡献。三是制定实施《吉林建筑大学学术不端行为处理办法（试行）》，倡导学术诚信，规范学术管理，营造健康有序、可持续发展的学术氛围和风清气正的科研环境。科研成果评价认定严格把关。严格按照署名单位进行认定，专利成果认定，专利权人须为吉林建筑大学。科研项目认定，项目承担单位，须为吉林建筑大学。对于教师在学校以外其他单位取得的成果，一律不予认定和评价。四是在职称评聘、岗位聘用和年度考核等工作中，始终坚持人才培养的中心地位，建立了教师教育教学工作成果业绩考核评价体系，特别是对从事基础课和公共课为主要职责的教学型教师，侧重考查教育教学类的工作实际成效，淡化对论文收录数、引用率、奖项数等数量指标，引导教师立足一线、扎根讲台。

3.1.1.4　改革教师评价，推进践行教书育人使命

（1）坚持稳中求进，规定动作与自选动作相结合。一是坚持以习近平新时代中国特色社会主义思想为指导，以加强教师师德师风建设为重点，完善师德建设管理监督机制。制定实施《吉林建筑大学师德考核管理办法》《2021 年度吉林建筑大学教师师德考核方案》等制度，推进师德考核评价运用，把师德表现作为教师业绩考核、评奖评优、职务晋升、职称评定、岗位聘用、工资晋级、干部选任、导师遴选、人才推荐、科研项目申报等方面的重要依据，全面落实师德"一票否决"。二是制订实施《吉林建筑大学听课管理规定（试行）》《吉林建筑大学关于教授、副教授为本科学生上课的规定（试行）》等文件，对教师全过程授课进行评价，落实教授、副教授的教书育人任务。落实《吉林建筑大学教学信息反馈与处理制度》，开展教学信息员的教师评价工作。通过教务系统开展期末学生评教工作，从授课能力和授课水平等多角度对教师进行评价。对"吉林建筑大学本科教育教学审核评估指标体系"进行研究讨论，深化改革教师评价体系，提升教师教书育人能力。

（2）坚持多元精准，分类评价与精简帽子相结合。一是按照学科不同、教学与科研工作侧重不同，将教师划分为科研型、教学科研型和教学型，分别执行不同的成果业绩标准条件。树立"重学术水平、重专业能力、重工作业绩、重突出贡献"的推荐导向，重点考察专业技术人才的"代表性"成果业绩。实行分级评价，分类推荐的推荐方式。同时在评聘委员会组成中，抽选 1/3 校外同行专家，参与学校专业技术人才的评议推荐。对取得重大理论创新成果、前沿技术突破、解决重大工程技术难题、在经济社会事业发展中作出重大贡献的专业技术人才，按照激励性政策扶持人才、从域外引进的"高精尖缺"人才、海外留学回国人才、优秀博士后人才和省内高层次人才、成果转化人才等开设绿色通道，采取"一人一策""一事一议"的推荐方式，不作论文等级、数量的限制性要求。二是切实精简人才"帽子"。按照人才评选工作上级主管部门的要求组织推荐申报人才称号，不擅自增加或拓宽申报途径，优化整合各类人才申报推荐方式。未将人才称号作为职称评聘、评优评奖和人才使用的限制性条件。同时，学校长期积极引进"长江学者"等高端人才，为学校发展提供人才支撑。

（3）坚持破除顽疾，质量导向与多维覆盖相结合。一是积极开展《吉林建筑大学职称评聘成果业绩要素分类及标准目录》《吉林建筑大学职称评聘标准条件》修订，

按照学校特点和教师不同学科群、不同岗位特点，坚持分类评价，取消申报职称对论文的限制性要求。二是在科研评价中设置"代表性学术著作""成果转化"等指标，进行多维度科研成效评价。对于论文等科研学术采用"代表作评价"方法，突出标志性学术成果的创新质量和学术贡献。对一些特殊的科研成果认定评价，结合学术委员会的同行专家评价，进行结合实际的多角度科研评价。三是在科研工作中突出质量导向，重点评价学术贡献、社会贡献以及支撑人才培养情况，不将论文数、项目数、课题经费等科研量化指标与绩效工资分配、奖励挂钩。

3.1.1.5 改革学生评价，促进德智体美劳全面发展

（1）树立科学成才观念，深化招生制度改革。一是修订完善《吉林建筑大学大学生综合素质评价办法（试行）》及配套文件。根据学生思想政治、道德修养、学习表现、纪律观念、身心健康、学业提升、技能提升、科技创新、文学艺术、社会实践、文体竞赛等方面进行综合测评。综合测评分数与学生的奖学金和各类荣誉称号的评定直接挂钩。进一步引导学生养成良好体育锻炼习惯和健康生活方式，锤炼坚强意志，培养合作精神；促进学生形成艺术爱好、增强艺术素养，全面提升学生感受美、表现美、鉴赏美、创造美的能力；引导学生崇尚劳动、尊重劳动，让学生在实践中养成劳动习惯，学会劳动、学会勤俭。二是按照国家高考综合改革以及吉林省高考综合改革的精神，学校积极组织相关部门研究学习《吉林省深化普通高等学校考试招生综合改革实施方案》《吉林省普通高中学生综合素质评价实施办法》和《关于新时代推进普通高中育人方式改革的若干措施》等文件精神，建立健全学校招生委员会决策议事机制，完善招生工作第三方监督机制、考试录取申诉机制和招生问责机制，科学规范制定各专业选考科目要求，积极探索综合素质评价使用办法。

（2）突出学业过程评价，促进学生全面发展。一是印发实施《吉林建筑大学本科人才培养方案管理办法》《吉林建筑大学本科生劳动教育实施方案》。二是落实实行《吉林建筑大学课程思政建设工作方案》《关于全面加强和改进新时代学校体育工作的意见》《关于全面加强和改新时代学校美育工作的意见》《吉林建筑大学教学信息反馈与处理制度》。三是落实实行《吉林建筑大学学分制实施办法（修订）》内容中的学分认定工作，并通过落实《吉林建筑大学本科学生学分认定管理办法（试行）》，进一步完善学生学业管理，明确学分认定工作流程；定期进行学业预警，警示学习懈怠、动力不足学生，掌握学业动态，端正学习态度。四是探索实施学士学位论文

（毕业设计）抽检试点工作。五是建立教材质量信息反馈制度,通过督导、问卷调查、专家审议等形式开展教材评价工作,公布学生及专家对教材的反馈意见,使教材质量评定工作常态化、制度化。

（3）深化研究生教育改革,把握高质量发展方向。一是统筹安排研究生培养计划修订相关工作。以培养学生德智体美劳全方位发展为主要目标及方向,推动必修课及选修课体系改革工作。将与学生德育的相关课程设置为研究生培养必修课。二是为推动研究生创新创业能力的培养,将研究生创新创业教育课程纳入研究生培养计划的必修环节。制定研究生创新创业奖励办法,鼓励学生积极参与各级创新创业竞赛。三是继续加强研究生实践基地建设,提高对学生实践能力的培养。

3.1.1.6　改革用人评价,共同营造教育发展良好环境

（1）破除"五唯"的顽瘴痼疾,加强改进人才评价方式。按照中共中央、国务院《深化新时代教育评价改革总体方案》和人力资源社会保障部、教育部《关于深化高等学校教师职称制度改革的指导意见》精神,重新完善修订职称评聘标准条件。重新修订的标准条件最鲜明的核心,就是以破除"五唯"的顽瘴痼疾为导向,从党中央关心、群众关切、社会关注的问题入手,从学校实际工作出发,破立结合,主要确立专业技术人才选拔的三项基本原则。一是坚持以德为先、"一票否决"的原则;坚持把品德放在专业技术人才评价的首位,全面考察专业技术人才的政治表现和职业道德,倡导以身垂范、注重科学精神、强化社会责任、坚守道德底线,对违背职业道德、学术道德、弄虚作假、伪造或剽窃成果等学术腐败行为的,实行"一票否决"。二是坚持以用为本,破除"五唯"的原则;紧密围绕学校建设"特色高水平应用研究型大学"和"申博"目标,坚持以用为本,树立重学术水平、重专业能力、重工作业绩、重突出贡献、重成果质量的评价导向,破除唯论文、唯"帽子"、唯学历、唯奖项、唯项目的评价机制,重点考察专业技术人才的代表性成果业绩。三是坚持分级评价,分类选拔的原则。结合学校特点和办学特色,根据职称评聘层级不同、职称评聘系列不同、职称评聘方式不同,按照职称层级、主辅系列和教师类型制定科学合理的分级分类评价和推荐选拔标准,坚持专业技术人才评价的科学性、专业性、精准性和客观性。

（2）坚持不唯身份重实际、不唯论文重贡献、不唯学历重能力、不唯资历重业绩。一是将高校思想政治教育工作摆在教育教学的首要位置,对思想政治教育教师

制定"三单"的人才评价选拔方式，即单设标准条件、单列指标名额、单独评审推荐。二是不将国（境）外学习经历作为职称评聘和岗位聘任的限制性条件，国内学习经历与国（境）外学习经历同等对待。三是SCI等高层次、高水平论文可作为代表性成果业绩，但不以SCI等论文唯一至上，不再将SCI等论文作为前置性、限制性条件。四是切实精简人才"帽子"，学校按照人才评选工作上级主管部门的要求组织推荐申报人才称号，不擅自增加或拓宽申报途径，优化整合各类人才申报推荐方式，不将人才称号作为职称评聘、评优评奖和人才使用的限制性条件。五是健全完善教师教育教学工作成果业绩考核评价体系，特别是对从事基础课和公共课为主要职责的教学型教师，侧重考查教育教学类的工作实际成效，淡化对论文收录数、引用率、奖项数等数量指标，引导教师立足一线、扎根讲台。

（3）健全完善引才聚才机制，促进人岗相适。一是人才需求计划的制定。学校人才需求计划的制定始终坚持标准从高、条件从严的原则，以学校基层单位的发展需求为依据，重点考虑学校学科发展和专业建设急需紧缺的人才。按照岗位性质不同、所需专业和层级不同，分别制定不同的岗位招聘条件，不简单地将学历层级、专业领域"一刀切"，不将名校、国（境）外学习经历等作为限制性条件，对符合岗位条件要求的职业院校毕业生和普通学校毕业生同等对待。二是资格审查的组织。资格审查由学校人事处和基层用人单位联合组织实施，重点审查申报考生的专业领域和研究方向，确保申报考生的所学专业在将来能够满足基层单位的发展需求。三是招聘会议缜密实施。学校在招聘会议中采取"双盲、双抽签"的方式，面试评委分为公共考官和专业考官，按照招聘岗位的专业不同轮换专业考官，所有考官均为现场抽签产生，考生试讲面试的顺序也在现场由考生抽签决定，所有抽签工作均在学校纪检人员的监督下组织实施。

3.1.1.7 组织实施

学校高度重视组织实施，强化宣贯工作，注重营造良好氛围，带动全校树立科学的选人用人理念和科学教育观、人才观，进一步加强对科学教育理念和改革政策的解读力度，合理引导师生预期，增进师生共识，及时总结、宣传、推广教育评价改革的成功经验和典型案例，扩大辐射面，提升学校影响力和美誉度。

（1）充分利用《吉林建筑大学报》等宣传平台，刊发转发《新时代高质量高等教育体系的评价导向》《全面贯彻新时代人才工作新理念新战略新举措——论学习贯彻习近平总书记中央人才工作会议重要讲话》等重要文献，帮助师生深入学习领会新形势下高等教育体系评价理念。

（2）组织制定实施《吉林建筑大学教学督导工作办法》，进一步明确指出教学督导要贯彻落实立德树人根本任务，引导教师教学改革实践。坚持"以人为本"，坚持以学生和教师为本，服务于学生发展的需要，服务于教师提高教学水平与教学质量的需要，服务于学校教学改革和促进教学管理工作的需要。组织制定《吉林建筑大学本科教育教学审核评估指标体系（讨论稿)》，推进审核评估工作与贯彻落实《总体方案》相结合。

（3）发布《吉林建筑大学关于加强研究生教学工作的通知 》，明确要求各二级学院要建立教学检查和质量评估小组，组织实施研究生课程教学的日常教学检查和质量评估工作，规范研究生教学档案归档工作。印发实施《吉林建筑大学关于成立学校研究生招生工作领导小组的通知》《吉林建筑大学研究生招生自命题工作管理办法（试行)》，加强研究生招生考试工作队伍建设，完善教师参与命题工作的激励机制。

（4）在职称评聘和岗位聘用工作中，制定出台教育教学工作评价体系，全方位全过程考察教师在教育教学工作中的水平和能力。

3.1.2　数字赋能 多元协同：培养高素质智慧建造技术技能人才

3.1.2.1　服务建筑产业转型升级，组建智慧建造专业群

随着智慧城市建设加速推进，智慧建造产业蓬勃发展，以装配式建筑、轨道交通、地下综合管廊等为代表的"新基建"进入了"智慧施工、智慧管理、智慧运维"的新时期。在建筑产业向"智慧建造"转型升级背景下，迫切需要既掌握工程传统施工工艺，又具备"三化"（工业化、信息化、智能化）新兴技术应用能力的复合型人才，传统建筑专业的人才培养已不再适应智慧建造产业发展对人才的需求，土建类专业人才培养面临着新的挑战。据《2018—2024 年中国建筑信息化行业分析与未来发展趋势报告》显示，到 2024 年中国建筑业智慧建造类从业人员将超过 500 万人。杭州科技职业技术学院顺应建筑产业工业化、信息化、智能化的发展要求，以市政工程技术专业为核心，以建筑工程技术专业、建筑设备工程技术专业、工程造价专业为主体，以物联网应用技术专业为支撑，组建了智慧建造专业群。

3.1.2.2　数字赋能、多元协同，多举措推进智慧建造专业群建设

（1）搭建智慧建造职教联盟，实现产教深度融合发展。服务传统建筑产业新旧动能转换，2021年12月，由杭州科技职业技术学院发起，杭州市城乡建设委员会以及各区县住房和城乡建设局、杭州市建筑业等协会、浙江工业大学和浙江科技学院等院校、中国联合工程有限公司、浙江省建工集团有限责任公司和杭州市市政工程集团有限公司等知名建筑企业共同参与，组建智慧建造职教联盟。联盟以资源融合、互联互通、共建共享、携手发展为原则，将在人才培养、协作交流和科研合作等方面开展工作，促进杭州市建筑产业改革和高质量发展。依托联盟，与广联达科技股份有限公司等企业共建智慧建造产业学院，建立产教、科技、管理、文化全方位融合的校企命运共同体，校企共商培养方案、共建实训基地、共培师资队伍、共享教学资源、共研创新项目，形成"四融五共"的校企深度融合发展的长效机制。联盟和产业学院成为智慧建造技术技能人才培养的新高地和企业发展赋能的新平台。

（2）引入智慧建造前沿技术，构建分层递进课程体系。围绕智慧建造产业"智慧施工、智慧管理、智慧运维"等岗位需求，整合智慧建造头部企业和校内各类教学资源，按照"专业设置与产业需求对接、课程内容与职业标准对接、教学过程与生产过程对接"三个对接的原则，引入"智慧建造"多元技术课程，构建"底层共享＋中层分立＋高层互选"的专业群课程体系（图3-1）。围绕数字技术赋能建造产业升级的目标，从课程内容和课程体系两个维度融入新一代信息技术，以适应产业数字化需求。一是改造传统课程，融入智慧建造"三化"新技术，推进传统施工类课程智慧化改造升级，保证了教学内容与工作内容更加契合；二是增加新课程，针对BIM技术员、管廊智慧运维员等新岗位，新增《智慧建造概论》《建筑物联网应用》等课程，促进了人才培养与岗位需求更加匹配。

（3）建设产教融合实践基地，提高学生创新实践能力。携手行业领军企业共建高水平专业化产教融合实训基地（图3-2）。在国内率先建成了智慧建造产教融合实践基地，获得教育部生产性实训基地认定。其中，与广联达科技股份有限公司共建智慧建造实训基地，设有智慧建造实训中心、智慧工地实训中心、数字城市实训中心、VR体验中心、数字测绘实训中心、创新创业工作室等；与之江管廊研究院共建地下工程智能化实训基地，按1：1真实管廊建设，除了展示管廊的构造之外，还布置

了教学区、实训区及监控中心等；与耀华建设管理有限公司共建数字建筑学院，在京杭大运河畔成立了数字建筑产教融合创新基地，提高学生创新实践能力。为满足企业对新时代智慧建造技术技能人才的需求，组建了"萧宏智慧施工精英班""耀华全过程咨询多岗轮训班""中天智汇运维班"等新型学徒制班，完善"政行校企"多元协同育人的现代学徒制人才培养模式，提升智慧建造复合型技术技能人才培养效果。

高层互选	BIM 技术应用模块、地下综合管廊模块、装配式建造模块、成本控制模块、智慧运维模块					职业拓展课
中层分立	海绵城市建设、隧道工程施工、装配式桥梁施工、地下综合管廊施工	智慧建造技术、装配式构件施工、BIM5D 综合管理、装配式构件智能化	电气施工技术、智能监控技术、BIM 专业应用、空调与制冷技术	工程造价控制、大数据成本分析、BIM 造价技术应用、BIM5D 项目协同管理	综合布线技术、单片机应用技术、安防系统施工传感器技术应用	专业方向课
底层共享	智慧建造概论、CAD 技术、BIM 技术、数字测绘技术、建设法规 工程材料（新型材料）、建筑物联网应用、智慧工地组织管理……					专业群平台课
	思想与法律基础、毛泽东思想概论、习近平新时代特色社会主义思想、大学生心理健康、职业生涯规划与就业指导、创新创业指导、信息技术应用基础、劳动教育、鲁班文化……					公共基础课
	市政工程技术	建筑工程技术	建筑设备工程技术	工程造价	物联网技术	
智慧建造专业群						

图 3-1 "底层共享＋中层分立＋高层互选"专业群课程体系

地下工程智能化实训中心　　管廊监控实训中心　　智慧工地实训中心

数字测绘中心　　智慧建造实训中心　　VR 体验中心

图 3-2 智慧建造产教融合实践基地

（4）挖掘专业课程思政元素，全面开展课程思政育人。整合思政教师、专业教师、党政管理人员、学生辅导员、班主任、企业党建人员、技术专家、劳动模范等校内外专兼教师，组建多专业、多职业、多岗位背景互相支撑、良性互动的"大思政"专业群课程思政教学团队，通过校内外教师之间的"同心同行、协同育人"来保障专业群课程之间的"同向同行、协同效应"。团队专业教师在党总支的专业群课程思政顶层设计指导下，与思政教师合作开发专业课教学中的思政元素，进行专业课程思政系统化教学设计，在第一课堂和第二课堂上灵活实施；利用智慧建造产业学院这个平台，聘请符合条件的建筑行业专家学者、地方行业部门领导、知名建筑企业家、行业技能工匠、劳动模范担任专业群思政教育特聘教师，将企业党建、企业文化、技术文化、先进事迹、行业发展趋势等思政元素融入学徒课程；发挥团队功能，加强教师培训，引导教师树立"大思政"教育理念，将浙江精神、企业文化和校园行知文化有机融入专业群课程思政建设体系之中，着力加强职业道德教育，培育劳模精神、劳动精神、工匠精神。

3.1.2.3　凝聚匠心，智慧建造专业群建设成效显著

（1）专业群人才培养质量显著提升。通过近几年的专业群建设，极大地提高了智慧建造专业群教育教学质量，学生综合素质和专业技能明显提高，每年培养智慧建造类毕业生600余名，就业率98%以上，近三年人才培养质量全省排名第六，毕业生受到用人单位广泛好评。学生参加各类技能大赛获国家级奖项20余项、省级152项，其中在浙江省第二十届大学生结构设计竞赛中获得专科组一等奖2项。专业群学生的技术应用能力和创新能力居省内同类专业前列，被《中国教育报》等媒体多次宣传报道；学生科技活动成效显著，成果数量年均增幅20%以上，多项科技作品入选浙江省大学生"挑战杯"大学生课外学术科技作品竞赛优秀作品；《一种新型的大规格内墙砖粘贴构造》等多个项目入选浙江省大学生科技创新活动计划（新苗人才计划）；《冷热多功能系统——四机一体化》多个作品先后在杭州市大学生科技创新大赛、浙江省职业生涯规划与创新创业大赛、浙江省"互联网+"大学生创新创业大赛以及国际发明竞赛中获奖。每年培养毕业生600余名，近1/4学生从事BIM技术员、管廊智慧运维员等新岗位工作，深受用人单位好评。

（2）专业群建设示范引领作用凸显。2020年智慧建造专业群被批准立项为浙江省高水平专业群，建有国家高等职业教育创新发展行动计划骨干专业1个，浙江省

高职院校优势专业 1 个、浙江省高职院校特色专业 1 个，智慧建造技术专业入围了杭州市新型专业；主持建设的市政工程技术专业国家教学资源库，注册用户达 3 万人，课程资源向全国 30 余所高职院校输出，并顺利通过教育部验收；与国家开放大学合作开发新形态教材 20 余部，发行量达 60 万册；《市政道路工程施工》获评全国技工教育规划教材，主持或参编《全国高职高专市政工程技术专业实训条件建设标准》等国家标准 6 项；4 门省级精品在线开放课程通过认定，2 门省级课程思政示范课程和 1 个省级课程思政示范性基层教学组织获得立项；建成中央财政支持实训基地、国家级生产性实训基地等共 4 个，智慧建造产教融合实践基地被认定为省级职业院校产教融合实践基地和中小学劳动实践基地。与浙江大合检测有限公司、绿城物业服务集团有限公司合作申报了 2 项教育部第二期供需对接就业育人项目，校企双方开启现代学徒制订单培养合作模式。

（3）专业群社会服务效益效果良好。依托学校创业园省级科技孵化器，发挥"土木工程新技术研究所""智慧建造创新中心"等机构的创新优势，聚焦智慧建造产业高端，校企共同组建科研技术团队，服务装配式建筑、轨道交通、地下综合管廊、未来社区等领域，主持中国市政工程协会团体标准《城市综合管廊运行维护质量评价标准》1 项，与企业研发的横向课题累计达 200 余项，到款金额达 500 万元 / 年。受杭州市城乡建设委员会委托，完成《2021 年度杭州市建筑业发展报告》编制工作，为杭州市建筑业可持续发展提供政策建议，发展报告编制工作获杭州市城乡建设委员会充分肯定。与浙江省建工集团有限责任公司等企业组建浙江省建筑业现代化杭州产业学院共同开展系列培训服务，累计培训智慧建造技术技能人才 5.6 万人次。新技术在项目中成功应用，创新了智慧建造技术，反哺了教学过程，产生了良好的效果。

（4）专业群东西协作助力人才培养。2019 年 3 月，杭州科技职业技术学院与毕节职业技术学院、耀华建设管理有限公司签订战略合作协议，探索"1.5+1.5"校校企跨区域协同育人新模式。东西协作累计培养了 124 名高素质技术技能人才，惠及众多家庭，有效助力两省、两校发展，为推进"领航计划"深化"温暖工程"做出了贡献。相关经验做法被中华职业教育社、杭州日报、贵州日报等主流媒体聚焦并广泛报道。

（5）专业群课程思政建设亮点纷呈。专业群课程思政教学团队须坚持"盐融入菜汤，凸显思政味"的理念，立足办学定位、专业特点、课程特质和人才培养要求，因课而异、因事而新，探索科学放"盐"、艺术放"盐"，根植办学特色，构筑铸魂育人的同心圆、"砼"心同向，解决专业群课程思政建设要育什么德、怎么教、怎么建、怎么用等主要问题。以智慧建造专业人才培养为特色，以省级高校课程思政示范基层教学组织项目建设为抓手，持续推进 2 门省级高校课程思政示范课程、2 门校级课程思政示范课程建设，新立项省级课程思政研究项目 1 项。通过课程思政项目建设，不断完善课程思政育人体系，实现专业课程思政全覆盖，形成课程思政案例 66 个；其中 1 项案例在《杭州日报》等媒体上宣传报道。

（6）专业群国际交流合作持续发力。多措并举，提升专业群的国际影响力。一是开展对马来西亚中央公馆项目部技术人员境外培训。周晓龙教授做"高层建筑施工现场管理"的专题讲座，并由姚欣宇博士做现场同步翻译，线上培训 36 人。二是主持建设坦桑尼亚建筑工程师职业标准 1 项，将面向"一带一路"沿线国家，打造土建类专业国际化人才培养基地，实现人才培养本土化，提高专业群国际化水平和"一带一路"服务能力，促进专业国际化交流与合作办学水平的整体提升。专业群通过合作办学、标准输出，不断扩大学院的办学影响力。

3.1.2.4 协同创新，助力我国建设职业教育共同发展

（1）创新育人机制。依托智慧建造职教联盟，学校与浙江工业大学建筑工程学院等本科同类院校分层协同培养智慧建造复合型技术技能人才；普通高等院校、高职院校与智慧建造企业协同共研新技术新规范新标准，营造智慧建造创新实践环境和企业真实创新环境，创新了"四融五共、多元协同"的育人机制。

（2）创新课程体系。数字赋能，引入"智慧建造"多元技术，构建了以物联网技术、大数据技术、数字孪生技术等信息技术与建造技术"跨界融合"为支撑的基础能力、专业能力、综合能力、创新能力"四阶递进"的课程体系，形成了"底层共享 + 中层分立 + 高层互选"分层递进培养的智慧建造专业群课程体系；思政引领，构建了课程知识、能力与课程思政双线并行的课程思政教学模式，培养了德技双馨人才。

（3）创新教学模式。创新"双团队开发 + 双项目驱动 + 双导师指导"的"咨询 - 研讨 - 汇报 - 反思"循环递进教学模式。专业教师和企业导师全过程指导，实现了智慧建造专业群高职学生智慧施工、智慧检测、智慧管理、智慧运维等专业能力和

自主学习能力、团队协作能力、表达能力、沟通能力、解决实际问题能力等职业能力的融合培养，为学生的可持续发展奠定基础，促进了学生就业竞争力的提高，同步提升了教师的教学能力和专业实践能力。

3.1.2.5 推广应用

杭州科技职业技术学院智慧建造专业群的建设经验在全国住房和城乡建设职业教育教学指导委员会专指委会议、职教联盟会议等场合交流 20 余次；在举办全国职业教育教师企业实践基地师资、产业工人高技能人才综合素质提升等培训班期间，推介了该成果，深受好评；智慧建造专业群人才培养方案被金华职业技术学院等 18 家兄弟院校借鉴，辐射广泛。《浙江教育报》等媒体多次报道专业群"可借鉴、可复制、可推广"的人才培养改革范式。本案例可在高职院校同类专业中推广应用，同时可供应用本科和职业大学同类专业人才培养参考与借鉴。值得注意的是，在推广应用中的适用范围、应用场景还需根据学校的自身条件，因地制宜开展。

（撰稿：杭州科技职业技术学院 金波）

3.1.3 提升创新团队师资水平 助力建设职业教育腾飞——黄河水院建筑工程技术专业教学团队建设案例

3.1.3.1 建筑行业发展新形势对高职教学团队新需求

建筑行业是拉动国民经济发展的重要支柱产业之一，近年来建筑业占国民生产总值的 20% 左右，对国民经济影响很大。随着我国建筑业企业生产和经营规模的不断扩大，建筑业总产值持续增长。随着建筑业转型升级发展以及建筑行业市场化、工业化、信息化、智能化、国际化的发展趋势，建筑行业企业对土建类专业高等职业院校毕业生的质量要求越来越高。

党中央、国务院高度重视高等职业教育，先后颁布了《国务院关于大力推进职业教育改革和发展的决定》《国务院关于大力发展职业教育的决定》《国务院关于加快现代职业教育的决定》《国家职业教育改革实施方案》《职业教育提质培优行动计划（2020—2023 年)》，对职业教育人才培养工作提出一系列更新更高的要求，构建科学的人才培养体系、培养"德、智、体、美、劳"全面发展的高素质技术技能型人才要求、形成"三全育人"体系等要求已成为土建类专业职业教育面临的新任务、新问题。

在当前建筑行业产业转型升级及我国高等职业教育快速发展的背景下，建设教育发展现状与新时代职业教育发展要求仍存在一些不协调，土建类专业的人才培养模式、课程体系、实训基地建设等都面临进一步调整完善。

新时代背景下建设职业教育的发展需求对师资团队建设提出了迫切要求，全面提升职业院校土建类专业教师的职业教学能力、科研与技术服务能力及创新能力，建设一支高素质"双师型"教师团队，引领职业教育教学模式改革创新，推进专业人才培养质量持续提升，助力国家职业院校实施教师、教材、教法"三教"改革，成为新时代背景下全面提高建筑行业创新型、复合型技术技能人才培养质量的迫切需求。

3.1.3.2　专业教学创新团队建设主要目标

黄河水利职业技术学院建筑工程技术专业教学团队于 2019 年 7 月被教育部遴选为首批国家级职业教育教师教学创新团队建设单位。立项以来，团队成员深入学习贯彻习近平新时代中国特色社会主义思想和党的十九大精神，全面落实全国教育大会精神和《国家职业教育改革实施方案》及教育部《全国职业院校教师教学创新团队建设方案》，坚持"四个相统一"，推动全员全过程全方位"三全育人"，践行社会主义核心价值观，以德立身、以德立学、以德立教，服务建设职业教育高质量发展，努力打造高素质"双师型"教师队伍，深化教师、教材、教法"三教"改革。根据团队建设计划、建设任务，层层落实相关工作，加强统筹协调，严格把控建设质量，确保团队整体建设绩效。经过近三年建设，形成一支专兼结合的满足建筑行业职业教育教学和培训实际需要的高水平、结构化的国家级教师教学创新团队。辐射带动高素质"双师型"教师队伍建设，为全面提高建筑行业复合创新型技术技能人才培养质量提供强有力的师资支撑，主要建设内容有：

（1）制定团队建设方案，建立管理制度，形成具有引领借鉴价值的双师型教师培养方案，全面提升团队教师教学、培训和评价能力。

（2）进一步完善校企合作工作机制，打造团队建设协助共同体，为专业持续快速发展提供保证。

（3）校企共同研究制订建筑工程技术专业人才培养方案，构建对接建筑行业职业标准的课程体系，完善模块化课程设置及课程资源，有效服务"1 + X"证书制度试点院校建设工作。

（4）开展团队教学改革课题研究，形成创新的团队协作模块化教学模式，不断提升教学质量效果，推进信息技术与教育教学融合创新。

（5）优化改进团队建设方案，推广应用团队建设成果，形成具有中国特色、世界水平的职业教育教学模式。加强技术技能人才培养的国际交流合作，不断提升我国职业教育的国际影响力和竞争力。

3.1.3.3　多措并举 建设专业教学创新团队

黄河水利职业技术学院建筑工程技术专业国家级职业教育教师教学创新团队积极探索建设模式，深化产教融合，严格过程管控，在团队课程思政建设、教师教学能力提升、创新教育教学模式、双元育人课题研究、多方协同育人及团队体制机制建设等方面取得了一系列进展。

（1）党建引领，加强课程思政建设。以党建工作为引领，结合"职业教育提质培优行动计划"重点任务，加强"双带头人"教师党支部书记工作室建设，联合发起成立全国土木类专业课程思政联盟并任副理事长单位，于 2021 年、2022 年先后立项建设《专业标准图集识读》《混凝土工程施工》《建筑识图与构造》等 3 门河南省省级课程思政示范课，团队教师中 12 人被认定为河南省思政教学名师。全面提升团队教师课程思政建设能力，进一步优化了团队建设实施方案。

（2）多类培训，提升教师教学能力。依托创新团队建设，团队教师积极参加国家教育行政学院、同济大学、天津大学、浙江建工集团等单位承办的各类高层次师资培训，准确把控职业教育改革新方向；通过参加包括全国职业院校技能大赛教师教学能力比赛在内的各类教师能力比赛，全方位提升教师教学能力。整合校内外优质人才资源，依托创新服务平台，组建了由博士、大师、名师、名匠、骨干教师组成的技术研发团队，提升团队技术研发能力。依托大禹学院、中美合作办学、留学生培养等项目，通过常态化双语培训、国际行业标准培训等形式，全面提升团队教师双语能力和国际化水平。

（3）书证融通，创新教育教学模式。对接"1+X"职业技能等级证书制度，将建筑信息模型、建筑工程识图职业技能等级证书内容有机融入《BIM 技术应用》《建筑识图与构造》《建筑结构》《专业标准图集识读》《建筑设备》等专业课程教学标准，促进职业技能等级证书与专业课程学习相互融通，实现书证融通，成功获批上述 2 个"1+X"证书考核试点。

（4）校校合作，双元育人课题研究。团队承担了教育部国家级职业教育教师教学创新团队课题"土建施工类专业'双元育人'模式创新研究与实践"，依托建筑信息模型制作与应用领域成立"校校协作共同体"，收集整理了产教融合、校企合作、人才培养改革、教育教学改革等"双元育人"方面的典型案例，研究学习相关创新经验，开展课题研究工作。

（5）校企合作，实现多方协同育人。依托河南省建设教育职教集团，构建了产教融合、校企合作、工学结合、知行合一的协同育人体系，加大"订单式"、现代学徒制等"双培型"培养模式实施力度，建成了"专业共建、人才共育、过程共管、成果共享、责任共担"的校企合作长效机制，保障了校企合作"双元育人"工作的顺利完成。

（6）探索实践，完善团队体制机制。聘请行业企业专家，成立专业建设指导委员会，建立了校企人才双向流动机制、动态可持续发展评价机制、建筑工程技术专业人才预警机制，确立了专业准入和退出标准，完善了团队管理制度和绩效管理考核办法，促进专业建设与产业发展高度吻合，实现专业良性发展。

3.1.3.4　双向互动　团队国际化能力特色突显

（1）中美合作，引入课程教学资源。建筑工程技术专业与美国西北密歇根学院开展中外合作办学，每年聘请美方外教2人次来校教学，引入国际化专业标准和3门国际化课程及相应考核评价标准，实行"4+1+1"教学模式。现已招收6届学生，累计培养毕业生300余人。团队教师先后3次赴美国交流学习，每年安排青年骨干教师为美方授课教师担任专业翻译，协助外教完成专业课程的教学任务，显著提升了团队教师的国际化专业建设与课程开发能力。

（2）赴赞执教，输出中国教学标准。黄河水利职业技术学院与中水十一局合作，在赞比亚开办了大禹学院，旨在培养本土化专业人才，创新团队先后3人次选派骨干教师赴赞比亚（大禹学院）和也门（也中科技学院）执教，探索了多种形式的中外合作办学模式，输出了中国职业教育模式及教学标准，提高了黄河水利职业技术学院的国际影响力和知名度。

（3）中非合作，完成南非留学生培养。2019年黄河水利职业技术学院接收南非留学生47人，开展建筑工程技术专业的培养。对建筑识图与构造、建筑施工技术、建筑施工组织等专业课进行了16周的系统学习；针对建筑CAD、BIM技术应用、混凝土结构工程施工等课程开展实践教学。南非留学生没有中文学习基础，诸多青年骨干教师用英语为留学生授课，担任日常管理工作的辅导员也需要用英语与留学生沟通交流，南非班留学生培养工作大大提升了团队教师的双语教学能力，目前团队中已有 10 余位教师具有全英授课的能力，同时输出了中国职业教育模式及教学标准，扩大了国际影响力。

（4）中德合作，BIM 技术国际化培训。2021 年 8 月团队全体成员参加了德国爱科特教育集团承办的"建筑信息模型（BIM）应用"培训班。通过定制国际职业师资专项培训课程，借鉴国外先进职业教育经验，有效弥补因疫情影响未实施的"工匠之师"赴德培训，使团队成员学习 BIM 技术在国际上应用现状及成功案例，拓宽了教师国际化视野，提升了教师的国际化专业水平。另外，2021 年 7 月部分团队骨干教师还参加了澳大利亚蒙纳士大学苏州校区承办的"教师国际化能力提升"研修学习班。

（5）专业认证，提升教师国际化水平。2020 年 6 月，建筑工程技术专业开展"高等职业教育领域国际专业标准评估认证"工作。对建筑工程技术专业学历学位的核心内容（如入学要求、课程设置、考核办法等）与全球最佳实践案例进行比较，完善专业核心内容，引入国际化专业标准、课程教学标准、考核评价标准，提升了教师国际化专业建设与课程开发能力。

3.1.3.5　成效显著，助力建设教育高质量发展

（1）深化专业改革，提升人才培养质量。通过打造国家级专业教师教学创新团队，全面开展专业人才培养方案、核心课程体系及教学标准建设，形成模块化课程教学范式，推进项目化课程建设，改革教学方法。进行课程思政示范课、精品在线课、国际化课程等课程建设，出版了一批特色教材，校企融合共建共享研创中心，积极开展教科研工作等，通过多维度、全方位、深层次的建设，办学水平、服务能力、国际影响力得到有效提升，专业建设总体目标实现程度符合建设方案要求，建设效果良好。校企合作共同研究制订建筑工程技术专业人才培养方案，基于工作过程重构课程体系，促进职业技能等级证书与学历证书相融通，开发专业教学资源，满足信息技术与教育教学融合创新需求。毕业生近几年就业率逐年提高，年均就业率在 98% 左右，近三年中建二局、中建三局、中建五局、中核华兴、中核二四、中水一局、中水八局、中铁十二局、中铁十五局等知名行业企业来招聘本专业毕业生，建筑工

程技术专业毕业生受到了用人单位的一致好评，也导致近两年毕业生出现供不应求的现状。

（2）教师能力提升，教学改革成果丰硕。通过创新团队建设，形成了一支以大师为引领、专业带头人为主导、骨干教师为主体、专兼结合、德才兼备、结构优化、富有创新精神和国际视野的国内一流的"双师型"教学团队。团队教师队伍的素质结构、知识结构和能力结构不断优化，教师专业建设、课程开发与教育教学水平、工程实践能力、科研水平和技术服务能力全面提高。教学团队负责人王付全 2021 年被评为河南省中原英才计划"中原教学名师"，团队成员曹磊等 5 名教师 2021 年被评为"河南省骨干教师"荣誉称号。团队骨干教师中 7 人分别于 2019 年、2020 年连续两年荣获全国职业院校技能大赛教师教学能力比赛"国家一等奖"。2020 年团队教师荣获"第九届龙图杯全国 BIM 大赛"综合组二等奖，获批河南省重点研发与推广专项（科技攻关）项目 1 项，河南省高等学校重点科研项目 2 项，授权发明专利 4 项，完成河南省"1+X"BIM 技术师资培训班 2 期。

（3）借鉴先进理念，完成课程体系重构。基于建筑工程职业工作过程重构课程体系，按照职业核心能力、专业基本技能、专业核心技能及职业拓展四个模块进行课程设置。将建筑信息技术和装配式建筑技术等新技术、新工艺，以及国家和行业新规范纳入课程体系，将相关行业标准及职业技能等级标准相关内容融入专业课程标准，促进职业技能等级证书与学历证书相互融通。

（4）创新发展引领，科技服务能力增强。将专业教育和创新创业教育相融合，推进创意、创新、创业"三创融合"的高层次创新创业教育，对接建筑行业信息化、工业化发展方向，逐步建成集人才培养、团队建设、技术服务于一体的技术创新平台。现已建成开封市建筑信息（BIM）工程技术研究中心、黄河水利职业技术学院建筑信息（BIM）大师工作室、猛犸建筑信息（BIM）创客空间，并成功孵化科技型公司 1 个，完成"开封延庆观玉皇阁古建保护项目"等 BIM 咨询工程 5 项。

3.1.4 "1+X"证书制度背景下的课证融通路径探索——以建筑信息模型（BIM）证书为例

3.1.4.1 背景与问题

2019 年 1 月，国务院颁布了《国家职业教育改革实施方案》，要求在职业院校、应用型本科高校启动"1+X"证书制度试点工作。建筑信息模型 BIM 证书作为国家首批"1+X"试点证书之一,试点工作对课程教学改革带来了巨大的推动力。如何将建筑信息模型 BIM 技能人才培养与"1+X"证书制度有效融合,落实课证融通,成为亟需解决的问题。

3.1.4.2 主要举措

上海市建筑工程学校作为全国首批"1+X"证书试点院校之一,在试点"1+X"建筑信息模型(BIM)证书过程中,不断探索课程与 X 证书互融互通,丰富"课证融合"课程体系内涵,逐渐探索出一条有效路径。

(1)构建工作机制,落实学分制度。学校积极落实"1+X"证书制度相关规文件精神,细化实施方案和推进制度,营造有序的制度环境,构建了良好的试点工作机制,确保"1+X"证书试点工作有序有效开展。同时,建立了完整的学分制度体系,设置课程学分与 X 证书学分互换规则,在完成课程学习考核或证书考核通过后统一申报认定,肯定学生获得 X 证书的价值,实现学习成果的积累。

(2)落实课证融通,推动三教改革。一是建设"双师型"教师队伍。学校以师德为先,提高专业师资团队的教学能力、技术应用能力、实践能力和培训能力,培养一支准确把握"1+X"证书制度先进理念和内涵、深入研究职业技能等级标准、适应新技术新技能培训需求、能够进行专业教学整体设计、具备扎实教学功底的高水平"双师型"教师队伍。建立职业培训评价组织、行业企业联合培养培训机制,鼓励教师参加社会实践,增加企业兼职教师比例,提高教学目标与岗位标准的贴合度。二是重构课程教学内容。设计融入建筑信息模型(BIM)职业技能等级标准的课程标准,围绕建筑信息模型 BIM 人才岗位核心能力,遵循"符合 X 证书能力要求,符合职业能力递进规律"原则,将教学内容序化为"理论知识、软件基础、建模基础、综合训练"四个教学模块,探索课程教学内容与 BIM 证书考核内容互融互通,全面推动课证融合发展(图 3-3)。校企合作开发建设了活页式教材、在线开放课程、微课资源库等教学资源,紧跟行业发展,及时更新教学内容。三是优化课程教学策略。在课程教学过程中,将职业素养与技能培养融为一体,采用"线上 + 线下"混合式教学模式,通过"课前导学 - 课中研学 - 课后拓学"三阶段,充分利用智慧学习平台,从课程资源的建设和使用、教学活动的组织、线上线下课堂教学的协调等方面入手,将线上课堂与线下课堂教学深度融合,实现线上自主学习、线下指导讨论等开放式教学模式，引导学生主动学习，激发学生的创新思维与意识（图 3-4）。四是制定多维评价方案。课程评价分课前、课中、课后三个阶段，职业素养和职业技能两条线评价，注重过程化多维度评价。职业素养评价围绕 BIM 建模员岗位职业道德，通过"理论题库＋课堂分享＋学习状态"的综合考核形式，开展职业素养的综合评价。职业技能评价引入 X 证书评价标准，围绕四个教学模块进行结果性考核，最终以证书考核成绩验证课程对应模块的教学效果，证书成绩合格，对应教学模块可免考，实现教学评价的互融互通。

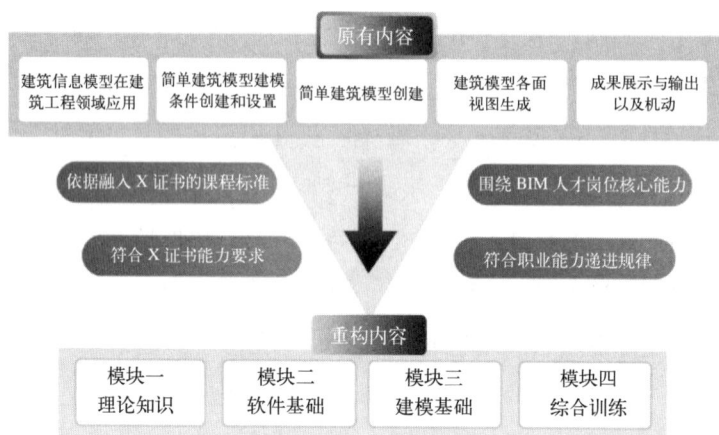

图 3-3 "课证融通"教学内容重构图

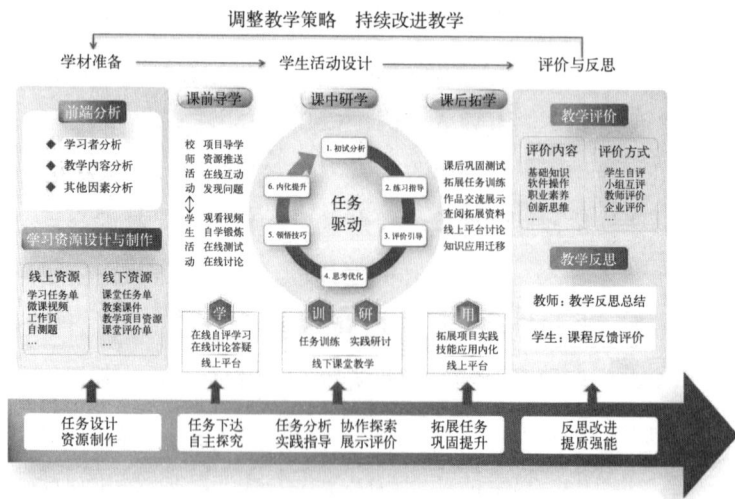

图 3-4 "课证融通"教学实施过程图

3.1.4.3 实施成效

（1）逐步打通课证融通新路径。通过拆解建筑信息模型（BIM）证书职业技能等级标准的知识点、技能点和素养点，与对应课程的知识点、技能点和素养点进行精确匹配、重组，形成课程教学内容模块化重组。允许针对 X 证书体现的学习成果进行学分置换、以证代课，建立免修制度，实现了职业技能等级标准与课程体系的全链条融通。积极推进混合式教学模式改革，探索新场景下的 X 证书专门课程和学习资源，满足不同人群在不同阶段对 X 证书的培训考证需求，充分实现课证相融相通。

（2）有效提升学生岗位适应性。学校自开始"1+X"建筑信息模型（BIM）证书试点工作以来，累计 524 名学生取得建筑信息模型 BIM（初级）证书，186 名学生取得建筑信息模型 BIM（中级）证书，持证学生的技能水平、岗位适应性和就业优势已初步显现，持证毕业生在实习与就业中得到企业的一致认可和好评。

（3）显著提高教师职业能力素养。学校聚焦"1+X"证书制度，多批次组织教师参加建筑信息模型（BIM）证书师资培训，已有 18 名教师获得师资证书，其中 4 名教师获得高级师资证书，专业教师"课证融通"课程开发能力和技能水平明显提高。同时引进多名行业优秀兼职教师，打造了一只专兼结合、双向流动的高素质"双师"型教学团队。

3.1.4.4 特色创新

（1）以证促改，形成多维融合持续发展育人模式。鉴于"1+X"证书制度对人才培养提出的新要求，研究课程体系重构，实现课程开发由单一主体向多元主体转变，课程结构由课证并行向课证融通转变，课程内容由碎片化、平面化向连贯化、层次化转变，课程实施由基于教向基于学转变等策略与实践，探索形成适合中职人才培养的多维融合持续发展育人模式。

（2）以证促融，提升产教融合校企双元育人成效。以落实"1+X"证书制度作为产教融合、校企合作的新着力点，把职业素养与企业标准融入课堂，证书考核技能点融入课程教学能力点，证书考核环境融入学习环境，校企合作优化课程教学内容、重塑课堂教学模式、构建高素质师资团队，探索构建融合式校企合作双元育人模式改革，促进校企合作更深化、更长效、有创新。

3.1.5 围绕"一个中心三个方面"，打造新时代具有鲜明特色的建筑类职业院校

随着时代的发展和职业教育的改革，一大批民办职业院校和地方公办职业院校如雨后春笋般加入职业教育发展的大军中，今天的中等职业教育已面临严峻的挑战，要扩大办学规模，壮大学校发展，不被时代所淘汰，就要以更高的要求加强内涵建设，夯实基础能力，打造专业品牌，突出显著成绩。江西省建筑工业学校以培养高素质高技能型人才为中心，以职业技能竞赛、职业技能培训、校企合作发展为根本，打造新时代具有鲜明特色的建筑类职业院校。

3.1.5.1 学校基本情况

江西省建筑工业学校（江西省建筑工程高级技工学校）是 1978 年经江西省人民政府批准成立，隶属于江西省国有资产监督管理委员会的一所以培养中、高级技能型人才为目标的公办中等职业学校。学校坐落于英雄城江西省南昌市南昌县，交通便利，环境优美。学校先后被评为国家级重点高级技工学校、江西省重点中等职业学校，是教育部门、人社部门、住房城乡建设部门指定的承担建筑行业技能人才培养的职业院校，历年来承担世界技能大赛砌筑项目、瓷砖贴面项目江西省竞赛集训基地、江西省职业院校技能大赛土木水利类竞赛基地、江西省再就业培训基地、江西省退役士兵职业教育培训基地等。

学校建有现代化教学楼、学生公寓、国家级实训基地等，配有功能齐全、设备先进的钢筋实训室、工程测量实训室、建筑 CAD 实训室、数控车床实训室、楼宇智能实训室等 20 余个实训场地。学校现有在校生 3000 余人，教师 130 余人，具有中、高级职称教师 60 余人，双师型教师 40 余人。

学校以建筑类、机械类、电工电子类、财经商贸类、信息类六个专业大类为办学方向，开设有十余个招生专业，其中建筑工程技术专业、建筑工程造价专业、建筑装饰技术专业入选江西省教育厅中职 30 个特色专业群，建筑施工专业被评为江西省省级示范专业，并首批获批省级教育教学创新团队。《BIM 技术》《CAD 入门与实例》《网页设计与制作》等多门课程参与省级线上精品课程培育。

学校始终坚持以服务为宗旨，以就业为导向的教育教学思路，深入推进管理体制、保障机制改革，创新引进 ISO 9000 管理理念，加快构建现代职业教育体系，培

养更多高素质技术技能人才、能工巧匠、大国工匠。

3.1.5.2 以技能竞赛为抓手，扩大学校影响力

近年来，国家大力开展各类职业技能竞赛活动，以赛促教、以赛促学、以赛促训，通过技能比拼彰显学校办学实力和办学成绩。江西省建筑工业学校作为江西省一所专业实力雄厚、社会知名度高并具有鲜明特色的建筑类中等职业学校，曾多次代表江西征战全国赛场，并取得了好成绩。学校连续多年参加江西省职业院校技能竞赛荣获建筑 CAD、建筑装饰、工程测量、建筑设备安装与调控等项目一等奖 80 余项；代表江西省参加全国职业院校技能大赛荣获全国二等奖、三等奖 70 余项；参加世界技能大赛全国选拔赛瓷砖贴面项目两次入围国家集训队；多次参加全省教师能力大赛、班主任基本功大赛获得二、三等奖。获评全国优秀教师、全国技术能手、全省优秀教师、江西省技术能手、江西省青年岗位能手等荣誉称号 10 余人。学校连续多年承办江西省、市、县各类技能比赛活动，已经在江西本土形成了较有影响力的建筑类专业品牌，得到社会各界一致认可。在竞赛人才培养方面，学校建立了完善的人才培养方案、竞赛选手梯队选拔制度、指导老师选聘制度等一系列竞赛工作制度并落到实处，为培养优秀的技能竞赛选手和老师奠定了扎实的基础。

3.1.5.3 以职业技能培训为手段，增强学校竞争力

学校建设有江西省职业技能鉴定站，鉴定工种涵盖各大专业近 20 个工种，为学校学生和企业职工开展职业技能培训鉴定工作，年培训鉴定人次近千余人。学校是住建部门八大员考证试点单位、建筑工程识图"1+X"证书试点单位，学校定期组织开展考证培训工作，为学生职业能力提升提供帮助。近年来，学校毕业生"双证率"达到 90%，学生持证上岗，得到企业一致好评。同时学校开展就业创业培训工作，成立就业创业指导中心，是南昌市就业创业服务中心第一批试点单位，每年开展的就业创业培训服务近千余人次。

3.1.5.4 以校企合作发展为平台，保障学生就业率

学校以实现人才培养与社会需求之间同频共振。促进教育链、人才链、产业链、创新链有机衔接，以校内外实训基地为点，以多学科、多层次的职业技能教学为线，形成"双循环"产教融合人才培养之网，实行校企合作、共同培养战略。学校积极贯彻落实南昌"人才 10 条"等留赣就业政策，大力加强与省内各地市和在赣企业合作与交流，为服务地方经济发展做贡献。经统计，近年来，学校毕业生就业率达

到 96%，留赣率达到 86%。学校先后与江西省建工集团有限责任公司、江西省第一建筑有限责任公司、日立电梯江西公司、捷和电机江西公司等省内多家知名企业开展了校企合作，其中开设了日立电梯班、捷和数控班、华为优选班等多个校企合作订单班，建立校企共管的实习管理模式，学生企业稳定率在 95% 以上，历年毕业生得到企业的广泛好评。

（撰稿：江西省建筑工程高级技工学校副校长 陈后畏）

3.2　继续教育与职业培训案例分析

3.2.1　快速发展的中建网络学院

3.2.1.1　背景介绍

根据《中国建筑集团有限公司关于贯彻〈2018—2022 年全国干部教育培训规划〉的意见》要求，为适应现代信息技术发展需要和企业各类人才学习特点，推动教育培训与互联网深度融合，中建集团人力资源部和中建党校（中建管理学院）于 2019 年 1 月启动了集"APP 端 +PC 端 + 微信端"于一体的"中建网络学院"在线学习平台建设，并于 2019 年 7 月上线试运行，2020 年 3 月正式投入使用。中建网络学院采用外部采购精品课程和自身开展特色课程建设相结合的方式，在线教育平台的课程资源和功能日益丰富多元，为落实集团年度培训计划、满足员工培训需求、适应疫情防控形势提供了有效、便捷的学习方式。

3.2.1.2　平台建设

平台在整体设计上突出"一平台、二场域、三格局、四能力"，即中建网络学院是中国建筑集团层面的网络学习平台，统筹建设总院和分院两个场域，突出大党建、大培训、大平台三大格局，致力于开展政治力、领导力、专业力、职业力全方位的网络培训，从而实现教育培训全员覆盖。

中建网络学院平台现有 6000 多门网络课程，设置学习专区 10 多个，以专业序列为主，涵盖行政办公、人力资源、财务资金、法务管理、商务管理、党群文化、纪监审计、项目管理、技术管理、生产管理、安全管理、科技研发、设计勘察、建筑材料与设备等领域。如图 3-5 所示。

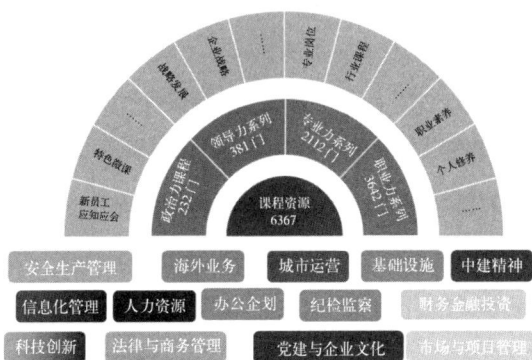

图 3-5　中建网络学院平台课程资源

为满足组织智慧学习更多需求，中建网络学院平台具有课程学习、专题学习、班级组建、考试、直播、知识分享、微课大赛、调研评估、学习账单等功能（图 3-6、图 3-7），可满足多元化学习，随时随地想学就学；可进行混合式培训，全面考核管理实施强化培训效果；可建立线上专题班，自定义考评规则，自动化评估结业；还可建立互动直播，进行直播授课、远程会议经验分享、互动答疑等；支持大数据分析，用大数据支持组织培训。

图 3-6　中建网络学院平台功能（一）

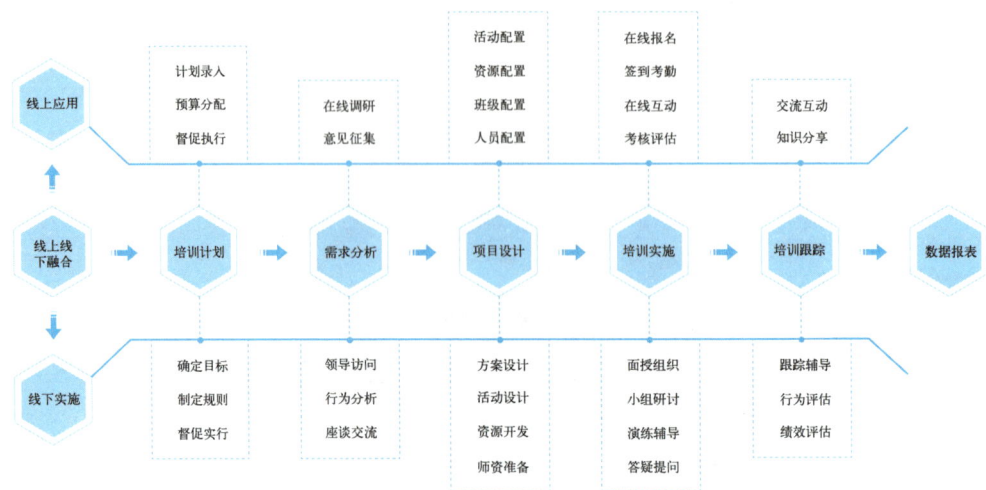

图 3-7　中建网络学院平台功能（二）

截至 2022 年 9 月，共建设包括中建科工网络学院、尚真 e 学堂、中建港航局网络学院、中建资本控股网络学院、中建科技 e 学堂和科技创新"蓉"课堂在内的 7 个二级网络学院及 6 个下属业务分院。

（1）中建科工网络学院。运用平台机构首页 + 业务分院的功能亮点，建立"科工商学院""科工党建综合系统分院""科工市场系统分院""科工科技系统分院""科工财经系统分院"及"科工生产系统分院"，旨在提升各层级、各业态岗位人员的专业实力。推行"轮训制""应试制"，强化执行力。加强学习调研，做到"走出去、拿回来"，持续提升公司各岗位管理人员的认知水平和管理能力。

（2）中建西勘院尚真 e 学堂。"尚真 e 学堂"为中建西勘院设置的网络分院，在内容体系的打造方面沿用总院的"四力"体系，同时增加"职业力"也方便公司承接专业内继续教育培训工作，主要运营项目为：注册土木工程师（岩土）继续教育专题班。

3.2.1.3　实施成效

（1）数据成果。平台 2019 ~ 2022 年登录数据：自 2019 年中建网络学院平台上线 3 年来，平台的登录总人数达 14 万多，平台的登录总人次达 42 万多，三年中登录数据一直保持增长趋势。截至 2022 年 7 月，登录人数为 11 万 9123 人，登录人次 42 万 1190 人次；学习平台终端访问数据：平台累计访问人次 1626 万多，其中 APP

访问人次 756 万多，H5 访问人次 135 万多，PC 访问人次 735 万多，由此可见学员更倾向于使用 APP 进行学习培训，其次是 PC 端；平台学习总数据：平台总学习人数 11 万多，学习人次达 1970 万多，总学习时长 564 万多小时，人均学习时长 50 小时；班级数据：平台共举办培训班 401 场，累计参训人数为 38 万多，累计培训总人日为 8877 万多，累计发放证书为 7 万多人；考试数据：共建立试题 6175 道，闯关 & 练习考试 85 场，正式考试场次 1212 场，累计参加考试人数为 70943 人，累计参加考试人次 111964 人次。其中中建网络学院最大规模考试项目为"中国建筑 2022 年项目主要管理人员管理能力提升示范培训班"考试，共计开设 2 期 165 场，累计参考人数 66278，平均通过率为 90.5%。

（2）精品项目。包括中国建筑全体党员党史学习教育网络专题班、中建集团全体党员学习领会习近平总书记重要论述专栏、加快落实国企改革三年行动网上专题班、中国建筑人力资源系统人员网络专题培训班、中国建筑合规管理人员能力提升网络专题班、中国建筑董事会运作实务网络专题培训暨子企业董事及董事会秘书培训班、中国建筑"书香中建"大讲堂与"筑贤"讲师大讲堂等。

3.2.1.4　工作展望

下一步，中建管理学院将以资源为基础，以运营为驱动协同发展，从平台拓展、系统完善、资源丰富等方面打造多方位、多层次的案例模板，进一步推进平台深度应用。

（1）深化学习项目、加强与战略和业务的连接。结合中建集团发展战略以及相关业务的开展情况，深化学习项目，针对关键岗位、关键人群，引入或者联合定制学习项目，赋能业务，赋能人才，助推集团战略落地。

（2）加强各业务板块深度融合，构建数字化运营生态。加强培训开发团队、运营支持团队、课程师资团队和分院建设团队的深度融合，加强管理员队伍、内训师团队、专家团队和专业化运营团队的选拔、赋能、认证，建立并培养一批具备丰富数字化运营经验的分院管理员队伍，共同实现教育模式、学习产品、组织运营、教育资产的数字化。如图 3-8 所示。

（3）开发社群运营，实现用户定制化服务。中建网络学院将为学员提供实现价值交换平台，完成价值创造，努力促进改变旧的培训模式，从传统的正三角组织结构逐渐转变为"倒三角"组织，推动培训方式从"要我学"向"我要学"转变。如图 3-9 所示。

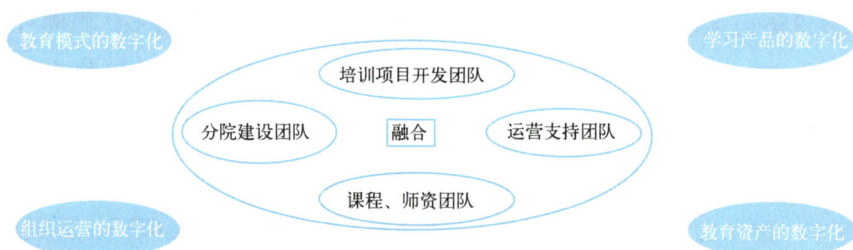

图 3-8　中建网络学院数字化运营生态

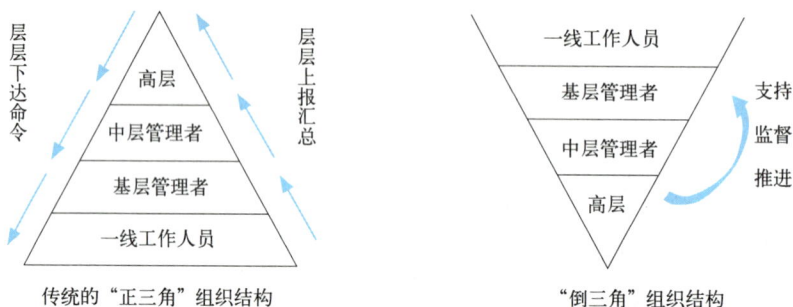

图 3-9　推动培训方式从"要我学"向"我要学"转变

展望未来，中建网络学院将以业务支持、人才培养、变革驱动、生态赋能等目标作为企业教育培训数字化转型的切入点，聚焦各类人才的培养与发展，全面提升综合管理能力、专业技术水平和职业素养，努力建设成为中建集团教育培训数字化转型升级的重要阵地。

（撰稿：中建管理学院　张洋）

3.2.2　对接办学企业产业链、依托世赛基地优势群，打造产教融合教学资源建设新模式——装配式建筑"二六六"教学资源建设案例

3.2.2.1　装配式建筑教学资源建设滞后制约着专业的发展

建筑业是我国经济发展的支柱性的产业，是实现社会主义现代化及全面建成小康社会的重要保障，在国家发展中占据着重要的地位。而随着"双碳"目标的倡导，建筑行业推进产业结构调整和重大变更。绿色、环保、低碳的装配式建筑是建筑行业的转型升级的必经之路，是建筑的品质和内涵提升的有力支撑。《建筑产业现代

化发展纲要》提出,到2025年,装配式建筑占新建筑的比例50%以上。2022年2月,国家发展改革委正式批复《长株潭都市圈发展规划》。"加快长株潭都市圈建设,打造全国重要增长极",至此,湖南省政府提出要大力发展新基建,提高装配式建筑比例,助力长株潭都市圈建设。装配式建筑技术技能人员需求缺口巨大,因此职业院校培育装配式技能人才是人才供给侧改革形势下的必然趋势,形成建筑行业新生代专业技术人才培育及课程改革模式已经迫在眉睫。但是现阶段制约装配式建筑专业发展的主要因素有:专业课程结构体系不完善,专业教学内容过于陈旧,师资队伍建设过于单一等,但最大的制约因素是教学资源建设的滞后,同时教学仪器设备陈旧落后、实训工位不足、校内装配式实训场地建设方式单一、实训教学内容不能基于真实工作任务、项目及工作流程、过程等,导致装配式建筑施工专业培养毕业生,在施工及生产一线工作的技术技能人才的目标产生较大的偏离。

3.2.2.2 "二六六"(二阶段、六环节、六区域)教学资源建设模式的构建

在装配式建筑教学资源构建过程中存在着实际的问题和困难:一是装配式建筑教学资源建设需要空间大、设备多、投资高,仅凭学校一己之力很难支撑;二是由于装配式施工工艺、规范标准均处于不断优化与迭代时期,建筑龙头企业都处在不断探索期,发展具有不确定性,所以职业院校也面临着装配式建筑人才培养的困惑,不具备体系化的装配式人才培养模式,更加没有一体化教学资源建设可借鉴;三是在产教融合的具体实践过程中,还缺乏能够落地配套的政策支持;四是建筑施工技术专业的特殊性,加上施工现场环境复杂多变、安全隐患较多、风险较大等特点,不利于组织学生现场教学和体验。五是囿于校内实训条件的限制,很难切实地反映施工现场的生产工艺和施工过程。

基于装配式建筑人才培养现状,以《职业教育提质培优行动计划》《推进技工院校工学一体化技能人才培养模式实施方案》为指引,借助学校企业办学优势,依托学校世界技能大赛集训基地平台及企业装配式建筑生产基地,构建装配式建筑专业"二六六"(二阶段、六环节、六区域)的专业教学资源建设新模式,有效提高教学质量,进一步解决学校装配式建筑施工专业学生岗位实践能力一般、创新能力不强问题,为长株潭都市圈新基建提供技术人才,同时开发系列教学标准可为同类院校人才培养提供借鉴。具体的教学资源建设模式如图3-10所示。

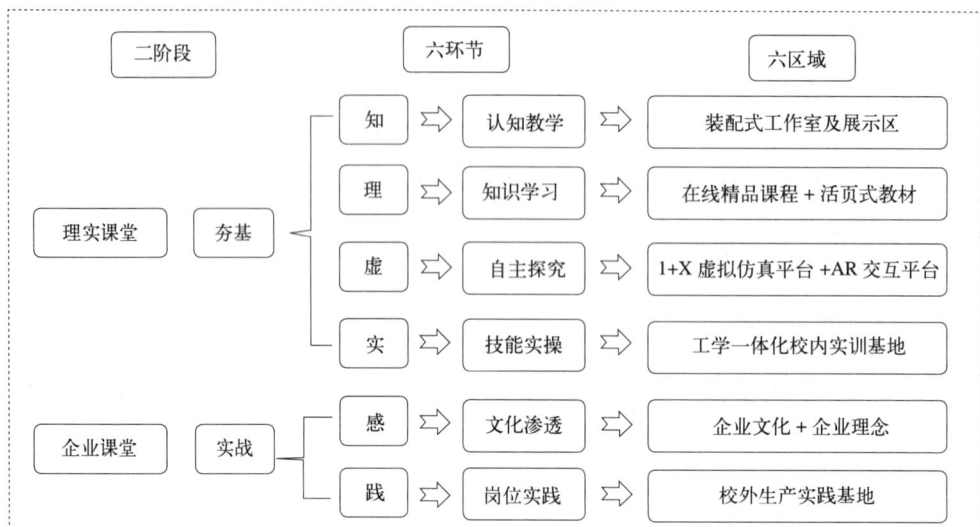

图 3-10　教学资源建设模式

一阶段即在理实课堂，夯实理论基础。根据装配式建筑专业的特点和学生成长的规律，从知、理、虚、实四个环节，分别设置四个教学区域，助力学生知识、技能及素养的成长。

（1）建设展示区进行认知教学：在学校建设装配式工作室及展示区，以便学生可以在校内进行装配式建筑专业的认知学习；并将真实项目案例移植到项目工作室，共享项目资源，支撑教学目标的实现。

（2）建设信息区进行知识学习：针对与疫情常态化，为满足线上线下混合式教学模式，引入典型生产案例，进行装配式建筑在线精品课程的建设及活页式教材的编写，以满足学生进行自主学习；搭设网络学习平台，培养学生自主学习的能力，同时高度整合的信息和资源取代枯燥说教，既能个性学习，也有利于终身学习。各类示范教学微视频，打破时空界限，实现学习跟踪智能化。丰富的学习资源，帮助学生拓展旧知预习新知，通过教学实时反馈，及时调整教学环节，实现多元化评价。

（3）建设虚拟区进行仿真教学：根据《国家职业教育改革实施方案》中提出的"启动'1+X'证书制度试点工作"，课程与职业技能等级证书融合，充分利用现有的"1+X"装配式建筑构件制作与安装职业技能等级证书资源，结合装配式建筑技能竞赛项目，以装配式工作过程为基础，以信息化技术及虚拟仿真技术为载体，开展预制构件生产、预制现场施工等虚拟操作训练，满足生产、施工岗位需求，辅助理论教学与实操教学，提升教学效果，实现装配式建筑专业全产业链与人才需求链的有效对接。利用 AR 交互平台，三维立体直观图纸，培育学生空间想象能力，解决学生识图困难问题。

（4）建设实操区进行实操实操：以装配式混凝土结构建筑工法楼为载体，裸露展示预制构件构造、连接节点构造、施工工艺等主要构造和施工工艺。建设预制构件半自动生产流水线，展示预制构件的生产过程，根据"1+X"科目二考核内容设置预制构件生产实操项目。建设以轻质构件或缩尺构件为载体的预制构件吊装训练实训室，开始构件吊装、注浆训练等实操训练项目。个性化、标准化的实训项目助力学生技术的提高和技能操作水平的提升。

二阶段即在企业课堂，进行岗位实践。

（5）利用企业宣传展示区渗透企业文化：理解企业文化的内涵，熟知企业管理规章制度，更深入了解企业管理要求，为日后正式上岗、成为一名"预备员工"奠定基础。

（6）利用企业预制构件生产线或施工现场进行岗位实践：设置企业实践日，建立校企合作，产教融合学生实训基地示范区域，并根据企业导师带徒制，在企业导师的指导下进行真实岗位实践。

通过六个环节的培育模式，建设六个教学区域，从而建设形成学生受益面大、创新性强、管理高效、示范程度高、易实现资源共享的综合性装配式建筑实训基地。提升装配式建筑技术人才培育的质量。

3.2.2.3　在实施和运营中开展"二六六"的教学资源建设项目

（1）采用"校企基一体"资源建设模式，学校培育的学生毕业后即为企业的员工，学校的学生可以成为世界技能大赛的选手，企业在学校建设的实训场地也是企业内部培训基地，进行国家职业技能鉴定的中心，企业的专家也是学校的兼职教师，这样建设可以打破"校企"之间的壁垒，使得校企互为唇齿，还能在实训基地建设过程中避免"一头热"。以学校为主体，按企业标准配置岗位人员，利于企业协同学校进行实训、体系建设，便于统筹师资队伍建设、信息化资源建设，真正起到了"产学融合、合作共赢"的目标。

（2）装配式建筑学校展示区和企业宣传区建设主要服务于装配式建筑人才的职

业素质养成、专业认知与规划、技术前沿认知等。采用开展"预备员工制"，引入企业文化、企业师资和企业技术。展示企业文化、企业技术等。让学生在企业氛围下认识专业发展、认同企业文化、了解建筑前沿技术和政策等，职业文化贯穿培养过程。

（3）校企基三方，共同明确课程标准，重构《装配式建筑施工》课程内容，紧密对接装配式建筑产业升级和技术变革趋势性，对接办学企业中建五局的需求，融合世界技能大赛的内容，以企业实际生产流程为项目导向，将教学知识点融入项目，学校、基地及企业共同创新教材形态。依托于省级精品课程建设，加速开发工学一体化装配式立体化教学资源；完善一体化课程，促进学生自主学习；丰富实践教学资源：搭建资源平台：可以让学生"理"与紧密联系在一起，实现岗位与实训基地"零距离"感。强化装配式建筑基本理论知识。

（4）仿真区采用利用 AR 技术的沉浸式、交互性和虚幻性特点，将学生置于虚拟环境下，身临其境感受建设工程项目管理现场氛围，使学生以第一视角参与到装配式建筑建设项目管理情境中，通过可视化方式自主了解课程知识要点，创新学生与教师的反馈互动模式，增强教学的趣味性和可操作性。采取案例式教学，运用 AR 技术全面展示实际工程，学生在教师的引导和帮助下，直接针对施工实际场景进行操作，并设计出合理的解决方案。

（5）建设成"真项目"生产式的装配式建筑实践基地。建筑实训场所是要让学生和学员不仅能够掌握实际操作技能，而且要适应工作岗位环境，因此基地必须同实际的施工项目"一致"，让学生在全真的建筑工程岗位上"做中学，学中做"，以达到提高学生学员的竞争力。通过典型工作任务实操训练，熟练混凝土预制构件吊装、灌浆施工工艺，掌握装配式建筑施工的技术要点和操作技巧。

（6）人才培养过程中一直坚持校企基协同育人模式。实训基地建设秉承企业项目入校、企业师资入校和企业文化入校的原则，保证了教学项目与企业项目的对接，专业课程校企基三导师的指导和学生职业素养的过程培养。

3.2.2.4　在典型案例中提炼"二六六"的教学资源建设特色

（1）三方协调，四共一体，形成产教融合教学资源建设新业态。借助世界技能大赛中国集训基地建设形式、人才培育模式打造装配式建筑教学资源建设，依托于办学企业-建筑龙头企业中建五局打造产学研一体化实训基地。按照"校内+校外、学校+企业、课堂+现场"的模式进行教学资源建设，实施"引企入教，引培入校"的制度，三方积极探索实施"专业共建、学生共培、基地共建、资源共享"的产教融合新范式。

（2）依托六环节教学模式，构建二阶段，六区域教学资源建设模式。教学团队、企业导师、基地大师三方携手，以身示范，匠心传递，根据装配式建筑专业的学习特点和学生成长的规律，构建了六环节学习模式，即从认知学习、理论学习、仿真学习、实操学习、文化熏陶、岗位实践六个环节，从易到繁的过程，实现学生知识技能的螺旋式上升。构建了从学校理实课堂夯实理论基础到企业实战课程进行真实生产和施工的学习阶段，实现了从学生到选手到预备员工的身份转化，学生工学交替，实现由知识技能导向向工作流程导线转变，教学内容和场地与生产岗位的无缝对接，推动专业资源建设与产业需求精准对接，形成了办好专业促产业、发展产业促专业、专业产业双赢发展的新格局。借助学校线上智慧职教在线精品课程资源，线下活页式教材+装配式工作室实物模型的理论教学，满足了疫情常态化线上线下混合式教学；学校展示区工艺流程宣传及企业宣传去文化渗透的双重资源建设；依托平台聚焦成果，创设"理虚实考"学习资源中学校、基地、企业三个领域条件，营造"理虚结合、虚实交融、理考互动、考实一体"学习环境，支持交互融合式教学、项目导向教学、任务驱动教学实施，促进学生的知识、能力、素质在"理、虚、实、考"中螺旋上升。校内一体化实训场地建设及企业真实生产性场地融合，实现校企基"优势互补、资源共享、互惠双赢、共同发展"的合作目标。为打造职业教育教学资源建设提供新模式。

3.2.2.5　在数据反馈中分析"二六六"的教学资源建设效果

通过"二六六"工学一体化新教学资源建设模式的改革与实施，在装配式建筑构件制作与施工课程教学成效有了明显改观。

（1）虚拟仿真实训区建设，激发学生学习兴趣。应用现代教育技术在教学中的应用进行，虚拟仿真实训区的建设，努力创建适应个性化学习需求，使学生的知识和能力的拓展成为可能。装配式混凝土建筑仿真实训室，拟结合装配式建筑结构构造三维实操模型，将装配式建筑所涉及的节点和构造融入该三维实操模型中，通过三维技术和人机交互技术，将各种装配式工法构造通过虚拟仿真软件展示给学生，并满足课程的实训教学要求。装配式建筑虚拟仿真教学使课堂更加丰富多彩，通过虚拟现实案例呈现，为学生提供安全良好的实践环境，使得教学与实践能够互相转化、融合，促进学生综合能力的培养。让学生有着沉浸式、身临其境的体验，教学的互动性明显增加，提升学生兴趣，并引导其进行自主探究，发挥学生主体作用，使学生既能掌握理论知识，又能积累实践技能，也提高了学生解决实际问题的综合能力，提升了装配式建筑实验教学的质量和水平，该教学模式受到学生的一致好评。

（2）校内一体化实训区建设，实现产训一体教学。装配式建筑课程属于实践性较强的专业课程，培养学生组织实际动手能力是本课程的核心目标。依托与办学企业实体项目为载体，并在校内建立的"项目工作室"进行教学。结合世界技能大赛中国集训基地上办专业，落户校园，将技能竞赛尖子生培育经验转化为全体学生教育模式的有效路径教学。在一体化教学中，以实践学习为主，学生动手参与，学生的专业能力、方法能力和社会能力得到大幅提升，特别是学生的方法能力及社会能力培养方面效果明显。同时，教师专业教学能力和实践指导能力得到提升。大部分同学考取了"1+X"装配式职业等级证书考试，取证通过率100%，总成绩名列全国前茅。多名同学成功入围装配式技能集训队，获省职业院校技能竞赛一等奖。

（3）校外生产线基地建设，体验真实工作岗位。发挥中国建筑龙头企业办学优势，建筑产业园区内建校园，充分利用装配式产业基地及装配式建筑施工项目的实际生产及施工场地，与国家级装配式产业基地中建科技有限公司、沙坪建筑集团三能集成房屋有限公司等企业建立了PC工厂实训基地，与建筑龙头企业中建五局、高岭建设集团、碧桂园腾越建设等共同建立真实项目实习实践装配式基地，让学生在真实的环境中进行生产及施工，增加对岗位要求的感性认识，为学生转变成"预备员工"而努力，装配式方向就业率持续增长。校园文化与企业文化深度融合，极大的提升了学生的职业素养和就业创业能力。

学校通过"二六六"教学资源建设模式，使学校、企业、基地既能充分发挥各自的独特优势，又能高度融合，形成合力，实现共同成长和发展的多赢目标。在后续的发展中，不断优化、完善、丰富"产教融合、校企合作"的办学模式内涵，总结已有的经验，因地制宜开展校企基合作、产教融合。学校、企业、基地三方积极互动，企业、基地人员全面参与学校专业建设、课程体系构建、实习实训指导等工作，学校师生则全面参与企业的生产、管理和培训活动，不断扩大合作规模，拓宽合作渠道，深化产教融合，不断形成学校"融入行业、进入企业"、企业"深入学校、全面育人"、基地"扎根学校，反哺教学"的校企基教学资源建设合作发展新局面，真正实现校企基"优势互补、资源共享、互惠双赢、共同发展"的合作目标，使产教融合、校企合作的价值最大化，更好地服务于学校、企业和学生，继续致力于打造职业教育人才培养新高地。

（撰稿：中建五局高级技工学校（长沙建筑工程学校）李敏）

3.2.3　线上线下融合的二级注册建造师继续教育实践与探索

自 2021 年 7 月起，江苏省二级注册建造师继续教育培训工作，因疫情常态化防控时期的要求，借助互联网技术的优势，由传统的线下培训，调整为线上线下相结合、以线上为主的模式。这项培训工作由江苏省住房和城乡建设厅人事教育处、建筑市场监管处实施全省统一监督和管理，各设区市建设局（委）相关部门负责本地区的监督管理；江苏省建设信息中心负责信息数据的管理及平台整合，提供报名、培训、考核、查询等功能的一站式服务。江苏省建设教育协会负责提供线上培训平台及线上课程资源，并为各培训机构提供开展在线教育的技术服务，各二级注册建造师继续教育培训机构负责所属地区的培训具体工作。以此为契机，对线上线下融合的专业技术人员继续教育培训工作进行了多方面的实践与探索，表明这是继续教育模式的创新之举和质量提升的必行之路。这一举措的实施，有效缓解了工学矛盾，弥补了继续教育培训教学标准不一、质量监管困难等短板，让受教育者更多地感受参加培训的获得感和学习价值，实现了知识更新和能力再造，从整体上提高了全省二级注册建造师继续教育培训质量，为住房和城乡建设领域专业技术人员继续教育工作的进一步优化升级带来了诸多启示。

3.2.3.1　线上线下融合的继续教育工作的实践性意义

（1）为了适应疫情防控特殊背景下广大专业技术人员的工作学习要求，确保二级注册建造师继续教育培训工作的延续性连贯性，帮助他们实现知识更新和能力再造。借助信息化技术应用的优势，江苏省优化升级培训平台，启动了线上线下融合的二级注册建造师的继续教育培训。

（2）有利于缓解学习者的工学矛盾。江苏省二级注册建造师继续教育培训工作，采用线上线下相结合的方式，公共知识部分为线下面授，专业知识部分为在线学习。线上线下融合，能充分发挥各自优势，保证了培训的及时性、灵活性，凸显信息化技术应用的优势。更为重要的是，大大增加了学员自主学习的自由度，突破了时空限制，保证了他们能利用更多的碎片化时间完成继续教育培训，实现知识更新，在线顺利履行续注册各项流程。

（3）有利于对继续教育培训工作进行统一的监督管理。线上线下融合的二级建造师继续教育培训全过程，不仅落实了培训机构的质量监管，还对培训师资、培训内容、培训流程等，实施了严格规范的监管要求。同时，对参培学员的学习过程、学习秩序也通过学习平台的各项技术手段，实现了有效监管，从而保证二级注册建造师的继续教育培训质量大效果的最大化。

（4）有利于减轻企业教育培训成本负担。相较于传统的线下继续教育培训，线上线下融合，能大大减少企业因工时、食宿、交通而发生的教育培训经费。

3.2.3.2　线上线下融合的继续教育培训工作的探索

1. 江苏省二级建造师的继续教育培训工作的基本流程

江苏省二级建造师的继续教育培训工作的基本流程是：每年上半年启动当年课程更新工作，制定更新目标，开展课件拍摄，调整测试题库；企业为建造师报名参加继续教育；住建厅市场监管处审核批准各培训机构的开班申请；培训机构组织学员开展线下培训；培训机构为学员配发线上培训专业课程；学员完成在线学习，参加在线测试；测试合格者，经培训机构审核通过，成绩自动推送厅信息管理系统，次日推送至省政务平台；建造师进入政务系统申请办理续注册。

江苏省二级注册建造师继续教育培训工作，采用线上线下相结合的方式，公共知识部分为线下面授，专业知识部分为在线学习。线上线下融合，充分发挥各自优势。借助于云端技术并连接省政务服务平台的培训系统的建设，整合了课程数据、学习数据、管理数据、考核数据、换证数据、注册数据，方便多样，功能齐全，在线课程平台运行流畅，课程内容精准有效。无论是在培训流程上，还是在培训方式上，都发生了积极变化（表3-1），体现出简约而严谨、灵活而规范的特点，为学习者提供了极大的便利，管理过程环环相扣，无缝对接，为实施有效的监管提供了真实可靠的依据。

两种继续教育培训方式的比较 表 3-1

比较项目	传统流程	现行流程
报名方式	企业登录管理平台 1.0 系统为建造师报名	企业登录江苏省政务平台为建造师报名
公共知识	学员办理手续后，参加集中培训	学员在培训机构办理手续，参加 2 天集中授课
专业知识	参加集中培训	学员获取在线学习账号后，在合适地点、碎片时间自主进行线上学习
测试方式	统一参加笔试，专家统一阅卷后公示成绩	学完即可随时参加在线测试，试卷随机生成
续注册	人工申报测试数据注册	测试后平台自动上传合格数据，在线打印合格证明次日即可办理续注册手续

（1）为服务此项培训工作，江苏省将二级注册建造师原线下培训的各环节迁移至线上平台，并增设了教务管理功能、考勤功能、到课确认功能，有效杜绝了学习过程中可能出现的不良状况。同时将平台数据全部迁移至云端服务系统，确保了系统运行的稳定性可靠性。培训平台依托于政府管理部门的技术手段，消除了安全隐患，有效保护了学习者个人信息安全。

（2）此项培训工作的专业课程，包括建筑工程、机电工程、市政工程、水利电力工程、公路工程、矿业工程共六大专业板块，由教学视频组成。每一专业课程除教学视屏外，还附有课程习题、考核题库，供学员自主安排听课及课后练习巩固备考（表 3-2）。无论是数量还是质量，都极大地满足了学习者的学习需求。

江苏省二级注册建造师继续教育培训专业课程 表 3-2

专业	视频数量	习题数量	考核题库
建筑工程	55	400	400
机电工程	49	406	400
市政工程	52	483	400
水利水电工程	94	507	400
公路工程	73	412	400
矿业工程	78	444	400
合计	401	2652	2400

（3）按课程专业方向，组建了专家团队，负责梳理知识点，编制教学大纲，指导在线培训，确保继续教育培训考核达到国家对二级注册建造师的专业知识和能力的规范要求。

（4）协调组织选择了省内 34 家职业培训机构，参与了此项培训工作的线下公共知识和线上专业知识的授课管理，并对上述培训机构的资质、信用、教学管理能力进行了严格考核，确保了各地学员学习的就近、便利、有效。

（5）为适应住房城乡建设领域产业技术迭代更新，江苏省二级注册建造师继续教育培训课程将每年更新不少于 30%，确保授课内容最大限度地贴近产业转型升级带来的变化，满足学习者知识更新、专业技能提升和终身学习的迫切需求。此举保障了继续教育培训平台的可持续发展。

2. 线上线下融合的二级注册建造师继续教育培训工作各参与方的具体工作

线上线下融合的二级注册建造师继续教育培训工作各参与方的具体工作见表 3-3。

线上线下融合的二级注册建造师继续教育培训工作
各参与方的具体工作   表 3-3

参与方	具体工作
管理部门	（1）统一新模式下的收费标准； （2）划分线上线下学时分配比例； （3）明确培训和续注册的衔接要求
培训机构	（1）学习掌握新流程下的继续教育业务流程； （2）安排师资掌握公共基础知识授课内容，精心筹备线下部分的课程； （3）安排工作人员学习掌握在线培训平台关于课程配发、进度管理、学习过程中各类突发问题解决方案、考试验证、成绩有效性审定、合格证明在线出具等操作
江苏省建设教育协会	（1）调整在线培训平台业务流程和功能，以满足二级建造师继续教育培训工作需要； （2）梳理、重建培训内容，编制补充讲义，以指导各培训机构线下公共基础知识授课，开发 6 个专业方向的专业课程，突出继续教育强调的四新内容； （3）与政府主管部门做好数据对接，简化继续教育工作流程，用信息化手段代替传统人工操作； （4）加强监管措施的信息化技术应用； （5）开展线上测试代替线下集中测试

3. 有效管理继续教育培训工作质量采取的措施

（1）培训质量控制。邀请省内外专家学者、企业技术骨干成立课件建设评审专家委员会、建立公共基础知识和 6 个专业方向课程建设工作小组，确保培训内容的先进性、课件质量的优质性。

（2）培训效果保障。培训课件的视频尽量采取碎片化制作，缩短单课件时长，防治学员观看疲劳。每个课件均配置 3 ～ 5 道课后练习题，用于加强学员对课件中知识点的记忆和理解。课件设置了笔记功能，学员在学习过程中可以随时记录心得体会。每个课件首次学习时不能快进，播放完整视频后，再次学习时开放快进、选时功能，方便学员快速定位知识点。

（3）培训进度控制。在线培训平台为各培训机构均配置后台管理账号，培训机构可在后台查看各批次学员的学习进度，对于进度过慢的学员可以及时提醒并提供相应帮助。

（4）培训合规性控制。一是为杜绝代学替考现象，平台设计了将学员个人微信号于平台账号绑定的方式，锁定学员身份信息，并在学员首次进入平台学习时，通过微信调取手机摄像头拍照留存，首次拍照的照片对接公安认证系统，验证本人后将照片留存，用于后续身份验证时人像对比。二是线上学习过程中设置了考勤机制，通过页面高频率的随机弹出考勤二维码，要求学员使用微信扫码功能，进入公众号进行在线考勤，考勤方式分两种：第一种是扫码后进入公众号，点击考勤按钮，主要防止学员挂机学习；第二种是扫码后进入公众号，进行视频抓拍验证和人脸识别进行考勤，主要防止学员代考替学。三是进行在线测试的前后，都要求学员进行视频抓拍验证，人像拍照存档，成绩合格后由培训机构对照片进行审核。四是正常情况下，学员观看视频时无法快进，为防止技术手段破解，平台设置了时长监控机制，学员进入考试前，会对学员每个课件的学习时长进行汇总统计，对比课程总时长，出现非常规情况会自动判定为学习违规，处以学时清零、暂停学习功能 7 天的处罚。到期后自动解锁，学员重新学习。

3.2.3.3　线上线下融合的继续教育培训工作所取得的效果

（1）据统计，2021 年 7 月 1 日至 2022 年 12 月 31 日，江苏全省有 105697 人参加了该项目提供的二级注册建造师继续教育的线下公共知识培训和线上专业知识培训。学员行业分布如图 3-11 所示。其中，105180 人参加了培训考核，104272 人通过考核完成了继续注册，完成率 98.65%。

（2）将二级注册建造师原线下培训的各环节迁移至线上平台，并增设了教务管理功能、考勤功能、到课确认功能，有效杜绝了学习过程中可能出现的不良状况。且将平台数据全部迁移至云端服务系统，确保了系统运行的稳定性可靠性。培训平台依托于政府管理部门的技术手段，消除了安全隐患，有效保护了学习者个人信息安全。

（3）政府部门引导，行业协会推动，多方力量参与，线上线下融合的继续教育培训工作，较好地解决了教与学的便利性、教与学的质量以及教与学的成本费用等

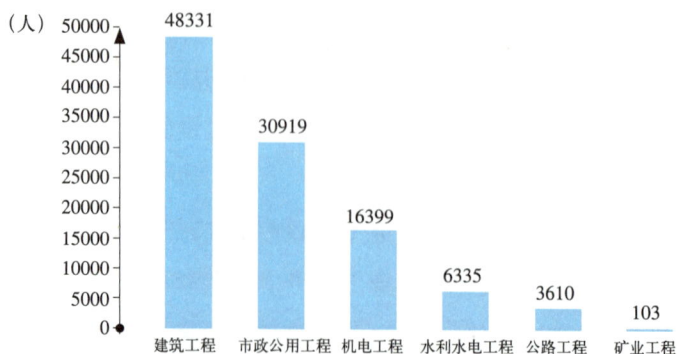

图 3-11   江苏省二级注册建造师继续教育培训学员行业分布（2021.07.01 ～ 2022.12.31）

一系列困扰在职人员接受继续教育的问题，减轻了企业负担。据有关调查分析，始于 2021 年 7 月的江苏省二级注册建造师继续教育培训工作，截至统计期，为生产企业节省了继续教育培训经费约 3000 万元 / 年；较之传统的线下培训，参与此项培训工作的各地培训机构降低了因场地、师资、管理而产生的成本约 80%。

3.2.3.4 结语

（1）信息化建设的驱动，是实现行业继续教育培训工作过程和结果最优化的重要条件。从江苏省二级注册建造师继续教育培训工作的效果可见，线上线下融合、以线上为主的模式，实现了从纸质考卷到计算机机考，再到线上考试，乃至云端技术的加持，实现了从传统模式到现代教育培训管理模式的质的跨越。坚持以学习者为中心，建立线上线下融合的继续教育培训工作发展长效机制。

（2）江苏省二级注册建造师继续教育培训工作，仅涉及住房和城乡建设领域专业技术人员的其中一个门类。但其间所搭建的平台、形成的做法，具有推而广之、举一反三的应用价值。以此为借鉴，住房和城乡建设领域的其他专业门类的教育培训，可以探索为更多学习者提供岗位培训、技能提升的有效路径，因此，值得有关各方深入探寻。

（3）产业转型升级与大数据、人工智能、云计算等新兴信息技术的深度融合，势所必然。意味着传统行业专业技术人员的继续教育培训，面临新的挑战、新的课题，但也提供了越来越多的新途径，倒逼职业教育、继续教育培训管理模式、技术手段、教学方法加速转型。这一系列新问题新要求，更需要凝聚社会各方面力量去共同应对。

（撰稿：江苏省建设教育协会）

3.2.4 深耕细作培训"OA"模式，笃行致远弘扬粤匠精神——广东省建设教育协会网络科技赋能培训及管理工作

3.2.4.1 背景介绍

党的十九大报告提出要大力弘扬劳模精神和工匠精神，2021 年 10 月中共中央办公厅、国务院办公厅印发了《关于推动现代职业教育高质量发展的意见》，该意见明确了职业教育是国民教育体系和人力资源开发的重要组成部分，肩负着培养多样化人才、传承技术技能、促进就业创业的重要职责。纵观广东省是一个"建筑劳务输入大省"，随着粤港澳大湾区的不断建设发展对懂理论精技术的建设人才需求量增加，伴随国家鼓励在校学生毕业后凭一技之长快速融入社会的指引导向，建设领域的职业培训、继续教育对建设人才的理论技能掌握和提升有着重要的促进意义。

广东省建设教育协会（以下简称"协会"）作为住房和城乡建设领域社会组织，坚持"为广东建设教育工作服务，为培养高素质的建设人才服务"的办会宗旨开展建设教育工作。随着后疫情时代的来临，面对行业需求不确定性及外部竞争激烈性的增加，协会意识到传统的面授培训已无法满足日益变化的行业需求。在培训时长、灵活度及便利度层面上，无一不更倾向于网络培训。如何打造共建共享共赢、可持续性发展的数字化培训及管理平台，创建广东特色的教育培训"OA"模式、促进建设教育行业数字化转型发展迫在眉睫。且广东近年来大力提倡粤匠培训项目，将工匠精神与培训教育的融合具有促进行业发展和社会经济发展的重要意义。协会作为行业社会组织，不仅要为行业提供人才培养输出，也要为倡导弘扬行业工匠精神出力，因此致力于探索培训教育与粤匠精神融合的广东特色培训模式，促进职业精神、职业信念推动人才技能提升发展。

3.2.4.2 解决方案

协会意识到抗疫历程为协会乃至整个建设教育行业数字化转型带来重要机遇。且作为社会组织，肩负为住建行业输送更多实用型技能型人才和助推建设教育行业发展的职责。在后疫情时代，精神力量也是行业发展凝聚力和向心力的催化剂，精神与动力两者相辅相成，因而协会认为倡导弘扬工匠精神亦可从培训教育找关联切入点。

近年来，协会从行业实际情况出发，以会员和行业需求为出发点，深化"服务"

宗旨和行动，服务对象由住房和城乡建设行业各层次从业人员、乡村工匠并拓展至建筑院校师生，充分发挥社会组织参与社会服务的能力作用，致力以网络科技赋能培训，走具有广东特色的数字化社会组织发展路线。其中以"互联网＋"的发展路线为抓手，搭建了"广东建设教育网""工匠之家"等线上服务平台开展培训、学员管理和增值服务。按照实际需求和情况，使用"线上＋面授"或纯线上的培训模式，并且在开展培训教育过程中，积极主办、承办及协办多项住房和城乡建设行业大型职业技能竞赛活动，以赛促学促练，助推宣传弘扬工匠精神，营造尊重技能人才的氛围，让培训包括但不仅限于传统面授、网络培训等形式，还可通过以赛促学促练营造尊重技能人才氛围，以多种形式拓展和提升培训教育的形式和效果。

在推动线上培训教育和弘扬工匠精神相结合的工作过程中，潜移默化地促进协会自身和行业培训机构的数字化转型，创立独具广东特色的教育培训"OA"模式，促使倡导行业自律、维稳行业培训秩序和提升行业凝聚力。

3.2.4.3　解决措施

（1）适应数字化发展趋势，搭建网络教育平台。随着网络数字化的大趋势发展，协会在开展教育培训工作的过程中，深刻意识到网络教育弥补了传统面授培训工作的不足，产生的积极影响尤为明显。为适应行业学员的多元化学习需求，加快信息化发展建设，协会自 2019 年搭建了"广东建设教育网"远程教育网络平台。该平台以网络技术、数字化等手段协助推进建设教育培训，目前涵盖了施工现场专业人员职业培训、乡村工匠培训、建筑工程消防安全知识培训、建筑施工新技术与现场标准化管理培训、住房和城乡建设行业专业技术人员继续教育专业课及选修课学习等网络课程，并计划上线燃气经营企业从业人员、乡村建筑工匠网络课程。该平台各类课程都是由国内、省内建筑院校教师、建筑龙头企业一线专家授课，平台引进了较多住建行业知名专家的网络教育课包，课题涵盖住房和城乡建设行业多个领域。相对以往为学员提供了更加丰富繁多的网络教育资源，让学员们有更多的学习选择和学习便利。该平台还运用人脸识别技术进行不定时抓拍考勤，一定程度上保障了学员学习质量。协会在创新和丰富培训方式的同时致力促进推动教育资源共建共享。包括联合会员单位共同录制培训课程视频，根据会员单位需求分享提供优质的线上课程资源，旨在履行协会社会职责，发挥试行导向作用，带动会员及行业培训机构丰富培训课程资源，为更好地推进广东省建设教育培训作出协会应有的担当和贡献。

（2）网络教育平台拓展管理服务功能。协会创办的"广东建设教育网"，不仅致力将其打造成为行业从业人员提供教育培训服务的网络平台，也考虑到为会员（行业培训机构）提供培训资源对接、培训业务管理服务。为促进行业培训秩序化和规范化，倡导行业自律，协会以"广东建设教育网"为服务载体，实现了与行业培训机构进行培训资源共享对接服务，培训机构通过"广东建设教育网"可为本机构学员提供更多丰富的培训资源，并且可从系统平台获得统一的培训管理流程，方便开展培训教务管理。协会通过网络科技赋能培训管理"OA"模式，也实现了与培训机构合作共赢的效益，一定程度上推动了行业培训工作发展，也对推进行业培训质量起到促进作用。

（3）网络科技赋能延伸培训服务（以乡村建筑工匠培训为例）。协会自 2017 年协助广东省住房和城乡建设厅开展农村建筑工匠培训考核工作，2018 年年底，农村建筑工匠培训得到广东省政府的重视，被纳入"粤匠"培训项目，更名为乡村建筑工匠培训。乡村建筑工匠培训着重确保不断提高建筑工匠的综合素质和专业技能，在推进乡村建筑工匠培训评价工作的同时，协会更好地深化"网络培训服务"行动，录制了 50 个学时的乡村工匠网络培训课程，涵盖职业素养、房屋建筑构造、结构与识图、房屋建造施工技术与技能等方面内容，将与传统面授培训相结合，为工匠提供更加丰富的学习资源和便利的学习服务。通过培训成果的运用，充分发挥工匠在新农村建设中的重要作用。在拓展乡村工匠网络培训的同时，筹备搭建"工匠之家"服务平台。该平台不仅能为乡村工匠提供在线培训、继续教育、信息管理等服务，还将提供"找工匠""找工程""找产品"等增值服务。该平台目前搭建趋于成熟，计划在推行期间还将更深入地完善平台建设，计划打造"一村一风貌"的优秀工程征集，为工匠们免费提供施工图纸和技术支持。该项措施打破了乡村工匠传统面授的旧局，通过网络科技手段赋能传统的工匠培训和就业模式，促进乡村建筑工匠培训评价工作开展。

（4）参与组织各项职业技能竞赛，以赛促学促练。近年来协会承办了多项广东住房城乡建设行业职业技能竞赛。这些竞赛为广东省住房城乡建设行业广大职工切磋技艺、交流经验、提高技能、展现风采搭建了一个良好的平台。协会通过牵头或协助制定各项工种竞赛实施方案和评分标准，拟定竞赛的理论考试及实操比赛题目，选定比赛的场地、材料及用具，编制大赛组织机构及人员配备，组织、协调竞赛各项工作。且在承办竞赛的时候，注重联同会员单位共同参与赛务的组织，积极通过各种途径对竞赛进行宣传，受众对象不仅是业内的企业和从业人员，还包括社会其他行业，提升了全社会对竞赛工种和建筑工人的关注度，倡导弘扬了"劳模精神"和"工匠精神"，助推营造住房和城乡建设行业重视技能人才的良好氛围。

（5）由行业服务拓展到社会服务，助力多元化建设人才培训模式。自新冠疫情发生以来，对建设行业人才的培养和就业产生了一定的变化和影响。如何以不断变化的社会就业需求为导向，促进实现校企联动的"精准对接、精准育人"，培养更多适合建设行业发展的高素质水平专业人才是协会深化社会服务范畴的另一项工作举措。目前，协会担任了广东省建设职业教育集团理事单位，该教育集团是由职业院校联合有关政校行企，构建了具有广东特色的建筑行业集团化办学模式。该集团的社会服务事业中心设在协会。协会以该服务中心为载体，发挥社会组织桥梁纽带作用，联合各单位成员协助职教集团搭建职业培训信息平台，为广东建设职业教育集团成员单位职工技能与素质提升培训提供培训条件，为学校开展职业培训项目提供实践机会；协助职教集团加强学校培训基地的建设，推动集团内校企间的联系与沟通，协助组织开展职业技能大赛、企业岗位练兵等活动。下一步还将定期组织开展职业能力建设领域重点问题调研，开展技能人才培养标准、职业技能鉴定制度、技能竞赛与国际接轨等课题研究，致力协助推动建设行业培养和输送更多的实用型高素质技能人才。

3.2.4.4 特色与创新

（1）适应社会角色多重切换，将"服务"定为安身立命之本。协会的单位性质是非营利性社会组织，是广东省第一批脱钩深化改革的试点单位之一，于2016年11月底顺利完成了与广东省住房和城乡建设厅的脱钩工作。办会历程中经历了行业"培训者""管理者"和"培训者＋管理者"等角色的多次转换。协会脱钩后坚持明确"服务会员、服务行业、服务社会"三大站位，更多地从行业实际情况出发，以会员和行业需求为出发点，发挥社会组织参与社会服务的能力作用，坚持"双＋"（党建＋、互联网＋）路线开展工作。服务对象从住房和城乡建设行业各层次从业人员、乡村建筑工匠并拓展至建筑院校师生各种类别。因而将"服务"定为安身立命之本，坚持服务便是保持发展，保持发展便是坚持服务。

（2）网络科技赋能培训，发挥社会服务功能。协会在积极运用"互联网＋"模式创办各类线上培训过程中,从了解行业趋势、学员需求以及培训反馈等方面出发,在课题选择、师资安排以及网络教学服务和管理等工作手段上不断进行升级优化,以求推动培训服务质量和学习效益的不断提高。且在推进网络培训过程中,结合疫情防控形势为行业从业人员提供了大量免费网络学习课程,旨在履行协会社会职责及发挥优势作用,坚守服务社会的初心。协会以"广东建设教育网"为服务载体,对外提供培训服务,对内提供培训管理服务,数字化转型由内而外,促使行业培训机构共同融入数字化发展道路,抱团发展。应用广东特色的培训管理"OA"模式,对倡导行业自律、维护行业培训秩序和培训质量均起到重要作用,最终作用于培训对象、培训机构及整个行业,形成闭环效益。

(3)倡导弘扬粤匠精神,融入以赛促学促练。在推动职业培训教育工作中,牢记倡导弘扬工匠精神的社会职责,通过以赛促学促练在一定程度上促进了广东省建筑产业工人对理论和技能水平的熟练掌握,通过各种途径和渠道对竞赛进行正面宣传,积极扩大社会对竞赛工种和建筑产业工人的关注度,将具有广东特色的工匠理念大力推广,践行协会的行业使命,助推营造住房和城乡建设领域重视技能人才的良好氛围。

3.2.4.5 效果分析

(1)社会角色转变提升社会组织服务价值内涵。"始于培训而不止于培训",广东省建设教育协会在转型发展的历程中,始终不忘先是行业社会组织,再是行业培训工作者,在坚持以网络科技赋能推动培训教育工作的同时,走具有中国特色社会主义新型社会团体道路。创新改革是持续发展的动力,转型升级是适应形势持续发展的重点,提升服务价值是发展的目标。因而协会在脱钩后除了做好政府部门"参谋助手"的角色外,更多的是意识到社会角色的转变,不仅再是单纯的建设教育行业"培训者"或"管理者"角色。作为社会组织,多年来协会发挥专业优势以及在行业中的影响力,已逐渐转型成为行业内的"协调者""合作者"和"分享者",更加丰富了协会的服务价值内涵。

(2)与行业协同共生,凭借服务载体从服务行业延伸至服务社会。

1)为行业培训机构服务。协会既作为行业培训者,意识到"一枝独秀不是春,百花齐放春满园",便致力当好行业的分享者和合作者,既从自身出发,倡导行业自律,带头维护培训行业秩序,也旨在推动培训教育资源的共建共享,为行业贡献可复制可推广的培训经验，与行业培训机构协同发展。

2）为乡村建筑工匠服务。协会通过不断创新培训手段对乡村建筑工匠进行科学培训，通过工学结合，理实一体，结合工长、工需、工技"一分三结合"的教育培训模式，强化他们的"安全意识、质量意识、责任意识、创新意识"，培养"识图能力、施工能力、管理能力、实操能力"，进一步提升了乡村建筑工匠的整体职业素质。

3）为建设行业职业院校服务。协会坚持开放共赢，与行业内的职业院校、企业建立稳定有效的交流合作机制。包括与合作院校签订了各类建筑类职业人才协同培养的框架协议，共建育人平台，以机制体制创新为先导，以"互相联动、共同建设、利益共享、优势互补、互利共赢"为原则，联合培养人才。亦发挥桥梁纽带作用，通过广东省建设职业教育集团社会服务中心为服务载体，加强校企联动，以社会就业需求为导向，当好协调者，促进实现校企联动的"精准对接、精准育人"，实现培养更多的广东建设行业高素质技能型专业适用人才。

（3）提升行业重视职业培训教育意识，共建新时代建设人才队伍。协会多年来通过参与组织行业职业技能竞赛，通过这些竞赛弘扬了广东建设行业的劳模精神和工匠精神，是推动行业职业技能培训的一项工作举措。近年来通过广东省住建行业职业技能竞赛产生了一批优秀的广东省"五一劳动奖章"获得者和"广东省技术能手"，职业技能竞赛既能提高建设行业产业工人勇于创新、突破自我的思想认识，又能激发产业工人钻研技术的学习热情。通过参与组织举办竞赛，宣传了优秀技能人才和高素质劳动者的劳动价值和社会贡献，也广泛地宣传了职业教育、技能培训对单位、对个人在行业内发展的重要意义和作用。在这个工作过程中，协会履行社会职责，协助相关行政部门促进建立行业完善的、持续有效的教育培养体系。致力营造有利于培育新时代建筑产业工人队伍的氛围，协助调动社会各方面力量共同建设一支知识型、技能型、创新型的新时代建筑产业工人大军。

3.2.5　以培训服务满意度为抓手，促进建机操作培训质量提升

"十四五"开局以来，《中华人民共和国职业教育法》《中华人民共和国民办教育促进法实施条例》等法律、法规和重大举措陆续的实施，明确了"十四五"期间职业教育改革发展政策框架，宣告了职业教育基本形成了"由政府举办为主向政府统筹管理、社会多元化办学"转变的新格局，政府支持举办股份制、混合所有制职

业学校，对职业学校营利性上给予更多空间。

为深入贯彻落实习近平总书记提出的"要加快构建现代职业教育体系，培养更多高素质技术技能人才、能工巧匠、大国工匠"的指示精神。根据中国建设教育协会建设机械职业教育专业委员会主题年会的工作决议和有关部署，决定以学员为中心，以满意度为标准，打造优质培训品牌，将我国建设机械操作手培养为能工巧匠。

3.2.5.1 价值与意义

随着我国对职业技术型人才需求的增加和对职业技术培训行业的重视，职业技术培训机构表现出逐年增加趋势，目前全国范围内建设机械培训机构的数量达到上千家，然而这些培训机构在培训质量、培训服务能力以及师资水平存在较大差异，直接影响学员的培训效果，进而影响国家对技术技能人才的需求。职业技术培训机构作为市场化培训中技术技能人才培训服务的主体，如何提高培训满意度，吸引更多的社会人员，成为目前职业技术培训机构持续良好发展所面临的主要问题。

国内外关于服务满意度的研究很多，但针对建设机械操作职业技术培训领域培训服务满意度的研究少之甚少。在国家持续落实"建立质量分级制度，完善第三方质量评价体系，开展高端品质认证，推动质量评价由追求'合格率'向追求'满意度'跃升"政策文件精神指导和行业发展的需求下，推动建设机械培训服务满意度研究的意义在于建立适用于建设机械职业教育培训服务质量的满意度模型，通过大数据分析、科学测评与客观评价，发现培训机构的优势、不足与改进空间，进一步得到培训机构之间培训满意度指标的横向差异等重要信息，从而获知我国建设机械职业教育培训行业整体培训服务满意度水平，通过开展培训满意度测评研究，起到支持培训机构改善、追赶标杆目标的积极作用，促进我国建设机械职业教育培训行业提质增效、健康发展。

3.2.5.2 研究目标

通过建立建设机械职业教育培训服务质量的满意度模型，来深度判断培训机构运行的绩效，深入理解学员需求，掌握学员满意程度的原动力及其变化趋势，排序培训机构最需改进的领域，提高决策的科学性，建立全面的数字化管理体系。

建设机械职业教育培训服务质量的满意度模型包括 5 个结构变量：学员预期、感知教学质量、感知学习价值、学员满意度和学员忠诚度（图 3-12）。采用模型进行分析，获知建设机械职业教育培训机构的服务质量满意度水平，找到解决自身问题的方案，支持改善提升，促进行业健康发展。

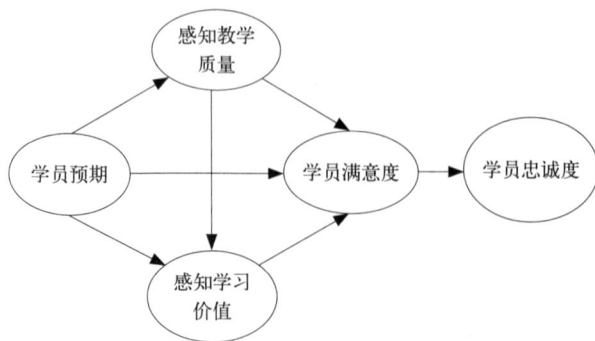

图 3-12 满意度模型结构变量

3.2.5.3 研究内容

测评侧重于对培训机构服务能力、服务口碑、综合满意度和学员关注度高的问题评价。采取全方位指标测评，关注学员对机构总体满意度、后勤服务满意度、理论教师满意度、实操教师满意度、机时条件满意度、培训收费满意度、考评规范满意度、风险告知满意度、职业指导满意度、继续教育满意度共 10 项指标的评价，了解学员在接受培训时全过程的感受评价，指导培训机构以市场和学员为中心，持续改进提高。

3.2.5.4 研究思路与方法

结合用户满意度评价理论研究和建设机械职业教育培训的现状，构建适合建设机械职业教育培训特色的满意度模型；同时制定科学经济实用的调研方案，根据用户需求，设计适合建设机械职业教育特色的调查问卷；采用科学的抽样方法，明确不同机构所要调查的样本量，抽取适合的被访者，满足调研置信区间的要求；制定问卷填写说明以及合格问卷的判定标准，对合格被访者进行访问，获取学员和教职工的评价数据；然后应用"建设机械职业教育培训服务质量的满意度模型"进行第三方测评分析，最后采用定性和定量结合的方法进行综合评价，判断不同地区的培训机构的培训绩效，分析在各个机构的差异，找出协会组织管理指导的方向和重点，鼓励先进、以正面示范为主，督促落后，提升整体培训能力和水平，为全国建设机械职业教育探索新思路、树立新标杆，促进全国建设机械职业教育培训服务能力。

3.2.5.5　实施步骤

（1）通过走访调研，研究设计符合建设机械职业培训市场化特征的调查问卷。

（2）以全体会员单位、定点培训机构、教师学员为研究对象，采用面对面访问、电话访问、网络问卷访问多种方式，结合对学员接受培训时全过程的感受等关注度高的问题进行一手数据收集，建立调研数据库。

（3）采用统计学、计量经济学、因果关系模型分析、结构方程模型分析等手段对收集到的数据进行深层次挖掘和分析，保证分析的深度和客观性。

（4）按照《顾客满意测评模型和方法指南》GB/T 19038—2009，《顾客满意测评通则》GB/T 19039—2009 等标准及用户满意度评价相关理论构建建设机械职业教育培训服务质量的满意度测评模型。

（5）应用满意度模型对处理后的数据进行多维度满意度现状测评分析和研究。

（6）在行业中横向比较研究指标的差异，找出主要问题和短板，提出科学、专业、可操作性强的满意度提升建议措施。

（7）实现帮助协会会员单位发现培训服务中的现存问题，并在培训服务满意度调查报告中给出解决问题的指导性意见，指导培训机构以市场和学员为中心，持续提升培训服务能力，让会员培训机构在社会多元化办学、市场化经营的背景和趋势下保持生命力。

应用用户满意度评价的相关理论，构建了建设机械职业教育培训服务质量的满意度测评模型，通过科学分析得到了影响培训机构培训满意度的核心因素，获知了我国建设机械职业教育培训机构的培训服务满意度水平，进一步总结提出了提升培训满意度的策略和措施，探索了全国建设机械职业教育培训的新思路、新方法，促进了我国建设机械职业教育培训行业提质增效、健康发展。

第4章 中国建设教育年度热点问题研讨

本章根据相关杂志发表的教育研究类论文，总结出教育高质量发展、办学模式改革、人才培养、"双师型"师资队伍建设、职业技能标准发展 5 个方面的 21 类突出问题和热点问题进行研讨。

4.1 教育高质量发展

4.1.1 建筑行业特色大学高质量发展路径

北京建筑大学学党委常委、发展规划处处长白莽等认为：行业特色型大学是我国高等教育体系的重要组成部分，也是推动行业经济发展的重要力量。建筑类高校是典型的行业特色型大学，必然要走向与建筑产业深度融合、共生发展的新阶段。随着高等教育改革的日趋深入以及建筑行业转型升级的迫切需求，传统的建筑类大学发展面临诸多问题，新时期重新审视行业特色型大学的特征与内涵，分析建筑行业特色型大学的发展困境以及如何消解困境，探索建筑行业特色型大学高质量发展之道，助力建筑行业高校向高水平特色型大学迈进，已成为我国高等建筑教育必须关注和解决的重大问题。

建筑行业特色大学高质量发展主要有以下路径：

（1）明确发展定位：学校发展目标与建筑行业发展战略充分耦合。坚持建筑产业逻辑与学术逻辑相结合，在办学治校中体现建筑产业发展的国家意志，服务建筑行业和区域发展的多元需求。

（2）加大支持力度：为建筑行业大学营造良好政策环境。对建筑行业高校而言，主干土木类学科需要大量的工地实习实践（部分实践地点为外地），其人才培养实践教学经费投入相对较高。为进一步提高人才培养质量，国家／地方政府应加大对建筑行业高校的财政支持力度，提高土木建筑类专业的生均拨款。同时在人才培养、学科建设、科学研究等方面提供更好的政策支持，在创新创业、科技成果转化等方面创造更优环境。

（3）聚焦协同育人：构筑建筑行业卓越工程师创新人才培养体系。深层次推进人才培养改革，将建筑行业卓越工程师培养作为建筑行业高校高质量发展的重点。

（4）实施引育并举：建设高水平师资队伍，营造人才脱颖而出的良好环境。以建筑行业高水平特色型大学建设目标为牵引，推动师资队伍内涵建设。

（5）坚持重点突破：推进交叉学科，强化基础学科。建筑行业特色型大学应在遵循学术逻辑和行业逻辑上，强化基础学科，促进交叉学科，增强学科建设整体规划意识，做好顶层设计，统筹考虑和重视发展相关的数理化等基础学科，分层分类、改善学科单一的学科生态，营造宽松和谐包容的创新氛围。加强应用学科与建筑行业产业、区域发展的联动对接，集中优势，以建筑行业的热点、难点问题为中心，建立促进学科交叉融合机制，培育新的交叉学科建设增长点，以大学部制"虚实结合"的组织架构作为学科群建设的载体，进一步丰富学科内涵；加强资源供给和相应政策支持，打破学科壁垒，以集团作战方式破解学科单一带来创新后继乏力的难题。

（6）构建评价体系：以科学评价赋能建筑行业大学高质量发展。构建科学合理的建筑行业高校评价体系，统筹考虑国家战略、建筑行业区域急需、不可替代性、扎根一线生产实践人才等因素，面向行业应用质量贡献效果，引导建筑行业特色高校就高质量内涵发展尤为重要。

参见：白苓，毕颖. 建筑行业特色大学高质量发展：困境与路径 [J]. 高等建筑教育，2022，31（5）：01-07.

4.1.2 新时代高职教育高质量发展的方位、方向与方略

江苏建筑职业技术学院院长沈士德等认为：高质量发展是新时代我国高职教育发展新使命，立足我国高职教育现状，应从"我是谁？去哪里？如何去？"三个方面正确把握高职教育高质量发展的方位、方向与方略。高职高质量发展应以提质培

优、增值赋能为发展主线，坚持推进内涵式发展，提高职业教育质量，培育职业教育优质品牌，增强行业认可度，增加成长成才价值，提升吸引力，赋予经济发展动能，提升贡献率。重点建设一批起点高、积淀厚，引领地方产业，具有国际影响力和竞争力的中国特色高水平高职院校与专业集群，打造中国职教人才培养的旗帜与标杆。

（1）我是谁？——新时代高职教育的发展方位。随着我国经济建设进程的高速发展，人民对于高质量教育需求与教育不均衡发展的矛盾也日益突出，在生源类型多样化的现实背景下，高职院校如何找准自身办学定位、提升办学质量、突出办学特色，通过强化内涵建设提升人才培养质量，为服务产业经济发展输出优质人才，已成为新时代高职教育高质量发展所面临的现实困境。

（2）去哪里？——高职教育高质量发展的方向。立足新时代高职教育的发展方位，精准定位高职教育高质量发展的目标指向，是当前高质量发展背景下高职院校所承载的时代使命与面临的新课题。服务地方区域经济发展是高职院校的重要社会责任，为产业行业培养高质量的供给侧人才是高职院校高质量发展的目标定位。办学的高度自洽、服务的高效对接以及社会高位认同是高职教育人才培养的优质路径。高职院校应立足自身办学定位，以内涵发展、特色发展、错位发展为办学方向，为产业行业培育优质人才。

（3）如何去？——高职教育高质量发展的方略。在创新驱动发展背景下，如何有效提升人才培养质量，服务区域经济高质量发展，是职教研究学者与高职院校共同面临的新课题。2019年1月，国务院出台《国家职业教育改革实施方案》（简称"职教20条"），不仅承载着优化高等教育结构和培养大国工匠、能工巧匠的使命担当，同时也为高职教育高质量发展的目标方向提供了顶层设计。职教20条印发之后，国家相继出台了《职业教育提质培优行动计划（2020—2023年）》、"双高计划"等系列重大举措，从立德树人、三教改革、国际化视野等维度明确了新时代高职教育高质量发展的实践方略，而"提质培优、增值赋能"将是贯穿高职教育高质量发展路径方略的主干线。

参见：荣玮，沈士德，戚豹，王峰. 新时代高职教育高质量发展的方位、方向与方略[J]. 高等职业教育探索，2022，21（4）：35-41.

4.1.3　高等职业教育高质量发展的实现路径

西南大学教育学部彭泽平等认为："十四五"时期，推进高等职业教育高质量发展成为构建高质量职业教育体系、服务经济社会发展新格局、凸显人才培养高层次定位的重要战略，结合高等职业教育的客观发展需要，高等职业教育高质量发展呈现出以现代化类型教育为新定位、以系统可持续发展观为新理念、以过程与结果并重的质量观为新目标等特征。要在新阶段实现高等职业教育高质量发展，需要通过构建现代职业教育体系，诠释高质量发展厚度；完善高职质量保障体系，把控高质量育人向度；打造产教融合共同体，拓升高质量建设高度；深化"双师型"教师队伍建设，发掘高质量育人深度。

构建现代职业教育体系方面：一是推进职业教育体系内部各层次实现"无缝衔接"；二是多渠道探索、稳步推进职业本科教育发展；三是健全职业教育考试招生制度。

完善高职质量保障体系方面：一是完善内部教学质量评价机制；二是健全经费保障机制；三是完善高质量人才培养机制。

打造产教深度融合共同体方面：一是构建地方政府、企业、职业院校等多元主体协同参与机制；二是以产教融合为切入点建立健全校企"双主体"协同育人机制；三是加强产教融合式教学基地的统筹规划、系统管理、共享开放。

深化"双师型"教师队伍建设方面：一是围绕教师本位发展理念，抓好"双师型"教师队伍主力军建设；二是加强内外"双通道"建设，完善高职教师知识结构；三是，建立健全"双师型"教师动态管理机制，推动高职教师专业发展动态化、可持续化。

参见：刘明珠，彭泽平. 高等职业教育高质量发展：现实逻辑和实现路径 [J]. 职业技术教育，2022，43（25）：19-23.

4.1.4　职业教育高质量发展的实践路径

河北大学槐福乐等认为：职业教育高质量发展是教育高质量发展体系中的重要一环。我国已建成全世界规模最大的职业教育体系，但"质"的发展仍是当前面临的重大问题。遵循职业教育高质量发展的教育性逻辑、政策性逻辑和战略性逻辑，阐释了职业教育高质量发展的必然性，从生态平衡发展观、质量管理发展观和人本主义发展观出发，论证了职业教育高质量发展的内涵，从价值标准、功能标准与方法标准三个维度构建职业教育高质量发展标准，据此提出了职业教育高质量发展的实践路径：

（1）制定职业教育高质量发展战略。一是实施职业教育利益相关者协同发展战略，实现职业教育人才培养与服务经济社会发展的协同、职业教育布局与产业布局的协同；二是通过健全职教高考制度，实现职业教育人才强国战略。

（2）完善职业教育高质量标准建设。关于职业教育人才培养标准，涉及职业教育各要素的标准建设，如课程标准、教学标准、职业标准（含职业资格标准、职业资格证书标准）等；关于职业教育教师标准，目前，我国相关标准尚不健全，主要体现为职教师资数量不足、学历层次整体偏低、职称结构参差不齐、本硕培养体系割裂等。

（3）发挥职业教育质量评价指挥棒作用。一要明确职业教育质量评价的出发点，即职业教育质量评价结果"为谁服务"，并基于此建立整体性的职业教育质量评价框架；二要将新发展理念注入职业教育质量评价，为发挥职业教育质量评价的指挥棒作用营造良好的质量文化氛围。

参见：槐福乐，常熙蕾，吕清. 职业教育高质量发展的内涵、标准与实践路径 [J]. 职业技术教育，2022，43（21）：13-18.

4.2 办学模式改革

4.2.1 本科层次职业学校的办学定位、现实困境与路径选择

上海电子信息职业技术学院党委副书记、校长赵坚认为：本科层次职业教育是我国现代职业教育体系的重要组成部分，以培养技术工程师岗位的技术型人才为主要目标。当前，本科层次职业大学面临办学方向亟待明确、办学理念亟待转变、专业建设亟待升级、教师能力亟待提升、管理体制有待健全等现实问题，需要国家层面完善制度设计，明确职业本科办学方向，学校层面确立兼具高等性和职业性的办

学理念，统筹协调专业内涵建设，对标本科要求建设师资队伍，创新办学体制机制，激发办学活力。

完善制度设计方面：一要尽快明确本科层次职业教育的办学定位。国家教育主管部门应组织专门研究力量，就本科层次职业教育的培养定位、本质属性、类型特征等进行系统研究，为本科层次职业学校办学提供理论指导和方向。二要尽快完善本科层次职业教育标准体系，包括学校设置标准、专业设置标准、专业教学标准、课程标准、教师专业标准、实验实训室建设标准、院校评价标准、人才培养质量标准等。

转变办学理念方面：一要强化科研引领，营造学术氛围，彰显本科层次的高等性；二要坚持职业教育类型特征，树立具有职业教育特色的大学文化和大学精神。

深化产教融合方面：一要建设具有职业教育特色的技术学科体系；二要对接产业发展，建立专业集群体系；三要转变课程开发理念。

对标本科要求，强化师资队伍能力建设方面：一要完善教师引进与培养机制，优化师资队伍结构；二要做好教师个人发展规划，激发每位教师的潜能；三要创新人事制度改革，提高教职员工获得感。

创新体制机制，激发办学活力与实力方面：一要健全学校政行企校共同参与的多元治理体系；二要推进学校二级管理，简政放权，激发二级学院办学活力；三要创新协同育人机制，加强专业之间的协同发展。

参见：赵坚．本科层次职业学校的办学定位、现实困境与路径选择 [J]．职教通讯，2022，(6)：51-57．

4.2.2 增强中等职业教育适应性的应对策略

杨凌职业技术学院苏娟丽等认为：我国教育事业不断发展，随着对于职业教育的重视程度不断提高，对职业教育也提出了新的要求。我国职业教育院校要适应时代发展趋势，依据国家相关政策，做好办学模式和人才培养模式的改革创新工作。

职业教育办学模式改革可有以下路径：

（1）更新办学理念，明确办学定位。第一，职业院校要及时掌握职业教育改革新动向，了解更多先进的职业教育办学理念和模式，并结合自身地区的实际情况来选择恰当的办学模式;第二,职业院校在办学过程中,要明确自身的办学特色,明确自身的办学优势和劣势,基于时代发展需求构建特色办学内容,打造优势专业;第三,优化资源配置。职业教育资源有限,并且相互之间竞争激烈,因此在办学过程中,职业院校要进一步优化办学资源,掌握好最具优势的资源,借助最优的资源打造特色专业,进一步提高资源利用效率;第四,进行以工作过程为导向的课程改革,对企业各个岗位进行分析,对岗位工作任务进行分解,构建更加恰当的课程体系。

(2)促进多元主体合作办学,构建整体性治理体系。第一,加强多元主体之间的合作;第二,加强与优质对象的合作;第三,构建多元化主体治理体系。

(3)形成全方位的办学保障机制。第一,在制定职业教育相关法律规定、政策措施时,应当多个部门共同制定,从多个方面来完善政策内容;第二,引导职业院校做好办学制度的改革创新工作,制定各项政策来确保制度的有效落实;第三,相关部门必须对职业院校的经费给予保障,确保职业院校能够具有足够的经费来开展教育教学活动,确保各项办学措施能有效落实。

(4)提高办学核心竞争力。第一,职业院校要进一步完善和创新人才培养模式,为社会提供更多高素质人才;第二,职业院校要进一步完善课程体系,提高课程内容和实际工作之间的关联度,确保学生的知识水平和技能水平都能够更好地适应当前社会工作岗位的要求;第三,职业院校要注重对教师的培养,打造高素质的师资队伍。

参见:苏娟丽,王琦.职业教育办学模式和人才培养模式改革探索[J].教书育人(高教论坛),2022,(30):74-77.

4.2.3 增强中等职业教育适应性的应对策略

立足新发展阶段,服务新发展格局,增强中等职业教育适应性已成为现代职业教育体系建设的时代要求,也是深化中等职业教育改革的重点任务,必须充分发挥地方政府主导、行业引导、学校和企业主体等方面的作用,多方协同、勠力化解。

地方政府层面:一要巩固中职基础地位,保持高中阶段教育"职普比"大体相当。二是落实政府举办主责,市、县级政府应全面贯彻国家关于职业教育改革的顶层设计要求,把加快发展中等职业教育放在更加突出的位置。三要引导产教融合共生，地方政府应主动作为，加大对中等职业学校深化产教融合共生式发展的引导与推动。

教育行政部门层面：一要优化体系建设。以职业教育专业目录为推动，强化中高衔接一体化发展；以落实育训并举法定职责为推动，强化中等职业教育培训功能。二要强化标准引领，加强中职办学标准建设与落实，健全完善"1+X"证书制度体系。三要深化评价改革，以学生成长成才、德技并修为评价导向，促进学生全面而有个性地发展；健全学校内部质量评价和保障体系，积极构建行业企业广泛参与的外部评价机制；完善"职教高考"制度和"文化素质 + 职业技能"考试招生办法，彰显职教高考的评价特色；改革"一考定终身"的单一结果评价方式，构建多元评价、分类评价、动态评价、过程评价和全面评价等多种方式相结合的评价体系。

中等职业学校层面：一要精准对接区域产业发展需求，二要深入推进办学育人模式变革，三要全面推进与深化学校内涵建设。

参见：胡国友 . 高质量发展背景下增强中等职业教育适应性的挑战与应对 [J]. 教育与职业，2022，(10)：27-33.

4.2.4　高等教育、职业教育、继续教育融合的对策建议

天津市教育科学研究院耿洁等认为：互联网时代的融合特征加速推进各领域融合发展，引发结构性变革。面向 2035 教育强国和人才强国建设，高等教育、职业教育和继续教育融合成为时代发展的命题。从政策研究看，高等教育构建高质量发展体系、职业教育提质培优和继续教育服务全民终身学习构成了高等教育、职业教育、继续教育融合的核心政策内涵。但三者整合还面临对服务终身教育的"高职继融合"认识不充分、基础要件未夯实、高等学校的继续教育不强、本科层次职业教育未成规模等问题。为此，可采取如下对策：

（1）提高互联网时代"高职继融合"的理性认知。互联网时代与"高职继融合"是因果相关的，从时代更迭进程看，建构在工业时代满足标准化大规模生产的人才培养路径及模式，高等教育、职业教育、继续教育相对独立，进入互联网时代智能化、标准化、模块化、定制化生产对人才需求的内涵发生了巨大变化，促进教育由学知识和技能、考知识技能向掌握思维和方法转变，突出创新意识和创新能力培养，推

进高等教育、职业教育、继续教育之间的互通性不断增强，最终形成以学习者为导向、以全民终身学习为主线的"高职继融合"体系。同时，要在提高对互联网时代认识的基础上，充分理解互联网时代融合发展、产业领域融合发展、人才需求变化、"高职继融合"之间的内在逻辑，站在实现 2035 年教育强国、人才强国目标的高度，加快推进"高职继融合"。

（2）推进全国性终身教育等法规制定与出台。构建服务全民终身学习体系作为"高职继融合"的政策取向，应积极推进全国性的终身教育法律法规出台，完善终身学习教育体系的政策保障制度，同时推进高等教育、职业教育、继续教育融合发展规划和指导性文件出台。

（3）探索深化关键制度改革试点。需要用创新意识和创新思维突破高等教育、职业教育、继续教育融合中管理体制问题，成立重大问题研究团队，对国家资历框架、学分银行等关键问题，形成自上而下和自下而上的双向贯通顶层设计和探索试点。

（4）加快发展高等继续教育和职业本科教育。促进学分银行与高等继续教育对接，制定统一标准，为高等继续教育学分互认、学分转换提供依据；加强高等继续教育与社区教育、职业教育融合，加强校企合作，推进高校继续教育社会培训服务功能的发挥；增强高校继续教育内生动力，加强专业设置与劳动力市场接轨，及时根据社会人力资本需求调整人才培养目标。大力推进职业本科教育规模发展，探索普通高等学校增设本科职业教育专业，拓宽本科职业教育办学类型。

（5）构建面向重点群体的"互联网+"高职继融合。面向 2035 年教育强国和人才强国目标以及 2050 年实现现代化强国目标，对接区域发展战略、新型城镇化和乡村振兴战略，精准定位学术型人才、应用型人才、技术技能人才的教育需求，建设区域性、地方性"高职继融合"教育试点，满足不同群体、不同个体的教育需求，实现真正意义上的教育开放，实现不同层次与类别的高等教育、职业教育与继续教育之间的衔接，实现不同类型学习成果间互认。

参见：耿洁，王凤慧，崔景颐.高等教育、职业教育、继续教育融合：时代必然、政策语境与问题对策[J].职业技术教育，2022，43（28）：6-12.

4.3　人才培养

4.3.1　土建类专业人才非技术能力体系构建

重庆大学徐鹏鹏等认为：科学构建工科学生非技术能力培养体系，不仅能够有效提升工程教育人才的培养质量，更关乎我国工程界未来的发展水平和方向。从工程哲学视角，以土建类专业为例，分析了高校在本科学生非技术能力培养方面存在的问题，从培养目标、课程体系、教学模式和教学资源保障四个维度构建了土建类专业人才非技术能力培养体系（图4-1）。

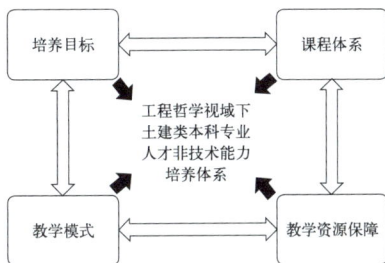

图4-1　工程哲学视角下土建类专业人才非技术能力体系

创新型土建类专业人才的非技术能力培养目标、课程体系和实践式教学模式，分别如图4-2～图4-4所示。

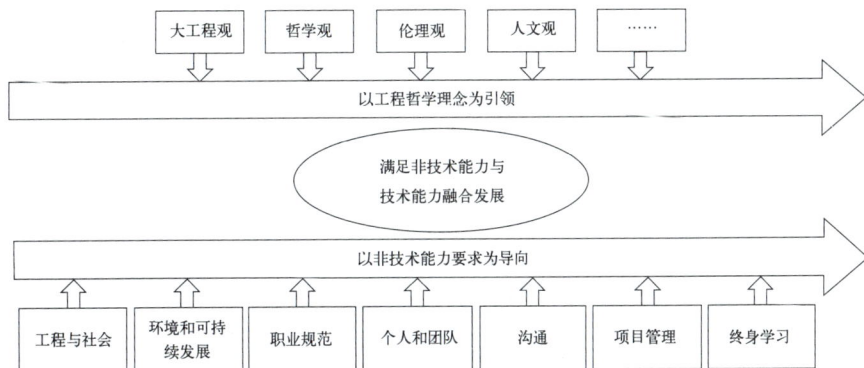

图4-2　土建类专业人才非技术能力培养目标

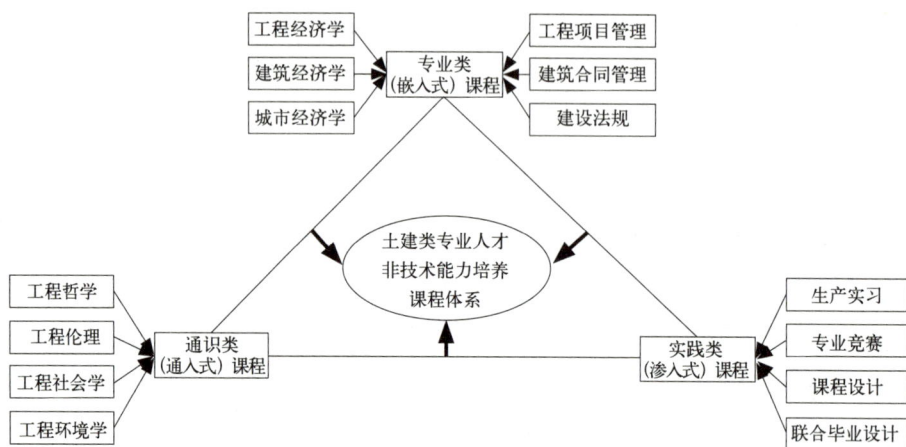

图 4-3　土建类专业人才非技术能力培养课程体系

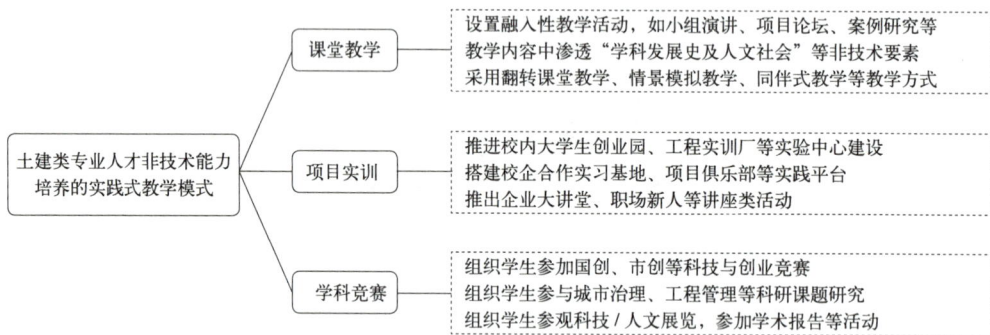

图 4-4　土建类专业人才非技术能力培养实践式教学模式

参见：徐鹏鹏，姚浩娜，刘贵文．工程哲学视角下土建类专业人才非技术能力体系构建——以重庆大学为例 [J]．高等建筑教育，2022，31（6）：8-16.

4.3.2　城乡规划专业"三三三"育人新模式探索

东南大学王兴平认为：立足新时代"三全育人"的新要求，城乡规划专业如何结合专业特点，构筑具有操作性的新型育人模式值得探索。城乡规划专业既要体现高校育人的普遍规律，也要立足专业自身特点，创新人才培养模式，开展育人实践。并从"三全育人"的本质出发，结合高等教育的普遍规律，构建了全人教育、思政教育和科研育人层层递升的高校育人三层次"金字塔"体系。对照城乡规划专业特点和需求，提出了基于"金字塔"体系的城乡规划专业"三三三"育人模式。

1.高校育人三层次"金字塔"体系

高校的育人模式既要立足共性的育人要求，也要体现青年人阶段性成长的内在需求和专业教育的特点。为此，以"健全人格"培养为目的的全人教育、以"三观"养成为导向的思政教育和针对科技工作者学风与作风养成的科研育人是高校育人的3 个层次，三者以"德育"为主轴形成一个"全人 > 公民 > 学者"层层递升和相互贯通的金字塔（图 4-5）。

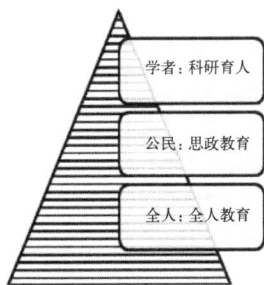

图 4-5　高校育人"金字塔"体系图

2.基于三层次"金字塔"育人体系的城乡规划专业"三三三"育人模式

在学科分类上，城乡规划学科属于工科，需要深刻了解城乡发展的内在规律和具备扎实的设计表达能力，具有较强的科学性，需要从业者具有扎实的专业功底、严谨的作风和工匠精神。在行业属性上，城乡规划面向经济社会发展需要，肩负描绘"美好生活"和营造"美丽人居"的任务，规划师需要直接服务于政府决策并直面社会发展问题，具有很强的公共政策属性，要求从业者具有爱心、公心和以人为本的情怀。全人教育有利于引导学生树立正确的职业观，思政教育有利于培养其正确的公民意识，科研育人则有利于培养学生踏实的作风和扎实的专业功底等，三者与规划专业的教育均具有内在的一致性。

梳理城乡规划学科和职业对规划师的德育需求，并与全人教育、思政教育和科研育人进行匹配，可以构成贯穿于规划专业教育和教学体系全过程和全方位的"三三三"育人模式，其具体涵盖：基于全人教育理念的"三观育人"（世界观、人生观、价值观），培养学生"以人民为中心"的基本理念；基于思政教育的"三情育人"（世情、国情、党情），培养学生"爱国奉献"的基本品质；基于科研育人的

"三做育人"（做人、做事、做学问），培养学生"实事求是"的学风与作风。"三三三"育人理念和模式将规划专业的职业道德教育较为系统地融入高等教育全过程（图4-6），为国家培养合格的新时代专业人才。

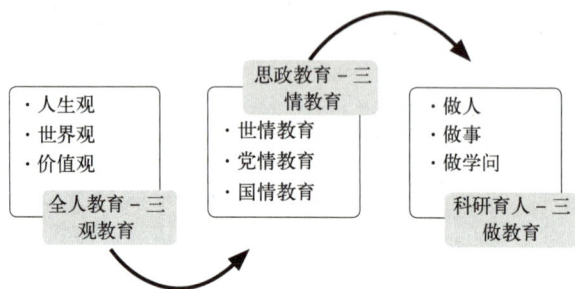

图4-6 "三三三"育人模式

"三三三"育人模式明确了育人的具体内容和内涵，在具体实现途径与方式上，则采纳"三全育人"提倡的全员育人、全程育人、全方位育人要求，与规划专业教学、科研的多个具体环节有机融合，也可以看作是"三全育人"模式的一个具体化和特色化创新探索。在具体实施上主要有3种途径：一是与课堂教学密切结合，利用思政课、专业课，体现"三三三"育人的具体内容和要求；二是与课外研学密切结合，采取团建学习、社会实践、课外读书等方式，吸收"三三三"育人倡导的相关内容；三是与专业科研相结合，在开展科研和规划设计项目的过程中，融入"三三三"育人的相关内容。此外，特别强调教师的言传身教和示范引领作用。

参见：王兴平．城乡规划专业"三三三"育人新模式探索：东南大学的实践 [J]．高等建筑教育，2022，31（6）：35-41．

4.3.3 工程教育认证背景下复杂工程问题驱动的新工科人才培养模式

北京工业大学王宏燕等认为：培养具备解决复杂工程问题能力的工程师是工程教育认证的核心要求。并阐述了北京工业大学建筑环境与能源应用工程专业基于"三元协同"核心理念所构建的以分模块必备知识体系、分层级多维度综合实践教学体系和全方位综合素质培养机制为核心的人才培养模式（图4-7）。

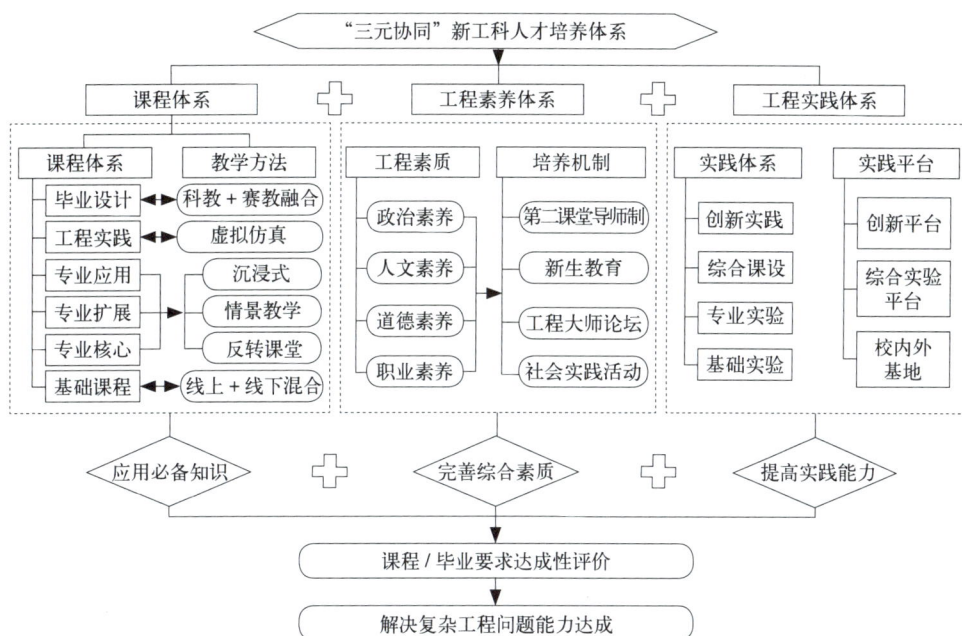

图 4-7　"三元协同"育人模式

该模式结合工程教育认证中以学生为中心、产出导向、持续改进的教学理念，在知识传授、能力培养和素质提升的过程中融入大数据、人工智能等新技术，实时跟踪学生学习目标达成情况，递进式培养学生解决复杂工程问题能力，对当前开展工程教育认证工作及推进新工科建设具有重要意义。

参见：王宏燕，张晓静，陈超，等．工程认证背景下复杂工程问题驱动的新工科人才培养模式探究 [J]．高等建筑教育，2022，31（5）：15-22.

4.3.4　工程建造人才的工程社会意识培养路径

华中科技大学钟波涛等基于中国高校工程教育的发展现状及高等教育的工程范式，以工程管理专业学生的工程社会意识培养为例，探讨了工程建造人才社会意识的培养路径。

（1）确定人才培养目标定位，将工科学生工程社会意识的培养纳入培养方案。培养学生的工程社会责任感，要求学生不仅承担对工程的经济责任、法律责任，还要承担工程的环境生态健康责任、工程伦理责任等。通过重新整合不断分化的学科，将培养方案中相互分割的科学内容、工程技术内容、人文社科内容加以系统综合，并用集成的思想重构课程体系和教学内容，促进学科的交叉和融合，为学生提供多学科的知识背景，全面提高学生的综合素质和能力。

（2）优化课程体系和教学内容，增设工程社会意识相关课程。基于工程建造人才培养要求，既要注重建造传统专业（土木、交通、水利、电力等）与机械、电子、控制、数学等学科的交叉融合，也要强化与心理学、社会学、伦理学、哲学等人文社会科学的融合，逐渐形成"建造专基类＋技术多专业＋人文多学科＋智能化"的复合交叉培养模式与课程体系。

（3）创新培养模式和教学方法，强化工程实践。工程实践中衍生工程社会意识和工匠精神。通过工程实践，一方面，可应用和检验所学知识；另一方面，可获得实践最真实的现场反馈和工程感受。工程实践内容要充分结合并立足于实际工程经验。

（4）完善考核评价体系，建立多元考核方式。积极探索建立相应的学业考核评价体系：一是注重课堂教学与工程实践两个环节的考核，平衡课堂教学与工程实践学分的比重，避免过于强调理论知识点的掌握而忽视工程实践的参与度与获得感；二是在评价体系中除考核工程的科学技术知识外，还需要纳入工程精神与工程社会意识等人文社会知识的评价指标；三是注重考核内容和形式的差异性，探索符合工程精神与社会意识的考核方式；四是评价主体多元化，除各学科课程负责人外，还应包括业界导师、企业工程师等；五是在考核内容上"知识与能力、方法与过程、意识与价值"相结合。

参见：钟波涛，孙峻，邢雪娇，等．工程建造人才的工程社会意识培养路径探索 [J]．高等建筑教育，2022，31（5）：23-30．

4.3.5 高职教育人才培养模式的构建及保障机制

以水利水电建筑工程专业教学改革为载体，山西水利职业技术学院构建了"五对接，四平台，三层次"生产主导型人才培养模式。通过构建专业调研论证机制、制定切实可行的人才培养方案、开发基于工作过程的核心课程、建设和完善校内外实训基地、建立专兼结合教学团队等举措，为人才培养工作的顺利实施提供了有力保障。

"五对接，四平台，三层次"生产主导型人才培养模式的基本内容：一是进行"五对接"教学改革，包括专业与产业对接、课程内容与职业标准对接、教学过程与生产过程对接、学历证书与职业资格证书对接、职业教育与终身学习对接；二是搭建"四平台"课程体系，包括基础能力课程平台、单项能力课程平台、综合能力课程平台、拓展能力课程平台；三是设计"三层次"实践教学，包括专项技能训练（第一层次）、综合实训（第二层次）和顶岗实习（第三层次）。

"五对接，四平台，三层次"人才培养模式实施的条件与保障机制：一是形成"走出去，请进来"的专业调研与论证机制。这是模式实施的前提；二是制定切实可行的人才培养方案，这是模式实施的关键；三是开发基于工作过程的课程，这是模式实施的重点；四是建设和完善校内外实训基地，这是模式实施的基础。

参见：张建国.高职教育人才培养模式的构建及保障机制——以山西水利职业技术学院为例 [J].高等建筑教育，2022，31（5）：23-30.

4.3.6　高质量绿色技能人才助力城乡建设绿色发展

1."绿色技术、绿色技能"在住房城乡建设领域的现状及趋势分析

2019 年，住房和城乡建设部发布了《绿色建筑评价标准》，给出建筑工程绿色评价标准。2020 年，住房和城乡建设部等九部门联合印发《关于加快新型建筑工业化发展的若干意见》，提出加强系统化集成设计和标准化设计，推动全产业链协同；优化构件和部品部件生产，推广应用绿色建材；大力发展钢结构建筑，推广装配式混凝土建筑，推进建筑全装修，推广精益化施工建造；加快信息技术融合发展，大力推广 BIM 技术、大数据技术和物联网技术，发展智能建造等九项重点工作。2021 年，《中共中央办公厅 国务院办公厅关于推动城乡建设绿色发展的意见》明确了通过加快绿色建筑建设，转变建造方式，积极推广绿色建材，推动建筑运行管理高效低碳，实现建筑全寿命期的绿色低碳发展。

结合行业发展趋势，专业人才培养应主动适应服务行业绿色发展，将绿色建筑设计技术、绿色建材生产使用技术、绿色施工技术、绿色运维管理技术等相关课程纳入人才培养的课程体系，将绿色建筑知识、绿色技能培养融入专业课程教学标准，培养具备绿色发展素养的高素质技术技能人才。

2.土木建筑类专业和课程、能力要求等方面的体现

（1）"绿色技术、绿色技能"在土木建筑类相关专业、课程、能力等方面体现情况。

住房城乡建设行指委负责指导的职业教育土木建筑大类专业中，绿色技术、绿色技能在大部分专业均有体现。大部分传统专业进行了数字化升级改造，具有运用数字技术解决建筑工程施工技术与管理问题和掌握房屋建筑领域相关法律法规，具有安全至上、质量第一、绿色环保意识的能力要求，在部分专业中设置了建筑信息模型（BIM）应用相关课程。设置装配式建筑施工（中职）、装配式建筑工程技术（高职）智能建造技术（高职）、智能建造工程（本科）等新专业来适应绿色建筑的发展对技术技能人才的需求。为面向建筑全寿命周期培养学生的绿色建筑设计咨询、绿色建造管理、绿色运维管理等全过程工程咨询领域职业能力，开设《BIM 概论与建模技术》《建筑信息模型应用》《智能建造技术》《智慧工地管理》等专业课程；为提升绿色低碳技术应用能力、绿色施工和低碳技术应用的能力，相关课程加入智慧化施工、智慧化分析、智慧化运维、水处理技术、固体废物处理技术等内容，体现绿色低碳的理念。

（2）举例分析。智能建造技术专业的绿色施工技术与技能方面的能力主要体现在以下几个方面：能够运用智能测量技术知识，完成智能化施工放线和数据处理；能够编写基本的程序，规划机器人的工作路线、工作方式等；能够运用建筑信息模型进行多专业协同设计、施工方法与工艺模拟、工程进度控制与优化、工程计量与计价、工程质量检测等，并能够使用无人机协助项目信息化管理；能够按照智能化施工有关进度、质量、安全、造价、环保和职业健康的要求，科学组织、指导施工，并处理施工中的一般技术问题；能够运用三维激光扫描仪、智能靠尺等智能化设备进行工程质量检测，并对数据进行分析；具备绿色施工、安全防护、质量管理及建设工程法律法规正确应用能力；具有一定的创新能力，适应建筑业数字化转型升级的数字化应用能力。智能建造技术专业绿色技术与技能能力与课程对应关系见表 4-1。

智能建造技术专业能力与课程的对应关系表 表 4-1

智能建造技术专业主要绿色技术与技能能力要求	课程
1. 能够运用智能测量技术知识，完成智能化施工放线和数据处理	智能测量技术
2. 能够编写基本的程序，规划机器人的工作路线、工作方式等	智能机械与机器人
3. 能够运用建筑信息模型进行多专业协同设计、施工方法与工艺模拟、工程进度控制与优化、工程计量与计价、工程质量检测等，并能够使用无人机协助项目信息化管理	建筑信息模型应用

智能建造技术专业主要绿色技术与技能能力要求	课程
4. 能够按照智能化施工有关进度、质量、安全、造价、环保和职业健康的要求，科学组织、指导施工，并处理施工中的一般技术问题	智能建造施工技术
5. 能够运用三维激光扫描仪、智能靠尺等智能化设备进行工程质量检测，并对数据进行分析	智能检测与监测技术
6. 具备绿色施工、安全防护、质量管理及建设工程法律法规正确应用能力	建筑工程质量与安全管理
7. 具有一定的创新能力，适应建筑业数字化转型升级的数字化应用能力	大数据与云计算

住房和城乡建设部人力资源开发中心综合业务部副主任 温欣 撰稿。

4.4 "双师型"师资队伍建设

4.4.1 "三区联动"共建"双师型"教师队伍的主要路径

江苏开放大学江欢等基于政策要求，审视应用型本科高校"双师型"教师队伍现状，发现仍存在"比例尚未达标，来源较为单一；缺乏统一标准，认定范围宽泛；偏重学历学术，培养供给不足；保障不够完善，专业发展受限"等问题。"校区、园区、社区"三区联动体现了不同利益相关者间的协作共生，是对"大学—产业—政府"三螺旋模型的发展，高度切合应用型本科高校"因地而生、为地服务、受地支持"的特征，为应用型本科高校"双师型"教师队伍建设提供了新的方略。

三区联动共建"双师型"教师队伍的主要路径包括：

（1）三区联动，挖好引进渠。针对"教师来源较为单一、'双师型'教师比例不高"这一问题，应用型本科高校要落实好国家的政策要求，将企业、行业经历作为人才招聘和引进的重要依据，不断完善兼职教师、高水平专业人才的聘任方法和机制，通过"三区联动"，努力拓宽"双师型"教师的来源渠道。

（2）三区联动，守好认定关。针对"缺乏统一标准、'双师型'教师认定范围宽泛"这一问题，应用型本科高校在缺乏可遵从的统一认定标准的情形下，要学懂弄通国家政策文件中关于"双师型"教师的规定，明晰内涵，准确把握素质要求，通过"三区联动"，坚实守好"双师型"教师认定的关口。

（3）三区联动，搭好培养桥。针对"偏重学历学术、'双师型'教师培养供给不足"这一问题,应用型本科高校要充分利用园区、社区内的资源,建立"双师型"教师培养、培训及实践体系,通过"三区联动",共同搭好"双师型"教师培养的桥梁。

（4）三区联动,铺好发展路。 针对"保障不够完善,'双师型'教师专业发展受限"这一问题,应用型本科高校要准确理解新时代教育评价的内涵,主动变革教师职称晋升和考核评价机制,通过"三区联动",切实为"双师型"教师的发展铺好道路。

参见：江欢,秦琼,冯国刚."三区联动"：应用型本科高校"双师型"教师队伍建设策略探析 [J].终身教育研究,2022,33（6)：62-69.

4.4.2 高职院校"双师型"教师专业发展策略

武汉大学贾超认为：教师知识素养是学校发展的重要隐性资源,对高职院校而言,"双师型"教师的知识结构更具独特性,如何对其进行知识管理是当下高职院校"双师型"教师专业发展的新挑战。从知识管理的视阈出发,当前"双师型"教师知识管理面临学校内部知识共享文化淡薄、社会外部知识实践社区缺失、教师个体知识管理能力欠缺等挑战。基于知识管理模型,高职院校"双师型"教师专业发展应以社会化、外显化、组合化、内隐化为基础,进行知识的共享、转换、整合与再创,从学校、社会和教师三方面打破知识垄断,深化校企合作,加强自我管理。

"双师型"教师专业发展中知识管理的路径选择,如图 4-8 所示。

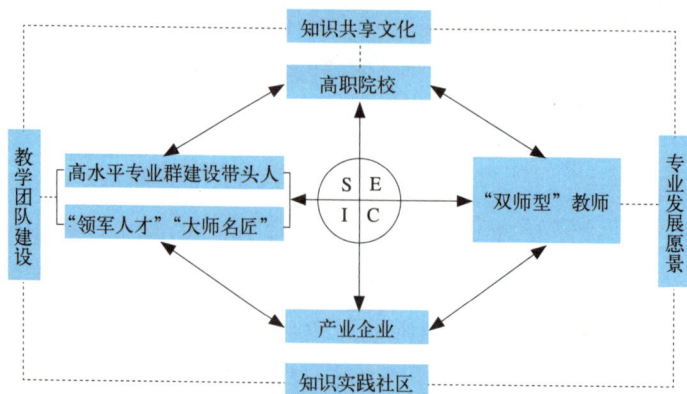

图 4-8 知识管理视阈下高职院校"双师型"教师专业发展路径

（1）打破知识垄断，组建高水平"双师型"教学团队。这是高职院校"双师型"教师专业发展中实现"双师型"教师知识社会化的体现，也是填补学习型组织缺位、培育知识共享文化的重要实践路径。高职院校知识共享文化是知识管理在高职院校"双师型"教师专业发展中实施的关键因素。高职院校教育管理者既要负责将支持集体学习、组建"双师型"教学团队的政策和资源制度化，还要负责培育学习型组织及"双师型"教学团队文化。其中，培养"双师型"教学团队信任文化和搭建学习型组织是建立基于信任和反思学习的心理模型的有效方法。

（2）深化校企合作，打造高水平专业群。这是凝聚高职院校与产业企业命运共同体合力、实现高职院校"双师型"教师专业发展、完成"双师型"教师知识外显化与组合化的路径选择，也是疏解高职院校与产业企业之间知识共享深度不足困境，实现高职院校与产业企业深度融合、健全知识实践社区的重要依托。

（3）加强自我管理，健全"双师型"教师专业发展体系。这既是实现"双师型"教师个体专业发展、促进知识内隐化、进行知识再创造的重要中介，也是组建高水平"双师型"教学团队、打造高水平专业群的重要抓手。

参见：贾超. 知识管理视阈下高职院校"双师型"教师专业发展策略探析 [J]. 职业技术教育，2022，43（34）：51-57.

4.4.3　"双师型"教师队伍建设与激励机制

甘肃林业职业技术学院党进才等认为：培养企业需要的高技术技能型人才，是职业院校的办学目的，也是人才培养的根本目标。高技能人才的培养，关键在教师。尤其是"双师型"教师的数量和质量，是职业院校人才培养质量的前提和保障，也是"双高"计划稳步推进的坚实基础。

在国家大力开展"双高"建设的历史机遇下，各高职院校都在不遗余力地加快"双师型"教师教学团队建设步伐，但在建设过程中则不可避免地面临诸多困境，主要表现在以下几方面：一是教师数量不足；二是缺乏行业实践锻炼；三是教师来源单一；四是"双师型"教师素质不高，专业建设缺少领军人物；五是"双师型"教师科研水平不高，对科研缺乏重视。

"双师型"教师队伍素质的提升，可以采取政策保障和激励机制两大策略。

政策保障方面：一是构建校企共担的"双师型"教师培养保障政策；二是制定"双

师型"教师的跨界职业资格标准；三是制定"双师型"教师的跨界职称评审机制。

激励机制方面：一是构建"双师型"教师校企合作激励机制。具体包括：合理配置资源完善教学管理，保证教师的进修时间。对于深入企业生产一线，积极了解生产、技术、工艺、设备，并通过实践将新技术、新工艺、新设备及把生产管理的专业知识融入教学中的一线教师，给予"双师型"教师荣誉称号和适当的物质奖励。建立人才交流协作平台，畅通教师与企业技术管理人才交流的渠道，提高"双师型"教师的专业实践技能和服务企业的能力，发挥教师们在工程实训中心和实习工厂建设中的作用；二是构建"双师型"教师继续教育激励机制。具体包括：设立师资培养专项基金，建立学术交流激励机制，构建"双师型"教师薪酬激励体系，运用精神激励营造良好氛围等。

参见：党进才，马秦靖."双高"计划下的"双师型"教师队伍建设与激励机制研究 [J]. 科学咨询（科技·管理），2022，(9)：132-134.

4.4.4 "双师型"教师的队伍建设及补充机制

南京科技职业学院黄涛等认为："双高计划"的提出为中国特色社会主义制度下的高职教育发展指明了方向。高职院校要充分把握"打造高水平双师队伍"的重要发展任务，针对当前高职院校"双师型"教师队伍建设中存在的认定标准不规范、培养体系不完善、教师自主发展意愿不强等问题，通过规范认定标准、创新培养体系、增强发展主动性等策略，推动"双师型"教师队伍建设的质量与成效。同时，探索"双师型"教师队伍的补充机制研究，促进高职教育"双师型"队伍的可持续性发展。

1. "双师型"教师的队伍建设

规范"双师型"教师队伍的认定标准方面：政府及主管部门应尽快编制出符合本地区发展需求的"双师型"教师资格认定标准，从源头上规范"双师型"教师队伍的准入标准；高职院校在原则框架内制定符合本校实际的动态性、可操作性的评定标准，发挥正确的"双师型"教师队伍发展导向与引领作用，从而保障"双师型"教师队伍的质量。认定标准制定时应突出我国新时代职业教育"双师型"教师队伍改革发展的重点，认定要素要涵盖师德师风、教学实践能力、团队建设等方面；同时考量"双师型"教师队伍在区域、产业经济及人才培养方面的影响力，体现专业、学科等因素的特色及差异性；认定主体的领导小组可以由学校联合企业、行业协会成立，一定程度提升企业实践及实操应用能力的权重；同时要兼顾过程评价，将学生、教师、实践企业的评价多元结合，建立精准的考核评价体系，推动"双师型"教师队伍认定及管理过程的科学化。

创新"双师型"教师队伍的培养体系方面：首先，高职院校要在战略决策层面统一教职工的思想认识，进一步提升"双师型"教师的重要地位，从政策上加大对"双师型"教师队伍培养体系的资金投入；其次，高职院校要优化"双师型"教师队伍的培训方案，制定中长期培训规划，采取不同措施、分层次加强师资培训，提高培训的针对性和科学性；此外，高职院校要着眼于整个学科团队的师资建设，鼓励教师"走出去"，积极参加国外组织的各项培训与交流，推动"双师型"教师队伍培训的系统化、规范化、制度化、团队化、国际化。

增强"双师型"教师队伍的发展主动性方面：高职教育作为未来国家职业教育体系中的重点发展方向，要营造和优化引才聚才生态环境，重视教师发展中心等机构职能的建设，树立"以人为本"的教师发展理念，尊重"双师型"教师队伍发展的内在需求。只有让教师感受到了自我价值的实现，他们才能坚定从事职业教育的职业信念，肩负起高素质技术技能人才培养的重任。此外，高职院校要为"双师型"教师队伍的全面发展给予更多的资金扶持和政策倾斜，加强统筹规划，配套长效激励机制。第一，高职院校要结合自身特色，为教师外出学习培训和出国研修等提供更多机会；第二，制定并执行学校层面的荣誉表彰制度，充分发挥典型示范作用，让"双师型"教师成为师资队伍建设和发展的追求与导向；第三，制定并执行符合学校实际的物质层面奖励制度，给予薪酬和绩效考核奖励，并为后续的岗位晋级、干部提拔、职称评审等提供依据。

2. "双师型"教师队伍补充机制的思考

一是加强职教师范院校的建设，开展多元化引进方式。政府及主管部门要进一步重视和加大职业技术师范院校的建设，充分利用高等教育资源优良的基础优势，保障各高等职业院校优秀师资的引进源头。围绕"双高计划"的建设要求，高职院校要研判国家、地方的产业政策和发展方向，兼顾区域的新兴产业布局，主动积极地邀请如行业企业领军人物、大师名匠等高层次人才参与高职院校的教学实践课程授课环节中，通过聘任兼职教师、客座及产业教授等多元化形式加强合作，不断升华感情，择机可采取柔性引进。

二是深化产教融合发展模式，搭建师资培训基地。高职院校要积极争取国家、政府及主管部门配套的经费和政策扶持，协同政府、企业（行业）共同构建联合培养的长效机制。高职教师可以通过搭建的师资培训基地前往优秀企业进行实地考察、技术岗位锻炼，进一步提升理论教学与岗位实践融合水平。另外，高职教师在定岗实践期间，要接受企业的管理与考核，在生产实践、技术转化等工作中落实企业岗位任务，在企业人力资源培训方面，可以发挥教师专长传授理论知识和方法，从而实现优势的互补，提升企业参与"双师型"教师队伍建设的主观意愿。

参见：黄涛，周巧平．"双高计划"下高职院校"双师型"教师的队伍建设及补充机制研究 [J]．科教导刊，2022，（1）：44-46．

4.4.5　新时代高职土木建筑专业"双师型"教师队伍建设

广东水利电力职业技术学院官大庶等认为：高职院校教育事业的成败受内因和外因的影响，其中内因起决定性作用。内因最重要的当属"双师型"教师队伍建设的水平，是职教改革关键的推动力量。他们围绕新时代土木建筑专业"双师型"教师存在的问题进行剖析，进一步根据问题的症结，从"双师型"教师队伍的规模、结构、素质、来源，探讨了新时代高职土木建筑专业"双师型"教师建设的有效途径。

（1）扩大"双师型"教师队伍的规模。结合学校国家级双高，或省级专业群，或职业本科的发展需要，进一步加强"双师型"教师队伍建设，积极引进技术技能型人才，根据不同编制待遇可分为全职引进和柔性引进。全职引进的人才，在聘期内实行"岗位薪资＋人才津贴"和"年薪制"两种薪酬模式；柔性引进的人才，在聘期内实行"年薪制"或"协议薪酬制"两种薪酬模式。全职引进的人才要求全年在校工作，分为编制内聘用和编制外聘用。编制内聘用的人才要求编制和人事档案关系均转到学校；编制外聘用的人才不纳入学校的编制数，实行聘期目标管理。柔性引进可采取智力引进和兼职引进的方式，具体工作方式和待遇可根据具体情况一事一议。

（2）调整"双师型"教师队伍的"双师"结构。土木建筑专业是实践性很强的工科专业，要优化兼职教师建设规划，扩充兼职教师人才储备库，完善兼职教师引进、准入、培养及淘汰机制，不断加大对兼职教师的支持力度。另外，应加强校企人员的全方面交流与合作，要求专任教师积极参与企业实践，达到"顶岗实习"的时间和任务的基本要求，提升"双师型"能力，保障人才培养更加契合新时代土木建筑行业的要求。

（3）提高"双师型"教师队伍的素质。整合利用各类培训资源，健全教师培养培训体系，构建校企协同育人平台，结合学校的实际情况以 1 ~ 3 年为一个周期，坚持专业教师到企业跟班调研、访问工程师、挂职顶岗 2 ~ 6 个月的实践锻炼，并以专业教研室为单位，根据课程和岗位的对应要求，形成"人员交替、内容更替"的教师企业工作机制，提升教师的职业技能。

（4）畅通"双师型"人才引进高职院校的途径。为了深入实施"人才强校"的战略，建立更加灵活、开放的引才用才机制，为一流高职院校的建设提供强有力的人才保障与智力支持，探索实行专业教师公开招聘和新进教师持证上岗的制度。提高特殊高端人才，具有发展潜力和重要成果的优秀人才，以及掌握核心技术、拥有自主知识产权或创新创业的"双师型"人才的待遇。

参见：官大庶，汤佳茗，朱剑锋，黄文豪，貌国全.新时代高职土木建筑专业"双师型"教师建设 [J].教育教学论坛，2022，（47）：50-53.

4.5 职业技能标准发展建设

4.5.1 行业职业技能标准职业技能标准工作现状

1.工程建设标准化工作

标准体系是一项系统工程，它包括基本体系和推行体系两大部分，其中，推行体系建设包括与标准化相关的法律法规体系建设、管理体制和运行机制建设、实施、保障体系建设和服务体系建设等多个层面。

根据职责分工和《工程建设国家标准发布程序等问题的商谈纪要》《工程建设国家标准管理办法》《工程建设行业标准管理办法》，工程建设国家标准由住房和城乡建设部批准后，与国家市场监督管理总局会签发布；工程建设行业标准由住房和城乡建设部批准、发布。根据住房和城乡建设部办公厅《关于印发住房和城乡建设领域标准制定工作规则的通知》（建办标〔2019〕73号）（以下简称"工作规则"）的有关要求，住房和城乡建设部标准定额司为标准主管机构，综合管理住房和城乡建设领域标准化工作；相关业务司局为标准主编机构，分工管理本行业标准化工作。

2.职业技能标准化工作

职业技能标准是在职业分类的基础上，根据职业活动内容，对从业人员的理论知识和技能要求提出的综合性水平规定，是开展职业教育培训和人才技能鉴定评价的基本依据。职业技能标准依据《中华人民共和国劳动法》制定，不同于国家标准和行业标准，国家职业技能标准仅明确职业编码，不进行标准编号。同时，《中华人民共和国劳动法》中并未明确规定职业技能标准的制定和发布机构。

现阶段，住房和城乡建设部已发布的职业技能标准依据《中华人民共和国劳动法》《中华人民共和国职业分类大典（2015版）》《国家职业资格目录（2021年版）》设定行业工种，依据《中华人民共和国标准化法》《工程建设行业标准管理办法》进行管理，按照《住房城乡建设行业职业技能标准编写技术导则（试行）》设定结构内容、编写表述及格式要求，并按工程建设行业标准发布、实施。

已发布的国家职业技能标准依据《中华人民共和国劳动法》《中华人民共和国职业分类大典（2015版）》设定工种，按照《国家职业技能标准编制技术规程（2018年版）》有关要求编制，由人力资源和社会保障部会同相关行业主管部门发布，不纳入国家标准或行业标准序列。

3.存在的主要问题

在标准化管理方面，住房和城乡建设部已发布的职业技能标准与国家职业技能标准存在根本差异，两者所依据的上位法及管理体制不同，严格意义上说，住房和城乡建设部已发布的职业技能标准可称之为"标准"，国家职业技能标准只是依据上位法律制定的规范性文件。同时，鉴于目前标准编制财政经费不足，职业技能标准的编制缺少资金支持，造成编制单位积极性不高。

在行业管理方面，根据职责分工，住房和城乡建设部有权根据行业需求制定并发布相关行业标准，行业标准需要在住房和城乡建设部门户网站向社会公开征求意见，但不需要征求其他部门的相关意见。国家职业技能标准则没有相关管理规定，人力资源和社会保障部制定并发布国家职业技能标准时可征求相关部门意见并联合发布，但也可单独发布。

由于上述标准化管理方面的差异和行业管理、部内管理的制约，造成了目前住房和城乡建设部发布的职业技能标准与国家职业技能标准间存在一定的区别、住房和城乡建设部与人社部在职业技能标准制定过程中协调不足、部内管理流程不顺畅等问题。

住房和城乡建设部人力资源开发中心职业培训部副主任赵昭撰稿。

4.5.2　行业职业技能标准发展工作构想

1. 健全职业技能标准工作机制

在住房和城乡建设部工作规则的基础上，完善职业技能标准工作机制，包括《职业技能标准管理细则》《职业技能标准编写规则》《职业技能标准实施意见》等规范性文件，保证职业技能标准制定和实施过程中各业务司局明确分工，有效推动职业技能标准制定的规范性和有效性，推动职业技能标准与住房和城乡建设行业管理的相互衔接。

2. 构建职业技能标准体系

组织有关单位构建职业技能标准体系，明确住房和城乡建设行业现有 181 个工种之间相互关联性，按专业或门类对具体职业技能标准的设定提出建议，确定各项职业技能标准编制的优先性。同时，对已发布的职业技能标准的实施效果和必要性进行评估，提出修订建议。

3. 筹建职业技能标准化技术委员会

设立职业技能标准化技术委员会，协助制定职业技能标准化发展规划，协助开展相关职业技能标准的编制与咨询解释，结合国家政策对职业技能标准体系进行动态维护。职业技能标准化技术委员会专家人选，兼顾住房和城乡建设部相关标准化技术委员会专家和外部专家，保证职业技能标准与行业发展相互联系，为职业技能标准的实施推广发挥更大作用。

住房和城乡建设部人力资源开发中心职业培训部副主任赵昭撰稿。

第5章　2021年中国建设教育大事记

5.1　住房和城乡建设领域教育大事记

5.1.1　干部教育培训工作

【举办大城市主要负责同志城市工作专题研讨班】2021年11月8～12日，住房和城乡建设部会同中共中央组织部在中国浦东干部学院举办大城市主要负责同志城市工作专题研讨班，副省级城市及省会城市市长、中央和国家机关有关部委分管负责同志及相关业务司局主要负责同志、中管高校领导班子成员等共40人参加学习。

【开展住房和城乡建设系统视频远程教育培训】2021年6～11月，举办14讲住建系统领导干部系列视频远程教育培训班。围绕党中央、国务院决策部署和住房和城乡建设部重点工作任务，邀请部总师、有关司局主要负责同志、地方同志和专家进行授课，全国累计400个城市参与连线，13.5万人次参加培训。

【举办地方党政领导专题研究班】2021年，指导全国市长研修学院举办3期线下、1期线上市长研究班，培训地方党政领导干部3980人。

【举办学习贯彻党的十九届五中全会精神集中轮训班】2021年1～2月举办了3期部直属机关学习贯彻党的十九届五中全会精神集中轮训班，进一步提高干部政治素质和专业能力。

【举办部机关公文处理培训班】2021年7月，部人事司和办公厅举办2期部机关公文处理培训班，部机关干部约300人参加培训，进一步提高部机关干部公文办理能力。

【组织开展中国干部网络学院"党史百年"网上专题学习】2021年3月至6月，根据中央组织部的要求，在中国干部网络学院组织开展"党史百年"网上专题学习，部机关处级以上干部，直属单位领导班子成员全员参加学习。

【举办新录用公务员入职培训班】2021 年 9 月，根据部领导指示，为加强新入职公务员培训，人事司举办部机关新录用公务员入职培训班，培训部机关近两年新录用公务员和军转干部 20 人。

【编制年度培训计划】围绕部中心工作和重点任务，组织部机关各司局编制印发 2021 年度部培训计划，培训计划基本覆盖 2021 年全国住房和城乡建设工作会议部署的重点工作。

【完成中组部干部履职通识系列网络课程开发工作】积极与中组部沟通协调，作为先行试点部门，人事司配合浦东干部学院完成"城市规划建设管理专题系列课程"的开发工作。

【推进优质课程教材建设】按照中组部要求完成《构建新发展格局干部读本》相关内容编写工作。协调全国市长研修学院继续编写《致力于绿色发展的城乡建设》市长培训教材，并广泛应用于各级领导干部培训中。推荐杨保军总经济师《全面实施城市更新行动 推动城市高质量发展》课程入选中组部全国教育培训好课程目录。

5.1.2　职业资格工作

【住房和城乡建设领域职业资格考试注册情况】2021 年，全国共有 34.8 万人次通过考试并取得住房和城乡建设领域职业资格证书。截至 2021 年年底，累计注册人数 179.2 万。

【推进一级注册建筑师考试大纲新旧考试科目成绩认定衔接】会同人社部和相关单位对一级注册建筑师职业资格考试新旧大纲衔接问题进行研究，指导全国注册建筑师管理委员会对考试大纲进行修订，制定发布《一级注册建筑师考试大纲新旧考试科目成绩认定的衔接方案》。

【将特种作业人员职业资格纳入国家职业资格目录统一管理】为规范建筑施工特种作业人员管理，提升建筑施工特种作业安全水平，将建筑施工特种作业人员操作资格（涵盖 12 个工种）纳入国家职业资格目录实行准入管理。

5.1.3　人才工作

【高层次人才】遴选推荐 4 名同志参与国家相关高层次人才选拔，2 名同志入选。

【技能人才】举办第一届职业技能大赛住建行业代表队总结大会，对我代表队 8 个项目 8 名选手获 1 金 3 银 1 铜 3 优胜奖且全部入选国家队的优秀成绩和作出突出贡献的单位个人进行表扬。与中国海员建设工会等单位举办长三角一体化发展城乡建设示范性劳动和技能竞赛。

【职业分类和职业标准】人事司会同相关司局组建专家团队，立足行业实际，推动国家职业分类大典修订工作，进一步明确职业（工种）分类、定义和主要工作任务。

5.2　中国建设教育协会大事记

【工作概况】2021 年，中国建设教育协会在中央和国家机关工委、民政部、住房和城乡建设部、教育部、人力资源和社会保障部等上级主管部门的关心指导下，在各分支机构通力配合、地方建设教育协会大力支持、会员单位的共同努力下，围绕国家建设事业和教育事业改革发展的目标任务，统一思想认识，创新发展模式，提高管理水平，履行社会责任，在服务政府、服务行业、服务会员单位和服务社会方面，取得了新成效。

【发挥智库作用，拓展服务政府领域】完成了人力资源和社会保障部委托的国家标准《建筑信息模型技术员国家职业技能标准》，住房和城乡建设部委托的行业标准《装配式建筑职业技能标准》《装配式建筑专业人员职业标准》编制工作。其中《建筑信息模型技术员国家职业技能标准》是协会组织编制的第一个国家标准，历时 20 个月，于 2021 年年底正式发布，为行业 BIM 人员的规范培养与职业能力鉴定提供了重要依据。继续教育工作委员会组织修订了《建筑与市政工程施工现场专业人员职业标准》，新标准预计于 2023 年下半年正式发布。

受住房和城乡建设部委托，由协会牵头，与中国建筑工业出版社共同组织编写了《部属建筑类高校发展与变迁》，展示了原建设部七所直属高校，在人才培养、科学研究、合作交流等方面的成就。目前已顺利出版。

与清华大学合作，完成了中国工程院重大咨询研究项目——《中国建造高质量发展战略研究》子课题《中国建造•从业人员能力提升工程》，系统分析中国建造高质量发展对从业人员的要求、人才培养的关键路径，为建立"质量创造效益、人才促进生产、创新展现动力、市场激发活力"的高质量发展格局提供有力支撑。

《中国建设教育发展年度报告》（简称《发展报告》）出版发行工作进入第六年。《发展报告》通过大量数据和案例，总结分析了全国建设类院校人才培养情况、各省、自治区、直辖市建筑业从业人员职业培训情况，对当前行业发展热点问题提出了意见和建议，为政府有关部门提供了决策依据，也为建设教育从业人员开展教育教学研究提供了参考。

【科学研究】开展了新一轮教育教学科研成果推优与课题立项。本次参与推优的教育教学科研成果比上一轮增加 52%，课题立项的参与单位及申报总数也达到历届最多。首次开展思政专项科研课题的结题验收工作。

结合行业热点开展课题研究和成果转化工作。"BIM 建模应用技能证书认证单元制定项目"课题研究顺利完成。启动了"中国建设教育协会合规工作"课题研究。高等职业与成人教育专委会开展了"基于智能建造新业态的产教融合教学体系的研究与实践"课题的前期筹备工作。建设机械职业教育专委会《动臂式教学专用塔式起重机实训教具应用研究》课题成果经河北省科技成果转化服务中心同行专家评价为国内领先水平。

组织策划和编写行业精品图书和学术刊物。《高等建筑教育》《中国建设教育》刊物的出版发行工作有序推进。继续教育工作委员会联合相关学协会共同组织编写《"一带一路"上的中国建造丛书》，对推动建筑业转型升级具有重要意义。就业创业工作委员会组织编写的《土木建筑类高职学生创新创业教育》，促进了专业教育与创新创业教育的融通。

【人才培养工作】高质量开展培训工作。全年专业技术岗位培训约 50 万人，同比增长 14%；继续教育和短期培训等工作取得较好成绩。建筑工程病害防治技术教育专业委员会组织开展检测职业培训、新规范和新技术培训、企业内训；建筑安全专业委员会组织开展附着式升降脚手架专业技术培训、安全科学与工程高级课程研修班；城市交通教育专业委员会组织开展交通运输类产学研教师研修班等项目。

有序开展职业技能评价工作。全年共完成教育部"1+X"BIM 和装配式职业技能等级证书考评 20000 余人。完成住房和城乡建设领域专业技能证书考评 20000 余人，新增绿色施工和消防证书考评。通过开展职业技能评价工作，协会积极调动部分地方建设教育协会参与其中，作为省级考评管理中心，负责考评管理、考点遴选、考试质量督查等工作，共同促进职业教育改革。

持续开展教育教学资源建设。完成了"八大员"专业技术岗位线上课程资源的采购工作；培训工作所需教材的编写工作，如装配式建筑构件制作与安装职业技能等级证书初级、中级、高级相应教材。房地产专委会持续推进案例教学，出版《全国房地产优秀案例Ⅲ》；院校德育工作专委会录制了"建筑说党史，春城颂党情"系列精品微课，把建筑文化的弘扬与党史教育相结合，创新建设类院校思政课教学模式。

【大赛与活动】受人力资源和社会保障部委托，在四川、河南、湖北、安徽、山东、江苏等省市地方建设教育协会的大力支持下，完成国家二类竞赛1个大项4和个小项的组织工作。2021年新冠疫情在多地零散爆发，为竞赛组织工作带来极大难度，其中工程测量赛项多次更换承办地点。经过大协会、地方协会、会员单位的通力合作，保质保量完成了全部竞赛项目。

受住房和城乡建设部人事司委托，协会组织承办了第一届中华人民共和国职业技能大赛住建行业代表团总结表彰会，总结经验，分享心得，表彰大赛特别贡献单位、优秀指导教师和优秀选手，研讨了住建系统技能比赛的发展前景。

主办竞赛5项，分别是"斯维尔杯"BIM-CIM创新大赛、2021年数字建筑创新应用大赛、第三届全国高等院校绿色建筑设计技能大赛、第二届"品茗杯"全国高校BIM应用毕业设计大赛、全国建筑类院校钢筋平法应用技能大赛，参与大赛的师生和职工约3万人次。

紧密结合专业领域人才需求组织大赛。相关分支机构举办了第三届全国高校房地产创新创业邀请赛、首届全国职业院校土建类专业学生"海星谷杯"建筑安全技能竞赛、第一届全国建设类院校BIM数字工程技能创新大赛、第十三届全国大学生房地产策划大赛，反响良好。

【交流活动】组织开展交流研讨活动。以分支机构为主体，开展了全国房地产数字化人才创新发展论坛、第二届全国智能建造学科建设与工程实践发展论坛、第三届建设行业文化论坛、第二届教学质量保障学术论坛；土木建筑类专业建设创新发展交流会、住房和城乡建设行业竞赛工作研讨会、"智能建造、绿色建造"研讨会、第四届中国房地产校企协同育人创新峰会、全国高校房地产案例教学与课程改革师资研讨会、基于 BIM 技术的结构设计教学能力师资研讨会、建设行业文化建设示范单位总结交流会等。

搭建国际合作交流平台。国际合作专业委员会召开了第一届绿色建筑与能源国际会议，聚焦"双碳"目标，交流研讨国内外绿色建筑与建筑节能的最新科技成果、技术标准、政策措施、创新设计和优化建造等。普通高等教育工作委员会开办了2021 年度暑期国际学校，来自"一带一路"建筑类高校国际联盟和国内卓越工程师联盟的 27 个国家、56 所高校的 299 名中外学生围绕"智慧城市"等学术热点开展讲座和交流研讨。

开展公益服务。针对受疫情影响严重的会员单位，实施会费减免政策。高等职业与成人教育专业工作委员会成功开展"智能建造中国行"大型公益教育活动。建设机械职业教育专业委员会主动对接地方，开展了帮扶培训、技能比武、拥军培训、职校生双证教育、下乡进村技能培训等公益培训项目。教育技术专业委员会在疫情期间免费提供建筑信息模型（BIM）职业技能等级相关软件及课程学习，使广大师生停课不停学。协会通过系列公益活动，履行了社会责任，提高了协会的知名度和美誉度。

【自身建设】发挥党建引领作用，开展党史学习教育。立足协会秘书处实际情况，以党史学习教育为抓手，以党建工作规范化、标准化建设为保障，开展了特色鲜明、形式多样的学习教育活动。党支部全年开展集中学习 7 次，党史交流研讨 7 次，党课 5 次，观看党史教育视频 6 场次。各种类型的学习共计参与数达 359 人次，进一步提高了党支部的凝聚力和战斗力。在学习和实践中，不断探索运用党的科学理论优化工作方式方法，持续推进党建工作与业务工作相融合。

按照章程要求和工作需要，规范开展各类会议。协会组织召开了六届四次常务理事会、六届二次会员代表大会、第十八届地方建设教育协会联席会议等，各分支机构按时召开年会、常委会等，有效推动协会工作开展。

以制度为保障，提高管理水平。协会下大力气，从培训中心、协会分支机构、各培训机构长远发展的大局出发，对培训工作开展全面系统的自查和整改，制定了关于"住房和城乡建设领域专业技术管理人员"线上岗位培训管理的实施细则，针对具体业务和不同环节出台配套文件。运用现代化技术手段对培训全过程监管，堵塞漏洞，提高培训品质和证书含金量。通过这次整改，协会建立了培训全过程质量监控体系和制度，确保各类培训合规合法、阳光透明。在人事管理方面，修订绩效考核管理办法和薪酬管理办法，制定了职级管理办法，逐步建立晋升路径向绩优人员倾斜的价值导向。完成了协会章程修订工作。

有序推进信息化建设和文化建设。加强对企业微信办公平台的管理和使用，实现了重要事项的移动审批，提高了内部工作效率。建成培训中心学习与考试平台、协会远程教育网站和考试平台。在文化建设方面，通过协会刊物、网络平台及时发布协会秘书处、分支机构的工作信息。开展了微视频大赛、摄影作品大赛和论坛征文活动。改善秘书处工作环境，加强软硬件建设，加大集体活动组织力度，形成了良好的工作氛围和团队风貌。

第6章 中国建设教育相关政策文件汇编

本章主要汇编 2022 年中共中央、国务院以及教育部、住房和城乡建设部下发的相关文件。

6.1 中共中央、国务院下发的相关文件

6.1.1 关于加强新时代高技能人才队伍建设的意见

2022 年 10 月，中共中央办公厅、国务院办公厅印发了《关于加强新时代高技能人才队伍建设的意见》，并发出通知，要求各地区各部门结合实际认真贯彻落实。《关于加强新时代高技能人才队伍建设的意见》全文如下。

技能人才是支撑中国制造、中国创造的重要力量。加强高级工以上的高技能人才队伍建设，对巩固和发展工人阶级先进性，增强国家核心竞争力和科技创新能力，缓解就业结构性矛盾，推动高质量发展具有重要意义。为贯彻落实党中央、国务院决策部署，加强新时代高技能人才队伍建设，现提出如下意见。

一、总体要求

（一）指导思想。以习近平新时代中国特色社会主义思想为指导，深入贯彻党的十九大和十九届历次全会精神，全面贯彻习近平总书记关于做好新时代人才工作的重要思想，坚持党管人才，立足新发展阶段，贯彻新发展理念，服务构建新发展格局，推动高质量发展，深入实施新时代人才强国战略，以服务发展、稳定就业为导向，大力弘扬劳模精神、劳动精神、工匠精神，全面实施"技能中国行动"，健全技能人才培养、使用、评价、激励制度，构建党委领导、政府主导、政策支持、企业主体、

社会参与的高技能人才工作体系，打造一支爱党报国、敬业奉献、技艺精湛、素质优良、规模宏大、结构合理的高技能人才队伍。

（二）目标任务。到"十四五"时期末，高技能人才制度政策更加健全、培养体系更加完善、岗位使用更加合理、评价机制更加科学、激励保障更加有力，尊重技能尊重劳动的社会氛围更加浓厚，技能人才规模不断壮大、素质稳步提升、结构持续优化、收入稳定增加，技能人才占就业人员的比例达到30%以上，高技能人才占技能人才的比例达到1/3，东部省份高技能人才占技能人才的比例达到35%。力争到2035年，技能人才规模持续壮大、素质大幅提高，高技能人才数量、结构与基本实现社会主义现代化的要求相适应。

二、加大高技能人才培养力度

（三）健全高技能人才培养体系。构建以行业企业为主体、职业学校（含技工院校，下同）为基础、政府推动与社会支持相结合的高技能人才培养体系。行业主管部门和行业组织要结合本行业生产、技术发展趋势，做好高技能人才供需预测和培养规划。鼓励各类企业结合实际把高技能人才培养纳入企业发展总体规划和年度计划，依托企业培训中心、产教融合实训基地、高技能人才培训基地、公共实训基地、技能大师工作室、劳模和工匠人才创新工作室、网络学习平台等，大力培养高技能人才。国有企业要结合实际将高技能人才培养规划的制定和实施情况纳入考核评价体系。鼓励各类企业事业组织、社会团体及其他社会组织以独资、合资、合作等方式依法参与举办职业教育培训机构，积极参与承接政府购买服务。对纳入产教融合型企业建设培育范围的企业兴办职业教育符合条件的投资，可依据有关规定按投资额的30%抵免当年应缴教育费附加和地方教育附加。

（四）创新高技能人才培养模式。探索中国特色学徒制。深化产教融合、校企合作，开展订单式培养、套餐制培训，创新校企双制、校中厂、厂中校等方式。对联合培养高技能人才成效显著的企业，各级政府按规定予以表扬和相应政策支持。完善项目制培养模式，针对不同类别不同群体高技能人才实施差异化培养项目。鼓励通过名师带徒、技能研修、岗位练兵、技能竞赛、技术交流等形式，开放式培训高技能人才。建立技能人才继续教育制度，推广求学圆梦行动，定期组织开展研修交流活动，促进技能人才知识更新与技术创新、工艺改造、产业优化升级要求相适应。

（五）加大急需紧缺高技能人才培养力度。围绕国家重大战略、重大工程、重大项目、重点产业对高技能人才的需求，实施高技能领军人才培育计划。支持制造业企业围绕转型升级和产业基础再造工程项目，实施制造业技能根基工程。围绕建设网络强国、数字中国，实施提升全民数字素养与技能行动，建立一批数字技能人才培养试验区，打造一批数字素养与技能提升培训基地，举办全民数字素养与技能提升活动，实施数字教育培训资源开放共享行动。围绕乡村振兴战略，实施乡村工匠培育计划，挖掘、保护和传承民间传统技艺，打造一批"工匠园区"。

（六）发挥职业学校培养高技能人才的基础性作用。优化职业教育类型、院校布局和专业设置。采取中等职业学校和普通高中同批次并行招生等措施，稳定中等职业学校招生规模。在技工院校中普遍推行工学一体化技能人才培养模式。允许职业学校开展有偿性社会培训、技术服务或创办企业，所取得的收入可按一定比例作为办学经费自主安排使用；公办职业学校所取得的收入可按一定比例作为绩效工资来源，用于支付本校教师和其他培训教师的劳动报酬。合理保障职业学校师资受公派临时出国（境）参加培训访学、进修学习、技能交流等学术交流活动相关费用。切实保障职业学校学生在升学、就业、职业发展等方面与同层次普通学校学生享有平等机会。实施现代职业教育质量提升计划，支持职业学校改善办学条件。

（七）优化高技能人才培养资源和服务供给。实施国家乡村振兴重点帮扶地区职业技能提升工程，加大东西部协作和对口帮扶力度。健全公共职业技能培训体系，实施职业技能培训共建共享行动，开展县域职业技能培训共建共享试点。加快探索"互联网＋职业技能培训"，构建线上线下相结合的培训模式。依托"金保工程"，加快推进职业技能培训实名制管理工作，建立以社会保障卡为载体的劳动者终身职业技能培训电子档案。

三、完善技能导向的使用制度

（八）健全高技能人才岗位使用机制。企业可设立技能津贴、班组长津贴、带徒津贴等，支持鼓励高技能人才在岗位上发挥技能、管理班组、带徒传技。鼓励企业根据需要，建立高技能领军人才"揭榜领题"以及参与重大生产决策、重大技术革新和技术攻关项目的制度。实行"技师＋工程师"等团队合作模式，在科研和技术攻关中发挥高技能人才创新能力。鼓励支持高技能人才兼任职业学校实习实训指导教师。注重青年高技能人才选用。高技能人才配置状况应作为生产经营性企业及其他实体参加重大工程项目招投标、评优和资质评估的重要因素。

（九）完善技能要素参与分配制度。引导企业建立健全基于岗位价值、能力素质和业绩贡献的技能人才薪酬分配制度，实现多劳者多得、技高者多得，促进人力资源优化配置。国有企业在工资分配上要发挥向技能人才倾斜的示范作用。完善企业薪酬调查和信息发布制度，鼓励有条件的地区发布分职业（工种、岗位）、分技能等级的工资价位信息，为企业与技能人才协商确定工资水平提供信息参考。用人单位在聘的高技能人才在学习进修、岗位聘任、职务晋升、工资福利等方面，分别比照相应层级专业技术人员享受同等待遇。完善科技成果转化收益分享机制，对在技术革新或技术攻关中作出突出贡献的高技能人才给予奖励。高技能人才可实行年薪制、协议工资制，企业可对作出突出贡献的优秀高技能人才实行特岗特酬，鼓励符合条件的企业积极运用中长期激励工具，加大对高技能人才的激励力度。畅通为高技能人才建立企业年金的机制，鼓励和引导企业为包括高技能人才在内的职工建立企业年金。完善高技能特殊人才特殊待遇政策。

（十）完善技能人才稳才留才引才机制。鼓励和引导企业关心关爱技能人才，依法保障技能人才合法权益，合理确定劳动报酬。健全人才服务体系，促进技能人才合理流动，提高技能人才配置效率。建立健全技能人才柔性流动机制，鼓励技能人才通过兼职、服务、技术攻关、项目合作等方式更好发挥作用。畅通高技能人才向专业技术岗位或管理岗位流动渠道。引导企业规范开展共享用工。支持各地结合产业发展需求实际，将急需紧缺技能人才纳入人才引进目录，引导技能人才向欠发达地区、基层一线流动。支持各地将高技能人才纳入城市直接落户范围，高技能人才的配偶、子女按有关规定享受公共就业、教育、住房等保障服务。

四、建立技能人才职业技能等级制度和多元化评价机制

（十一）拓宽技能人才职业发展通道。建立健全技能人才职业技能等级制度。对设有高级技师的职业（工种），可在其上增设特级技师和首席技师技术职务（岗位），在初级工之下补设学徒工，形成由学徒工、初级工、中级工、高级工、技师、高级技师、特级技师、首席技师构成的"八级工"职业技能等级（岗位）序列。鼓励符合条件的专业技术人员按有关规定申请参加相应职业（工种）的职业技能评价。支持各地面向符合条件的技能人才招聘事业单位工作人员，重视从技能人才中培养选拔党政干部。建立职业资格、职业技能等级与相应职称、学历的双向比照认定制度，推进学历教育学习成果、非学历教育学习成果、职业技能等级学分转换互认，建立国家资历框架。

（十二）健全职业标准体系和评价制度。健全符合我国国情的现代职业分类体系，完善新职业信息发布制度。完善由国家职业标准、行业企业评价规范、专项职业能力考核规范等构成的多层次、相互衔接的职业标准体系。探索开展技能人员职业标准国际互通、证书国际互认工作，各地可建立境外技能人员职业资格认可清单制度。健全以职业资格评价、职业技能等级认定和专项职业能力考核等为主要内容的技能人才评价机制。完善以职业能力为导向、以工作业绩为重点，注重工匠精神培育和职业道德养成的技能人才评价体系，推动职业技能评价与终身职业技能培训制度相适应，与使用、待遇相衔接。深化职业资格制度改革，完善职业资格目录，实行动态调整。围绕新业态、新技术和劳务品牌、地方特色产业、非物质文化遗产传承项目等，加大专项职业能力考核项目开发力度。

（十三）推行职业技能等级认定。支持符合条件的企业自主确定技能人才评价职业（工种）范围，自主设置岗位等级，自主开发制定岗位规范，自主运用评价方式开展技能人才职业技能等级评价；企业对新招录或未定级职工，可根据其日常表现、工作业绩，结合职业标准和企业岗位规范要求，直接认定相应的职业技能等级。打破学历、资历、年龄、比例等限制，对技能高超、业绩突出的一线职工，可直接认定高级工以上职业技能等级。对解决重大工艺技术难题和重大质量问题、技术创新成果获得省部级以上奖项、"师带徒"业绩突出的高技能人才，可破格晋升职业技能等级。推进"学历证书＋若干职业技能证书"制度实施。强化技能人才评价规范管理，加大对社会培训评价组织的征集遴选力度，优化遴选条件，构建政府监管、机构自律、社会监督的质量监督体系，保障评价认定结果的科学性、公平性和权威性。

（十四）完善职业技能竞赛体系。广泛深入开展职业技能竞赛，完善以世界技能大赛为引领、全国职业技能大赛为龙头、全国行业和地方各级职业技能竞赛以及专项赛为主体、企业和院校职业技能比赛为基础的中国特色职业技能竞赛体系。依托现有资源，加强世界技能大赛综合训练中心、研究（研修）中心、集训基地等平台建设，推动世界技能大赛成果转化。定期举办全国职业技能大赛，推动省、市、县开展综合性竞赛活动。鼓励行业开展特色竞赛活动，举办乡村振兴职业技能大赛。举办世界职业院校技能大赛、全国职业院校技能大赛等职业学校技能竞赛。健全竞赛管理制度，推行"赛展演会"结合的办赛模式，建立政府、企业和社会多方参与的竞赛投入保障机制，加强竞赛专兼职队伍建设，提高竞赛科学化、规范化、专业化水平。完善并落实竞赛获奖选手表彰奖励、升学、职业技能等级晋升等政策。鼓励企业对竞赛获奖选手建立与岗位使用及薪酬待遇挂钩的长效激励机制。

五、建立高技能人才表彰激励机制

（十五）加大高技能人才表彰奖励力度。建立以国家表彰为引领、行业企业奖励为主体、社会奖励为补充的高技能人才表彰奖励体系。完善评选表彰中华技能大奖获得者和全国技术能手制度。国家级荣誉适当向高技能人才倾斜。加大高技能人才在全国劳动模范和先进工作者、国家科学技术奖等相关表彰中的评选力度，积极推荐高技能人才享受政府特殊津贴，对符合条件的高技能人才按规定授予五一劳动奖章、青年五四奖章、青年岗位能手、三八红旗手、巾帼建功标兵等荣誉，提高全社会对技能人才的认可认同。

（十六）健全高技能人才激励机制。加强对技能人才的政治引领和政治吸纳，注重做好党委（党组）联系服务高技能人才工作。将高技能人才纳入各地人才分类目录。注重依法依章程推荐高技能人才为人民代表大会代表候选人、政治协商会议委员人选、群团组织代表大会代表或委员会委员候选人。进一步提高高技能人才在职工代表大会中的比例，支持高技能人才参与企业管理。按照有关规定，选拔推荐优秀高技能人才到工会、共青团、妇联等群团组织挂职或兼职。建立高技能人才休假疗养制度，鼓励支持分级开展高技能人才休假疗养、研修交流和节日慰问等活动。

六、保障措施

（十七）强化组织领导。坚持党对高技能人才队伍建设的全面领导，确保正确政治方向。各级党委和政府要将高技能人才工作纳入本地区经济社会发展、人才队伍建设总体部署和考核范围。在本级人才工作领导小组统筹协调下，建立组织部门牵头抓总、人力资源社会保障部门组织实施、有关部门各司其职、行业企业和社会各方广泛参与的高技能人才工作机制。各地区各部门要大力宣传技能人才在经济社会发展中的作用和贡献，进一步营造重视、关心、尊重高技能人才的社会氛围，形成劳动光荣、技能宝贵、创造伟大的时代风尚。

（十八）加强政策支持。各级政府要统筹利用现有资金渠道，按规定支持高技能人才工作。企业要按规定足额提取和使用职工教育经费，60%以上用于一线职工教育和培训。落实企业职工教育经费税前扣除政策，有条件的地方可探索建立省级统一的企业职工教育经费使用管理制度。各地要按规定发挥好有关教育经费等各类资金作用，支持职业教育发展。

（十九）加强技能人才基础工作。充分利用大数据、云计算等新一代信息技术，加强技能人才工作信息化建设。建立健全高技能人才库。加强高技能人才理论研究和成果转化。大力推进符合高技能人才培养需求的精品课程、教材和师资建设，开发高技能人才培养标准和一体化课程。加强国际交流合作，推动实施技能领域"走出去"、"引进来"合作项目，支持青年学生、毕业生参与青年国际实习交流计划，推进与各国在技能领域的交流互鉴。

6.1.2　关于深化现代职业教育体系建设改革的意见

2022 年 12 月，中共中央办公厅、国务院办公厅印发了《关于深化现代职业教育体系建设改革的意见》，并发出通知，要求各地区各部门结合实际认真贯彻落实。《关于深化现代职业教育体系建设改革的意见》全文如下。

为深入贯彻落实党中央关于职业教育工作的决策部署和习近平总书记有关重要指示批示精神，持续推进现代职业教育体系建设改革，优化职业教育类型定位，现提出如下意见。

一、总体要求

1. 指导思想。以习近平新时代中国特色社会主义思想为指导，深入贯彻党的二十大精神，坚持和加强党对职业教育工作的全面领导，把推动现代职业教育高质量发展摆在更加突出的位置，坚持服务学生全面发展和经济社会发展，以提升职业学校关键能力为基础，以深化产教融合为重点，以推动职普融通为关键，以科教融汇为新方向，充分调动各方面积极性，统筹职业教育、高等教育、继续教育协同创新，有序有效推进现代职业教育体系建设改革，切实提高职业教育的质量、适应性和吸引力，培养更多高素质技术技能人才、能工巧匠、大国工匠，为加快建设教育强国、科技强国、人才强国奠定坚实基础。

2. 改革方向。深化职业教育供给侧结构性改革，坚持以人为本、能力为重、质量为要、守正创新，建立健全多形式衔接、多通道成长、可持续发展的梯度职业教育和培训体系，推动职普协调发展、相互融通，让不同禀赋和需要的学生能够多次选择、多样化成才；坚持以教促产、以产助教、产教融合、产学合作，延伸教育链、服务产业链、支撑供应链、打造人才链、提升价值链，推动形成同市场需求相适应、同产业结构相匹配的现代职业教育结构和区域布局。构建央地互动、区域联动，政府、行业、企业、学校协同的发展机制，鼓励支持省（自治区、直辖市）和重点行业结合自身特点和优势，在现代职业教育体系建设改革上先行先试、率先突破、示范引领，形成制度供给充分、条件保障有力、产教深度融合的良好生态。

二、战略任务

3. 探索省域现代职业教育体系建设新模式。围绕深入实施区域协调发展战略、区域重大战略等和全面推进乡村振兴，国家主导推动、地方创新实施，选择有迫切需要、条件基础和改革探索意愿的省（自治区、直辖市），建立现代职业教育体系建设部省协同推进机制，在职业学校关键能力建设、产教融合、职普融通、投入机制、制度创新、国际交流合作等方面改革突破，制定支持职业教育的金融、财政、土地、信用、就业和收入分配等激励政策的具体举措，形成有利于职业教育发展的制度环境和生态，形成一批可复制、可推广的新经验新范式。

4. 打造市域产教联合体。省级政府以产业园区为基础，打造兼具人才培养、创新创业、促进产业经济高质量发展功能的市域产教联合体。成立政府、企业、学校、科研机构等多方参与的理事会，实行实体化运作，集聚资金、技术、人才、政策等要素，有效推动各类主体深度参与职业学校专业规划、人才培养规格确定、课程开发、师资队伍建设，共商培养方案、共组教学团队、共建教学资源，共同实施学业考核评价，推进教学改革，提升技术技能人才培养质量；搭建人才供需信息平台，推行产业规划和人才需求发布制度，引导职业学校紧贴市场和就业形势，完善职业教育专业动态调整机制，促进专业布局与当地产业结构紧密对接；建设共性技术服务平台，打通科研开发、技术创新、成果转移链条，为园区企业提供技术咨询与服务，促进中小企业技术创新、产品升级。

5. 打造行业产教融合共同体。优先选择新一代信息技术产业、高档数控机床和机器人、高端仪器、航空航天装备、船舶与海洋工程装备、先进轨道交通装备、能源电子、节能与新能源汽车、电力装备、农机装备、新材料、生物医药及高性能医疗器械等重点行业和重点领域，支持龙头企业和高水平高等学校、职业学校牵头，组建学校、科研机构、上下游企业等共同参与的跨区域产教融合共同体，汇聚产教资源，制定教学评价标准，开发专业核心课程与实践能力项目，研制推广教学装备；

依据产业链分工对人才类型、层次、结构的要求，实行校企联合招生，开展委托培养、订单培养和学徒制培养，面向行业企业员工开展岗前培训、岗位培训和继续教育，为行业提供稳定的人力资源；建设技术创新中心，支撑高素质技术技能人才培养，服务行业企业技术改造、工艺改进、产品升级。

三、重点工作

6.提升职业学校关键办学能力。优先在现代制造业、现代服务业、现代农业等专业领域，组织知名专家、业界精英和优秀教师，打造一批核心课程、优质教材、教师团队、实践项目，及时把新方法、新技术、新工艺、新标准引入教育教学实践。做大做强国家职业教育智慧教育平台，建设职业教育专业教学资源库、精品在线开放课程、虚拟仿真实训基地等重点项目，扩大优质资源共享，推动教育教学与评价方式变革。面向新业态、新职业、新岗位，广泛开展技术技能培训，服务全民终身学习和技能型社会建设。

7.加强"双师型"教师队伍建设。加强师德师风建设，切实提升教师思想政治素质和职业道德水平。依托龙头企业和高水平高等学校建设一批国家级职业教育"双师型"教师培养培训基地，开发职业教育师资培养课程体系，开展定制化、个性化培养培训。实施职业学校教师学历提升行动，开展职业学校教师专业学位研究生定向培养。实施职业学校名师（名匠）名校长培养计划。设置灵活的用人机制，采取固定岗与流动岗相结合的方式，支持职业学校公开招聘行业企业业务骨干、优秀技术和管理人才任教；设立一批产业导师特聘岗，按规定聘请企业工程技术人员、高技能人才、管理人员、能工巧匠等，采取兼职任教、合作研究、参与项目等方式到校工作。

8.建设开放型区域产教融合实践中心。对标产业发展前沿，建设集实践教学、社会培训、真实生产和技术服务功能为一体的开放型区域产教融合实践中心。以政府主导、多渠道筹措资金的方式，新建一批公共实践中心；通过政府购买服务、金融支持等方式，推动企业特别是中小企业、园区提高生产实践资源整合能力，支持一批企业实践中心；鼓励学校、企业以"校中厂""厂中校"的方式共建一批实践中心，服务职业学校学生实习实训，企业员工培训、产品中试、工艺改进、技术研发等。政府投入的保持公益属性，建在企业的按规定享受教育用地、公用事业费等优惠。

9.拓宽学生成长成才通道。以中等职业学校为基础、高职专科为主体、职业本科为牵引，建设一批符合经济社会发展和技术技能人才培养需要的高水平职业学校和专业；探索发展综合高中，支持技工学校教育改革发展。支持优质中等职业学校与高等职业学校联合开展五年一贯制办学，开展中等职业教育与职业本科教育衔接培养。完善职教高考制度，健全"文化素质＋职业技能"考试招生办法，扩大应用型本科学校在职教高考中的招生规模，招生计划由各地在国家核定的年度招生规模中统筹安排。完善本科学校招收具有工作经历的职业学校毕业生的办法。根据职业学校学生特点，完善专升本考试办法和培养方式，支持高水平本科学校参与职业教育改革，推进职普融通、协调发展。

10.创新国际交流与合作机制。持续办好世界职业技术教育发展大会和世界职业院校技能大赛，推动成立世界职业技术教育发展联盟。立足区域优势、发展战略、支柱产业和人才需求，打造职业教育国际合作平台。教随产出、产教同行，建设一批高水平国际化的职业学校，推出一批具有国际影响力的专业标准、课程标准，开发一批教学资源、教学设备。打造职业教育国际品牌，推进专业化、模块化发展，健全标准规范、创新运维机制；推广"中文＋职业技能"项目，服务国际产能合作和中国企业走出去，培养国际化人才和中资企业急需的本土技术技能人才，提升中国职业教育的国际影响力。

四、组织实施

11.加强党的全面领导。坚持把党的领导贯彻到现代职业教育体系建设改革全过程各方面，全面贯彻党的教育方针，坚持社会主义办学方向，落实立德树人根本任务。各级党委和政府要将发展职业教育纳入本地区国民经济和社会发展规划，与促进就业创业和推动发展方式转变、产业结构调整、技术优化升级等整体部署、统筹实施，并作为考核下一级政府履行教育职责的重要内容。职业学校党组织要把抓好党建工作作为办学治校的基本功，落实公办职业学校党组织领导的校长负责制，增强民办职业学校党组织的政治功能和组织功能。深入推进习近平新时代中国特色社会主义思想进教材、进课堂、进学生头脑，牢牢把握学校意识形态工作领导权，把思想政治工作贯穿学校教育管理全过程，大力培育和践行社会主义核心价值观，健全德技并修、工学结合的育人机制，努力培养德智体美劳全面发展的社会主义建设者和接班人。

12. 建立组织协调机制。完善国务院职业教育工作部际联席会议制度，建设集聚教育、科技、产业、经济和社会领域知名专家学者和经营管理者的咨询组织，承担职业教育政策咨询、标准研制、项目论证等工作。教育部牵头建立统筹协调推进机制，会同相关部门推动行业企业积极参与。省级党委和政府制定人才需求、产业发展和政策支持"三张清单"，健全落实机制。支持地方建立职业教育与培训管理机构，整合相关职能，统筹职业教育改革发展。

13. 强化政策扶持。探索地方政府和社会力量支持职业教育发展投入新机制，吸引社会资本、产业资金投入，按照公益性原则，支持职业教育重大建设和改革项目。将符合条件的职业教育项目纳入地方政府专项债券、预算内投资等的支持范围。鼓励金融机构提供金融服务支持发展职业教育。探索建立基于专业大类的职业教育差异化生均拨款制度。地方政府可以参照同级同类公办学校生均经费等相关经费标准和支持政策，对非营利性民办职业学校给予适当补助。完善中等职业学校学生资助办法，建立符合中等职业学校多样化发展要求的成本分担机制。用人单位不得设置妨碍职业学校毕业生平等就业、公平竞争的报考、录用、聘用条件。支持地方深化收入分配制度改革，提高生产服务一线技术技能人才工资收入水平。

14. 营造良好氛围。及时总结各地推进现代职业教育体系建设改革的典型经验，做好有关宣传报道，营造全社会充分了解、积极支持、主动参与职业教育的良好氛围。办好职业教育活动周，利用"五一"国际劳动节、教师节等重要节日加大对职业教育的宣传力度，挖掘和宣传基层一线技术技能人才成长成才的典型事迹。树立结果导向的评价方向，对优秀的职业学校、校长、教师、学生和技术技能人才按照国家有关规定给予表彰奖励，弘扬劳动光荣、技能宝贵、创造伟大的时代风尚。

6.2　教育部下发的相关文件

6.2.1　关于深入推进世界一流大学和一流学科建设的若干意见

2022 年 1 月 26 日，教育部、财政部、国家发展改革委以教研〔2022〕1 号文下发了《关于深入推进世界一流大学和一流学科建设的若干意见》，文件全文如下。

各省、自治区、直辖市人民政府，国务院各部委、各直属机构，中央军委办公厅：

建设世界一流大学和一流学科（以下简称"双一流"建设）是党中央、国务院作出的重大战略部署。"双一流"建设实施以来，各项工作有力推进，改革发展成效明显，推动高等教育强国建设迈上新的历史起点。为着力解决"双一流"建设中仍然存在的高层次创新人才供给能力不足、服务国家战略需求不够精准、资源配置亟待优化等问题，经中央深改委会议审议通过，现就"十四五"时期深入推进"双一流"建设提出如下意见。

一、准确把握新发展阶段战略定位，全力推进"双一流"高质量建设

1. 指导思想

以习近平新时代中国特色社会主义思想为指导，深入贯彻党的十九大和十九届历次全会精神，深入落实习近平总书记关于教育的重要论述和全国教育大会、中央人才工作会议、全国研究生教育会议精神，立足中华民族伟大复兴战略全局和世界百年未有之大变局，立足新发展阶段、贯彻新发展理念、服务构建新发展格局，全面贯彻党的教育方针，落实立德树人根本任务，对标2030年更多的大学和学科进入世界一流行列以及2035年建成教育强国、人才强国的目标，更加突出"双一流"建设培养一流人才、服务国家战略需求、争创世界一流的导向，深化体制机制改革，统筹推进、分类建设一流大学和一流学科，在关键核心领域加快培养战略科技人才、一流科技领军人才和创新团队，为全面建成社会主义现代化强国提供有力支撑。

2. 基本原则

——坚定正确方向，践行以人民为中心的发展思想，心怀"国之大者"，坚持社会主义办学方向，坚持中国特色社会主义教育发展道路，加强党对"双一流"建设的全面领导，贯彻"四为"方针，把发展科技第一生产力、培养人才第一资源、增强创新第一动力更好结合起来，更好为改革开放和社会主义现代化建设服务。

——坚持立德树人，突出人才培养中心地位，牢记为党育人、为国育才初心使命，以全面提升培养能力为重点，更加注重三全育人模式创新，不断提高培养质量，着力培养堪当民族复兴大任的时代新人，打造一流人才方阵。

——坚持特色一流，扎根中国大地，深化内涵发展，彰显优势特色，积极探索中国特色社会主义大学建设之路。瞄准世界一流，培养一流人才、产出一流成果，引导建设高校在不同领域和方向争创一流，构建一流大学体系，为国家经济社会发展提供坚实的人才支撑和智力支持。

——服务国家急需，强化建设高校在国家创新体系中的地位和作用，想国家之所想、急国家之所急、应国家之所需，面向世界科技前沿、面向经济主战场、面向国家重大需求、面向人民生命健康，率先发挥"双一流"建设高校培养急需高层次人才和基础研究人才主力军作用，以及优化学科专业布局和支撑创新策源地的基础作用。

——保持战略定力，充分认识建设的长期性、艰巨性和复杂性，遵循人才培养、学科发展、科研创新内在规律，把握高质量内涵式发展要求，不唯排名、不唯数量指标，不急功近利，突出重点、聚焦难点、守正创新、久久为功。

二、强化立德树人，造就一流自立自强人才方阵

3.坚持用习近平新时代中国特色社会主义思想铸魂育人。加强党的创新理论武装，突出思想引领和政治导向，深化落实习近平新时代中国特色社会主义思想进教材、进课堂、进头脑，不断增强师生政治认同、思想认同和情感认同。完善全员全过程全方位育人体制机制，不断加强思政课程与课程思政协同育人机制建设，着力培育具有时代精神的中国特色大学文化，引导广大青年学生爱国爱民、锤炼品德、勇于创新、实学实干，努力培养堪当民族复兴大任的时代新人。

4.牢固确立人才培养中心地位。坚持把立德树人成效作为检验学校一切工作的根本标准，构建德智体美劳全面培养的教育体系。以促进学生身心健康全面发展为中心，以"兴趣＋能力＋使命"为培养路径，全面推进思想政治工作体系、学科体系、教学体系、教材体系、管理体系建设，率先建成高质量本科教育和卓越研究生教育体系。健全师德师风建设长效机制，加强学术规范教育，以教风建设促进和带动优良学风建设。强化高校、科研院所和行业企业协同育人，支持和鼓励联合开展研究生培养，深化产教融合，建设国家产教融合人才培养基地，示范构建育人模式，全面提升创新型、应用型、复合型优秀人才培养能力。

5.完善强化教师教书育人职责的机制。加大力度推进教育教学改革，积极探索新时代教育教学方法，不断提升教书育人本领。构建全面提升教育教学能力的教师发展体系，引导教师当好学生成长成才的引路人，培育一批教育理念先进、热爱教学的教学名师和教学带头人。不断完善教学评价体系，多维度考察教师在思政建设、教学投入等方面的实绩，促进教学质量持续提升。完善体制机制，支撑和保障教师潜心育人、做大先生、研究真问题，成为学生为学、为事、为人的示范。

6.加快培养急需高层次人才。大力培养引进一大批具有国际水平的战略科学家、一流科技领军人才、青年科技人才和创新团队。实施"国家急需高层次人才培养专项"，加大力度培养理工农医类人才。持续实施强基计划，深入实施基础学科拔尖学生培养计划2.0，推进基础学科本硕博贯通培养，加强基础学科人才培养能力，为实现"0到1"突破的原始创新储备人才。充分利用中华优秀传统文化及国内外哲学社会科学积极成果，加强马克思主义理论高层次人才和哲学社会科学拔尖人才培养。面向集成电路、人工智能、储能技术、数字经济等关键领域加强交叉学科人才培养。强化科教融合，完善人才培育引进与团队、平台、项目耦合机制，把科研优势转化为育人优势。

三、服务新发展格局，优化学科专业布局

7.率先推进学科专业调整。健全国家急需学科专业引导机制，按年度发布重点领域学科专业清单，鼓励建设高校着力发展国家急需学科，以及关系国计民生、影响长远发展的战略性学科。支持建设高校瞄准世界科学前沿和关键技术领域优化学科布局，整合传统学科资源，强化人才培养和科技创新的学科基础。对现有学科体系进行调整升级，打破学科专业壁垒，推进新工科、新医科、新农科、新文科建设，积极回应社会对高层次人才需求。布局交叉学科专业，培育学科增长点。

8.夯实基础学科建设。实施"基础学科深化建设行动"，稳定支持一批立足前沿、自由探索的基础学科，重点布局一批基础学科研究中心。加强数理化生等基础理论研究，扶持一批"绝学"、冷门学科，改善学科发展生态。根据基础学科特点和创新发展规律，实行建设学科长周期评价，为基础性、前瞻性研究创造宽松包容环境。建设一批基础学科培养基地，以批判思维和创新能力培养为重点，强化学术训练和科研实践，强化大团队、大平台、大项目的科研优势转化为育人资源和育人优势，为高水平科研创新培养高水平复合型人才。

9.加强应用学科建设。加强应用学科与行业产业、区域发展的对接联动，推动建设高校更新学科知识，丰富学科内涵。重点布局建设先进制造、能源交通、现代农业、公共卫生与医药、新一代信息技术、现代服务业等社会需求强、就业前景广阔、人才缺口大的应用学科。

10.推进中国特色哲学社会科学体系建设。坚持马克思主义指导地位，提出新观点，构建新理论，加快构建中国特色、中国风格、中国气派的哲学社会科学学科体系、学术体系、话语体系。巩固马克思主义理论一级学科基础地位，强化习近平新时代中国特色社会主义思想学理化学科化研究阐释。围绕基础科学前沿面临的重大哲学问题以及科技发展对人类社会的影响，加强科学哲学研究，进一步拓展科学创新的思想空间，推动科学文化建设。深入实施高校哲学社会科学繁荣计划，加快完善对哲学社会科学具有支撑作用的学科，推动马克思主义理论与马克思主义哲学、政治经济学、科学社会主义、中共党史党建等学科联动发展，建好教育部哲学社会科学实验室、高校人文社会科学重点研究基地，强化中国特色新型高校智库育人功能。

11. 推动学科交叉融合。以问题为中心，建立交叉学科发展引导机制，搭建交叉学科的国家级平台。以跨学科高水平团队为依托，以国家科技创新基地、重大科技基础设施为支撑，加强资源供给和政策支持，建设交叉学科发展第一方阵。创新交叉融合机制，打破学科专业壁垒，促进自然科学之间、自然科学与人文社会科学之间交叉融合，围绕人工智能、国家安全、国家治理等领域培育新兴交叉学科。完善管理与评价机制，防止简单拼凑，形成规范有序、更具活力的学科发展环境。

四、坚持引育并举，打造高水平师资队伍

12. 建设高水平人才队伍。引导全体教师按照有理想信念、有道德情操、有扎实学识、有仁爱之心的"四有"好老师标准严格要求自己，坚定理想信念，践行教书育人初心使命，提高教师思想政治和育人水平。统筹国内外人才资源，创设具有国际竞争力和吸引力的高端平台、资源配置和环境氛围，集聚享誉全球的学术大师和服务国家需求的领军人才，为加快建设世界重要人才中心和创新高地提供有力支撑。发挥大学在科技合作中的重要作用，加强制度建设，规范人才引进，引导国内人才有序流动。

13. 完善创新团队建设机制。优化团队遴选机制，健全基于贡献的科研团队评价机制，大力推进科研组织模式创新。优化高等院校、科研院所、行业企业高端人才资源在教育教学方面的交流共享机制，促进高水平科研反哺教学。加强创新团队文化建设，探索建立创新容错机制，营造鼓励创新、宽容失败的环境氛围。

14. 加强青年人才培育工作。鼓励建设高校扩大博士后招收培养数量，将博士后作为师资的重要来源。加大长期稳定支持的力度，为青年人才深入"无人区"潜心耕作提供条件和制度保障。关心关爱青年人才，加强青年骨干力量培养，破除论资排辈、求全责备等观念和做法，支持青年人才挑大梁、当主角。完善青年人才脱颖而出、大量涌现的体制机制，挖掘培育一批具有学术潜力和创新活力的青年人才。

五、完善大学创新体系，深化科教融合育人

15. 支撑高水平科技自立自强。围绕打造国家战略科技力量，服务国家创新体系建设，完善以健康学术生态为基础、以有效学术治理为保障、以立足国内自主培养一流人才和产生一流学术成果为目标的大学创新体系。做厚做实基础研究，深入推进"高等学校基础研究珠峰计划"，重点支持基础性、前瞻性、非共识、高风险、颠覆性科研工作。加强关键领域核心技术攻关，加快推进人工智能、区块链等专项行动计划，努力攻克新一代信息技术、现代交通、先进制造、新能源、航空航天、深空深地深海、生命健康、生物育种等"卡脖子"技术。建设高水平科研设施，推进重大创新基地实体化建设，推动高校内部科研组织模式和结构优化，汇聚高层次人才团队，强化有组织创新，抢占科技创新战略制高点。鼓励跨校跨机构跨学科开展高质量合作，充分发挥建设高校整体优势，集中力量开展高层次创新人才培养和联合科研攻关。加强与国家实验室以及国家发展改革委、科技部、工业和信息化部等建设管理的重大科研平台的协同对接，整合资源、形成合力。

16. 实施"一流学科培优行动"。瞄准国家高精尖缺领域，针对战略新兴产业、传承弘扬中华优秀传统文化以及治国理政新领域新方向，由具备条件的建设高校"揭榜挂帅"，完善人才培养体系，优化面向需求的育人机制，促进高校、产业、平台等融合育人，力争在国际可比学科和方向上更快突破，取得创新性先导性成果，打造国际学术标杆，成为前沿科技领域战略科学家、哲学社会科学领军人才和卓越工程师成长的主要基地。加大急需人才培养力度，扩大相关学科领域高层次人才培养规模。

17. 提升区域创新发展水平。加强高校、科研院所、企业等主体协同创新，建立协同组织、系统集成的高端研发平台，推动产学研用深度融合，促进科技成果转化，推进教育链、人才链、创新链与产业链有机衔接。立足服务国家区域发展战略，推动高校融入区域创新体系。充分发挥建设高校示范带动作用，通过对口支援、学科合建、课程互选、学分互认、学生访学、教师互聘、科研互助等实质性合作，强化辐射引领，带动推进地方高水平大学和优势特色学科建设，加快形成区域高等教育发展新格局，推动构建服务全民终身学习的教育体系，引领区域经济社会创新发展。

六、推进高水平对外开放合作，提升人才培养国际竞争力

18. 全面提升国际交流合作水平。建立健全与高水平教育开放相适应的高校外事管理体系，探索与世界高水平大学双向交流的留学支持新机制，开展学分互认、学位互授联授，搭建中外教育文化友好交往的合作平台，促进和深化人文交流。规范来华留学生管理，扩大优秀学历学位生规模，推进来华留学生英语授课示范课程建设，全面提升来华学历学位留学教育质量。

19. 深度融入全球创新网络。鼓励建设高校发起国际学术组织和大学合作联盟，举办高水平学术会议和论坛，创办高水平学术期刊，加大面向国际组织的人才培养，提升参与教育规则标准制定的话语权。深入推进共建"一带一路"教育行动，参与国际重大议题研究，主动设计和牵头发起国际大科学计划和大科学工程，主动承担涉及人类生存发展共性问题的教育发展和科研攻关任务，为人才提供国际一流的创新平台，参与应对全球性挑战，促进人类共同福祉。

七、优化管理评价机制，引导建设高校特色发展

20. 完善成效评价体系。推进深化新时代教育评价改革总体方案落实落地，把人才质量作为评价的重中之重，坚决克服"五唯"顽瘴痼疾，探索分类评价与国际同行评议，构建以创新价值、能力、贡献为导向，反映内涵发展和特色发展的多元多维成效评价体系。完善毕业生跟踪调查及结果运用，建立健全需求与就业动态反馈机制。将建设高校引领带动区域发展作用情况作为建设成效评价的重要内容，对成效显著的给予倾斜支持。基于大数据常态化监测，着力建设"监测—改进—评价"机制，强化诊断功能，落实高校的建设主体责任。

21. 优化动态调整机制。以需求为导向、以学科为基础、以质量为条件、以竞争为机制，立足长期重点建设，对建设高校和学科总量控制、动态调整，减少遴选和评价工作对高校建设的影响，引导高校着眼长远发展、聚焦内涵建设。对建设基础好、办学质量高、服务需求优势突出的高校和学科，列入建设范围。对发展水平不高、建设成效不佳的高校和学科，减少支持力度直至调出建设范围。对建设成效显著的高校探索实行后奖补政策。

22. 探索自主特色发展新模式。强化一流大学作为人才培养主阵地、基础研究主力军和重大科技突破策源地定位，依据国家需求分类支持一流大学和一流学科建设高校，淡化身份色彩，强特色、创一流。优化以学科为基础的建设模式，坚持问题导向和目标导向，不拘泥于一级学科，允许部分高校按领域和方向开展学科建设。选择若干高水平大学，全面赋予自主设置建设学科、评价周期等权限，鼓励探索办学新模式。选择具有鲜明特色和综合优势的建设高校，赋予一定的自主设置、调整建设学科的权限，设置相对宽松的评价周期。健全自主建设高校权责匹配的管理机制，确保自主权落地、用好。对于区域特征突出的建设高校，支持面向区域重大需求强化学科建设。

八、完善稳定支持机制，加大建设高校条件保障力度

23. 引导多元投入。建立健全中央、地方、企业、社会协同投入长效机制。中央财政专项持续稳定支持。巩固扩大地方政府多渠道支持力度，鼓励地方政府为"双一流"建设创造优良政策环境。强化精准支持，突出绩效导向，形成激励约束机制，在公平竞争中体现扶优扶强扶特。引导建设高校立足优势，扩大社会合作，积极争取社会资源。

24. 创新经费管理。依据服务需求、建设成效和学科特色等因素，对建设高校和学科实行差异化财政资金支持。扩大建设高校经费使用自主权，允许部分高校在财政专项资金支持范围内自主安排项目经费，按五年建设周期进行执行情况考核和绩效考评。落实完善科研经费使用等自主权。

25. 强化基础保障。加大中央预算内基础设施建设投资力度，重点加强主干基础学科、优势特色学科、新兴交叉学科。新增研究生招生计划、推免指标等，向服务重点领域的高校和学科倾斜，向培养急需人才成效显著的高校和学科倾斜，向中西部和东北地区的高校和学科倾斜。针对关键核心领域，加大对建设高校国家产教融合创新平台建设的支持力度。

九、加强组织领导，提升建设高校治理能力

26. 加强党的全面领导。坚定政治立场，提高政治站位，把党的领导贯穿建设全过程和各方面，强化高校党委管党治党、正风反腐、办学治校主体责任，把握学校发展及学科建设定位，坚持和完善党委领导下的校长负责制，把好办学方向关、人才政治关、发展质量关。认真贯彻落实新时代党的组织路线，加强领导班子自身建设，统筹推进干部队伍建设，健全党委统一领导、党政齐抓共管、部门各负其责的体制机制，使"双一流"建设与党的建设同步谋划、同步推进，激发师生员工参与建设的积极性、主动性和创造性。

27.强化建设高校责任落实。对标教育现代化目标和要求，健全学校政策制定和落实机制，统筹编制好学校整体规划和学科建设、人才培养等专项规划，形成定位准确、有序衔接的政策体系。健全工作协同机制，完善上下贯通、执行有力的组织体系，提高资源配置效益和管理服务效能。落实和扩大高校办学自主权，注重权责匹配、放管相济，积极营造专心育人、潜心治学的环境。完善学校内部治理结构，深化人事制度、人才评价改革，充分激发建设高校内生动力和办学活力，加快推进治理体系和治理能力现代化。

6.2.2　关于加强普通高等学校在线开放课程教学管理的若干意见

2022 年 2 月 11 日，教育部等五部门以教高〔2022〕1 号文下发了《关于加强普通高等学校在线开放课程教学管理的若干意见》，该意见全文如下。

为规范普通高等学校（以下简称高校）在线开放课程教学管理，维护在线开放课程教学秩序，根据《中华人民共和国高等教育法》、《中华人民共和国网络安全法》、《普通高等学校学生管理规定》、《网络交易监督管理办法》等法律法规，现就加强高校用以认定学分的在线开放课程教学管理提出以下意见。

一、高校要切实履行在线开放课程教学管理责任

1.高校是在线开放课程教学管理的责任主体，要制定本校在线开放课程教学管理办法，规范课程选用、教学、评价、督导和学分认定等管理制度，将在线开放课程纳入日常教学管理，做到线上与线下课程同管理、同要求。

2.强化课程选用管理，实行严格的意识形态审查、内容审查和质量监督，确保课程正确的政治方向和价值导向，符合科学性、适用性要求。不得选用内容陈旧、服务质量差的在线开放课程。

3.对选用的在线开放课程要配备课程责任教师，全面负责课程教学服务与管理，加强学生诚信教育，健全学生违纪行为认定与处理办法。

4.严格考核评价管理，根据课程教学实际，严格学习过程和考试监管，在考试中通过人脸识别、双机位等技术手段强化考试监督。不得将在线开放课程考试完全交由在线课程平台等第三方负责。

二、高校要加强对在线开放课程教师的管理

5.高校在线开放课程主讲教师及教学团队应按照教学大纲要求，实施完整的教学活动，并及时更新课程内容，做好在线服务，确保上线课程质量。

6.选课高校责任教师应当配合在线开放课程主讲教师及教学团队的教学活动，加强学习组织和课业辅导，强化课程考核监督管理。

7.对造成教学事故的在线开放课程教师或选课高校责任教师，由其所在高校根据教师管理相关法律法规和教学事故处理办法等给予相应处分。

三、高校要严格学生在线学习规范与考试纪律

8.高校学生应当按照其所在学校选课要求，通过教务系统选修在线开放课程，签署在线学习诚信承诺书，遵守课程学习纪律和考试纪律。

9.严禁出借个人学习账号给他人使用，严禁通过非法软件或委托第三方提供的人工或技术服务等方式获取学习记录和考试成绩的"刷课"、"替课"、"刷考"、"替考"行为，严禁以任何形式传播课程考试内容及答案。

10.违规违纪行为一经查实，由涉事学生所在高校根据学生管理规定、学生纪律处分管理规定等，取消课程成绩，视情节给予警告、严重警告、记过、留校察看、开除学籍等相应处分，并记入学生档案。对参与组织"刷课"、"替课"、"刷考"、"替考"并构成违法行为的学生，由有关部门依法追究法律责任。

四、完善在线开放课程平台自我监督机制

11.提供学分课程的平台必须严格落实网络安全等级保护制度，履行安全保护义务，平台安全保护等级不应低于第三级。

12.严格执行在线开放课程上线基本规范，建立课程内容、质量审查和运行保障制度，严把政治关、学术关、质量关。未经高校审查并正式推荐的课程不得受理，达不到基本规范要求的课程不得上线。

13.强化学习过程监控，充分运用人工智能、大数据、区块链等新一代信息技术，依法依规对身份认证、课程内容、讨论记录、学习数据实施监控，有效识别"刷课"、"替课"、"刷考"、"替考"行为。

14.根据高校教学需求，及时准确提供相关高校学生学习数据。发现"刷课"、"替课"、"刷考"、"替考"的学生，应当予以记录并通报学生所在高校，由高校按照学生管理相关规定予以处理。

15. 严格遵守国家网络安全管理规范，确保意识形态安全、信息内容安全、网络安全、数据安全、运行服务安全，有效防范有害信息传播、在线服务中断、数据篡改和师生个人信息泄露。

五、健全课程平台监管制度

16. 建立课程学习过程监管机制。国务院教育行政部门委托第三方机构建设高校在线开放课程教学管理与服务平台，对在线开放课程教学过程实施大数据监测。提供学分课程的平台必须向高校在线开放课程教学管理与服务平台提供开放用户身份数据、开放课程访问数据、学习行为数据以及相关运行数据，便于教育行政部门对课程质量和教学过程进行全程监督。国务院教育行政部门根据监测情况，及时对异常学习行为集中的高校、平台进行通报。

17. 建立课程平台"黑白名单"制度。国务院教育行政部门每年对提供学分课程的平台进行备案审核，监管规范、课程质量高、管理服务好的平台进入"白名单"，并在国务院教育行政部门政务网站上公布，"刷课"问题频出、课程质量低劣、管理服务落后的平台列入"黑名单"。高校必须从列入"白名单"的平台上选用学分课程。

六、建立多部门协同联动机制

18. 国务院教育行政部门和省级教育行政部门牵头负责在线开放课程教学管理工作，统筹指导和监督学校落实主体责任，会同国家和省级网信、电信主管、公安、市场监管等部门开展联合治理。

19. 网信部门根据有关部门提供的研判意见，依法对"刷课"APP 和违法售卖课程的平台、账号进行处置。

20. 电信主管部门依法处置经有关部门认定的违法违规"刷课"网站和 APP。

21. 公安部门依法打击利用黑客手段提供有偿"刷课"服务违法犯罪活动。

22. 市场监管部门依法依职责查处相关违法违规市场经营活动。

请各地各高校根据本意见，结合本地、本校实际制定具体实施办法。职业教育以及高校举办的学历继续教育在线开放课程教学管理参照实施。

6.2.3　关于公布首批虚拟教研室建设试点名单的通知

2022 年 2 月 15 日，教育部办公厅以教高厅函〔2022〕2 号文下发了《关于公布首批虚拟教研室建设试点名单的通知》，该通知全文如下。

各省、自治区、直辖市教育厅（教委），新疆生产建设兵团教育局，有关部门（单位）教育司（局），部属各高等学校、部省合建各高等学校，2018—2022 年教育部高等学校教学指导委员会：

为贯彻落实"十四五"教育发展规划有关部署，加快虚拟教研室建设，经各地各高校和教育部高等学校教学指导委员会推荐、专家综合评议，我部按相关工作程序确定了首批虚拟教研室建设试点名单。现予以公布（名单见附件），并将试点建设事项通知如下。

一、建设目标

以立德树人为根本任务，以提高人才培养能力为核心，以现代信息技术为依托，探索建设新型基层教学组织，打造教师教学发展共同体和质量文化，引导教师回归教学、热爱教学、研究教学，提升教育教学能力，为高等教育高质量发展提供有力支撑。

二、建设任务

请虚拟教研室建设试点认真落实相关文件要求，以课程（群）教学、专业建设、教学研究改革等为主题开展多元探索，重点推进以下建设任务。

创新教研形态。充分运用信息技术，探索突破时空限制、高效便捷、形式多样、线上线下结合的教师教研模式，形成基层教学组织建设管理的新思路、新方法、新范式。

加强教学研究。推动教师加强对专业建设、课程建设、教学内容、教学方法、教学手段、教学评价等方面的研究探索，提升教学研究的意识，凝练和推广研究成果。

共建优质资源。虚拟教研室成员在充分研究交流的基础上，协同共建人才培养方案、教学大纲、知识图谱、教学视频、电子课件、习题试题、教学案例、实验项目、实训项目、数据集等资源，形成优质共享的教学资源库。

开展教师培训。开展常态化教师培训，发挥国家级教学团队、教学名师、一流课程的示范引领作用，推广成熟有效的人才培养模式、课程实施方案，促进一线教师教学发展。

三、质量监测

请虚拟教研室建设试点加强管理和质量监测，完善持续改进机制。

做好安全防控工作。请各教研室所在高校和教研室负责人切实担负起管理职责，在虚拟教研室运行过程中加强意识形态安全和信息安全防控工作。

建立进展报告制度。建立虚拟教研室建设进展年度报告制度，请虚拟教研室建设试点根据要求报送建设进展、建设成效等信息，根据质量监测信息推动持续改进。

构建交流共享机制。我部将委托虚拟教研室建设专家组组织相关线上、线下活动，促进经验交流互鉴和资源共建共享。

四、建设平台与技术支持

请虚拟教研室建设试点通过"虚拟教研室平台"（含 PC 端、移动端）开展建设。可通过高等学校虚拟教研室信息平台（网址：http://vtrs.hep.com.cn/）下载相关软件，查看开通建设虚拟教研室的操作指南和技术支持方案。

首批虚拟教研室建设试点名单中与建设类相关的虚拟教研室见表 6-1。

首批虚拟教研室建设试点名单中与建设类专业相关的虚拟教研室　　表 6-1

序号	类型	教研室名称	学校名称	带头人
24	课程（群）教学类	环境工程原理课程虚拟教研室	清华大学	胡洪营
27	专业建设类	建筑环境与能源应用工程专业虚拟教研室	清华大学	朱颖心
28	教学研究改革专题类	基于数字化、网络化、智能化实践需求的风景园林人才培养模式改革虚拟教研室	清华大学	杨　锐
61	专业建设类	风景园林专业虚拟教研室	北京林业大学	王向荣
139	教学研究改革专题类	土木工程专业课程思政研究虚拟教研室	东北大学	康玉梅
164	课程（群）教学类	建筑数字化设计课程群虚拟教研室	哈尔滨工业大学	孙　澄
167	专业建设类	给排水科学与工程专业虚拟教研室	哈尔滨工业大学	李伟光
169	教学研究改革专题类	环境类专业学生工程实践能力培养研究虚拟教研室	哈尔滨工业大学	冯玉杰
187	课程（群）教学类	混凝土结构课程虚拟教研室	同济大学	顾祥林
189	专业建设类	土木工程专业虚拟教研室	同济大学	赵宪忠
190	专业建设类	历史建筑保护工程专业虚拟教研室	同济大学	常　青
191	专业建设类	城乡规划专业（智能城市与智能规划方向）虚拟教研室	同济大学	吴志强
192	专业建设类	交通工程专业虚拟教研室	同济大学	杨晓光
219	课程（群）教学类	土木工程概论课程虚拟教研室	上海大学	叶志明
228	课程（群）教学类	道路桥梁与渡河工程专业课程群虚拟教研室	东南大学	黄晓明
229	课程（群）教学类	建筑历史与理论课程虚拟教研室	东南大学	陈　薇
232	专业建设类	长三角区域工程管理专业虚拟教研室	东南大学	李启明

续表

序号	类型	教研室名称	学校名称	带头人
234	教学研究改革专题类	土木类专业虚拟仿真实验教学改革虚拟教研室	东南大学	陆金钰
235	教学研究改革专题类	数据空间分析与城市设计人才培养模式改革虚拟教研室	东南大学	段 进
245	课程（群）教学类	土木工程课程群虚拟教研室	河海大学	沈 扬
283	专业建设类	建筑电气与智能化专业虚拟教研室	安徽建筑大学	方潜生
291	专业建设类	建筑学专业虚拟教研室	华侨大学	陈志宏
292	课程（群）教学类	海峡两岸人居生态环境建设课程虚拟教研室	福建农林大学	兰思仁
313	课程（群）教学类	建筑技术课程虚拟教研室	山东建筑大学	崔艳秋
327	专业建设类	工程管理专业虚拟教研室	华中科技大学	丁烈云
356	课程（群）教学类	道路工程智能建养课程群虚拟教研室	长沙理工大学	袁剑波
366	课程（群）教学类	城市设计课程虚拟教研室	华南理工大学	孙一民
379	课程（群）教学类	给排水科学与工程专业课程群虚拟教研室	重庆大学	张 智
380	专业建设类	房地产开发与管理专业虚拟教研室	重庆大学	刘贵文

6.2.4　加强碳达峰碳中和高等教育人才培养体系建设工作方案

2022 年 4 月 19 日，教育部以教高函〔2022〕3 号文下发了《加强碳达峰碳中和高等教育人才培养体系建设工作方案》，该工作方案全文如下。

实现碳达峰碳中和，是一场广泛而深刻的经济社会系统性变革，对加强新时代各类人才培养提出了新要求。为贯彻《中共中央 国务院关于完整准确全面贯彻新发展理念做好碳达峰碳中和工作的意见》和《国务院关于印发 2030 年前碳达峰行动方案的通知》（国发〔2021〕23 号）精神，推进高等教育高质量体系建设，提高碳达峰碳中和相关专业人才培养质量，制定此方案。

一、总体要求

（一）指导思想。以习近平新时代中国特色社会主义思想为指导，深入贯彻新时代人才强国战略部署，面向碳达峰碳中和目标，把习近平生态文明思想贯穿于高等教育人才培养体系全过程和各方面，加强绿色低碳教育，推动专业转型升级，加快急需紧缺人才培养，深化产教融合协同育人，提升人才培养和科技攻关能力，加强师资队伍建设，推进国际交流与合作，为实现碳达峰碳中和目标提供坚强的人才保障和智力支持。

（二）工作原则

——全面规划、通专结合。依据碳达峰碳中和人才培养体系建设覆盖面广、战线长特点，进行系统性、全局性统筹规划。提升生态文明整体意识，实施面向全员的新发展理念和生态文明责任教育，加快培养工程技术、金融管理等各行业和各领域的专门人才。

——科学研判、缓急有序。加强重点产业人才需求预测，结合新时代人才成长规律、教育教学规律、科技创新规律，加快新能源、储能、氢能和碳捕集等紧缺人才培养，积极谋划对传统能源、交通、材料、管理等相关专业升级改造。

——试点先行、稳中求进。支持部分基础条件好、特色鲜明的综合高校和行业高校，先行建设一批碳达峰碳中和领域新学院、新学科和新专业，在探索、总结经验基础上，引领带动全面加强碳达峰碳中和人才培养。

——深度融合、交叉出新。强化科教协同，加快把科研成果转化为教学内容，在大项目、大平台、大工程建设中培养高层次专业人才。深化产教融合，推动师资交流、资源共享、建设产教联盟，推进产教深度协同育人。

——立足国情、畅通中外。吸收借鉴发达国家经验，依据自身基础条件特色和发展国情，建设中国特色、世界水平的碳达峰碳中和人才培养体系。加强对外开放合作，拓展人才培养合作路径和方式，培养具有国际视野、善于讲好"中国方案"的青年科技人才。

二、重点任务

（一）加强绿色低碳教育

1. 将绿色低碳理念纳入教育教学体系。加强宣传，广泛开展绿色低碳教育和科普活动。充分发挥大学生组织和志愿者队伍的积极作用，开展系列实践活动，增强社会公众绿色低碳意识，积极引导全社会绿色低碳生活方式。

2. 加强领导干部培训。发挥高校学科专业优势，支持服务分阶段、多层次领导干部培训，讲清政策要点，深化领导干部对碳达峰碳中和工作重要性、紧迫性、科学性、系统性的认识，提升专业素养和业务能力。

3. 做好继续教育和终身教育。支持有关高校、开放大学加强与部门、企业、社会机构合作，共同开发非学历继续教育培训项目，多渠道扩大终身教育资源，满足经济社会发展和学习者对碳达峰碳中和领域知识能力的终身学习需求。

（二）打造高水平科技攻关平台

4.推动高校参与或组建碳达峰碳中和相关国家实验室、全国重点实验室和国家技术创新中心，引导高等学校建设一批高水平国家科研平台，加强气候变化成因及影响、生态系统碳汇等基础理论和方法研究。

5.推动高校组建碳中和领域关键核心技术集成攻关大平台。组建一批重点攻关团队，围绕化石能源绿色开发、低碳利用、减污降碳等碳减排关键技术，新型太阳能、风能、地热能、海洋能、生物质能、核能及储能技术等碳零排关键技术，二氧化碳捕集、利用、封存等碳负排关键技术攻关，加快先进适用技术研发和推广应用。

6.强化科研育人。鼓励高校实施碳中和交叉学科人才培养专项计划，大力支持跨学院、跨学科组建科研和人才培养团队，以大团队、大平台、大项目支撑高质量本科生和研究生多层次培养。

（三）加快紧缺人才培养

7.加快储能和氢能相关学科专业建设。以大规模可再生能源消纳为目标，推动高校加快储能和氢能领域人才培养，服务大容量、长周期储能需求，实现全链条覆盖。

8.加快碳捕集、利用与封存相关人才培养。针对碳捕集、利用与封存技术未来产业发展需求，推动高校尽快开设相关学科专业，促进低碳、零碳、负碳技术的开发、应用和推广，为未来技术攻坚和产业提质扩能储备人才力量。

9.加快碳金融和碳交易教学资源建设。鼓励相关院校加快建设碳金融、碳管理和碳市场等紧缺教学资源，在共建共管共享优质资源基础上，充分发展现有专业人才培养体系作用，完善课程体系、强化专业实践、深化产学协同，加快培养专门人才。

（四）促进传统专业转型升级

10.进一步加强风电、光伏、水电和核电等人才培养。适度扩大专业人才培养规模，保证水电、抽水蓄能和核电人才增长需求，增强"走出去"国际化软实力。拓展专业的深度和广度，推进新能源材料、装备制造、运行与维护、前沿技术等方面技术进步和产业升级。

11.加快传统能源动力类、电气类、交通运输类和建筑类等重点领域专业人才培养转型升级。以一次能源清洁高效开发利用为重点，加强煤炭、石油和天然气等专业人才培养。以二次能源高效转换为重点，加强重型燃气轮机、火电灵活调峰、智能发电、分布式能源和多能互补等新能源类人才培养。以服务新型电力系统建设为重点，以智能化、综合化等为特色强化电气类人才培养。以推动建筑、工业等行业的电气化与节能降耗为重点，加强交通运输类和建筑类人才培养。

12. 加快完善重点领域人才培养方案。组织相关教学指导委员会、行业指导委员会，围绕碳达峰碳中和目标，调整培养目标要求，修订培养方案，优化课程体系和教学内容，加强互联网、大数据分析、人工智能、数字经济等赋能技术与专业教学紧密结合。

(五) 深化产教融合协同育人

13. 鼓励校企合作联合培养。支持相关高校与国内能源、交通和建筑等行业的大中型和专精特新企业深化产学合作，针对企业人才需求，联合制定培养方案，探索各具特色本专科生、研究生和非学历教育等不同层次人才培养模式。

14. 打造国家产教融合创新平台。完善产教融合平台建设运行机制，针对关键重大领域，加大建设投入力度，积极探索合作机制，提升人才培养质量，推动科技成果快速转化。

15. 支持组建碳达峰碳中和产教融合发展联盟。鼓励高校联合企业，根据行业产业特色，加强分工合作、优势互补，组建一批区域或者行业高校和企业联盟，适时联合相关国家组建跨国联盟，推动标准共用、技术共享、人员互通。

(六) 深入开展改革试点

16. 建设一批绿色低碳领域未来技术学院、现代产业学院和示范性能源学院。瞄准碳达峰碳中和发展需求，针对不同类型和特色高校，创新人才培养模式，分类打造能够引领未来低碳技术发展、具有行业特色和区域应用型人才培养实体，发挥示范引领作用。

17. 启动碳达峰碳中和领域教学改革和人才培养试点项目。针对能源、交通、建筑等重点领域，在国内有条件的综合高校和行业高校中，加快建设一批在线课程、虚拟仿真实验课程的培育项目，启动一批专业、课程、教材、教学方法等综合改革试点项目。

(七) 加强高水平教师队伍建设

18. 鼓励高校加强碳达峰碳中和领域高素质师资队伍建设。组织开展碳达峰碳中和领域师资培训，发挥国家级教学团队、教学名师、一流课程的示范引领作用，推广成熟有效的人才培养模式、课程实施方案，促进一线教师教学能力提升。鼓励高校加强碳达峰碳中和领域师资队伍建设保障，实施机制灵活的碳中和人才政策，加大精准引进力度，完善内部收入分配激励机制，形成规模合理、梯次配置的师资体系。

（八）加大教学资源建设力度

19.加大碳达峰碳中和领域课程、教材等教学资源建设力度。基于碳达峰碳中和人才的通用能力和专业能力分析，分领域协同共建知识图谱、教学视频、电子课件、习题试题、教学案例、实验实训项目等，形成优质共享的教学资源库。

（九）加强国际交流与合作

20.加快碳达峰碳中和领域国际化人才培养。以专业人才为基础，重点提升国际视野，强化国际交流能力，推动相关专业学生积极参与相关国际组织实习。

21.加大海外高层次人才引进力度。鼓励高校积极吸引海外二氧化碳捕集利用与封存、化石能源清洁利用、可再生能源前沿技术、储能与氢能、碳经济与政策研究等优秀人才，汇聚海外高层次人才参与碳中和学科建设和科学研究。

22.开展碳达峰碳中和人才国际联合培养项目。鼓励高校与世界一流大学和学术机构开展碳中和领域本科生、硕士生和博士生联合培养、科技创新和智库咨询等合作项目，深化双边、多边清洁能源与气候变化创新合作，培养积极投身全球气候治理和全球碳市场运行的专门人才。

三、组织实施

（一）强化责任落实。有关部门和高校要深刻认识碳达峰碳中和人才培养工作的重要性、挑战性、紧迫性，坚决贯彻党中央、国务院决策部署，切实扛起责任，根据本方案重点任务，结合自身实际制定具体任务和工作计划，着力抓好各项任务落实。

（二）加大支持力度。鼓励高校通过积极争取各级财政资金、企业投资、国家低碳转型基金、市场化绿色低碳产业投资基金和自筹资金等多元化渠道支持碳达峰碳中和专业人才培养、学科建设和科技攻关。在专业、师资、课程、教材等方面予以优先支持，确保政策到位、措施到位、成效到位。

（三）做好监测评估。在学科评估、专业审核评估和工程教育专业认证等过程中适当增加碳达峰碳中和高等教育人才培养评价内容。加强监督考核结果应用，对工作成效突出的单位和个人按规定给予表彰奖励。定期开展典型案例推荐遴选工作，加强宣传推广。

6.2.5　关于公布第二批虚拟教研室建设试点名单的通知

2022年5月19日，教育部办公厅教高厅函〔2022〕13号文下发了《关于公布第二批虚拟教研室建设试点名单的通知》，该通知全文如下。

各省、自治区、直辖市教育厅（教委），新疆生产建设兵团教育局，有关部门（单位）教育司（局），部属各高等学校、部省合建各高等学校，2018—2022年教育部高等学校教学指导委员会：

为贯彻落实"十四五"教育发展规划有关部署，加快虚拟教研室建设，经各地各高校和教育部高等学校教学指导委员会推荐、专家综合评议，我部按工作程序确定了第二批虚拟教研室建设试点名单，现予以公布（名单见附件），并就有关事宜通知如下。

一、加快推进试点建设工作。请第二批虚拟教研室建设试点根据《教育部办公厅关于公布首批虚拟教研室建设试点名单的通知》（教高厅函〔2022〕2号）有关要求，围绕创新教研形态、加强教学研究、共建优质资源、开展教师培训等重点任务，充分借鉴首批试点的实践探索经验，做好虚拟教研室试点建设工作。

二、广泛开展研究交流活动。我部将推动开展虚拟教研室建设课题研究工作，从理念、技术、方法、评价等方面开展新型基层教学组织研究。通过虚拟教研室微信公众号、《高校智慧教研》（内刊）等平台，促进虚拟教研室建设研究成果和实践经验的交流共享。

三、加强建设质量监测和评价。我部将结合虚拟教研室成员队伍建设情况、教研活动组织频次、教研资源建设数量与质量等监测指标，基于常态化质量监测与评价情况，对试点名单进行动态调整，并适时推出一批示范性虚拟教研室，打造教师教学发展共同体和质量文化，引导教师回归教学、热爱教学、研究教学，提升教育教学能力，为高等教育高质量发展提供有力支撑。

第二批虚拟教研室建设试点名单中与建设类相关的虚拟教研室见表6-2。

第二批虚拟教研室建设试点名单中与建设类专业相关的虚拟教研室　　表6-2

序号	教研室名称	学校名称	带头人
9	面向沿边地区人居环境改善的城乡规划大数据理论与方法课程虚拟教研室	清华大学	龙瀛
50	建筑环境与能源应用工程课程群虚拟教研室	天津大学	张欢

序号	教研室名称	学校名称	带头人
68	土木工程专业虚拟教研室	内蒙古科技大学	陈明
122	给排水科学与工程专业实践教学改革虚拟教研室	华东交通大学	胡锋平
156	热带海洋土木工程课程群虚拟教研室	海南大学	周智
183	建筑结构课程群虚拟教研室	西安建筑科技大学	史庆轩
184	建筑智能化实验课程群虚拟教研室	西安建筑科技大学	于军琪
187	道路桥梁与渡河工程专业虚拟教研室	长安大学	胡力群

6.2.6　关于推进新时代普通高等学校学历继续教育改革的实施意见

2022 年 7 月 23 日，教育部以教职成〔2022〕2 号文下发了《关于推进新时代普通高等学校学历继续教育改革的实施意见》，该实施意见全文如下。

各省、自治区、直辖市教育厅（教委），新疆生产建设兵团教育局，有关部门（单位）教育司（局），部属各高等学校、部省合建各高等学校：

高等学历继续教育是高等教育的重要组成部分，是构建服务全民终身学习教育体系的重要内容，是人民群众创造美好生活、实现共同富裕的重要途径。近年来，普通高等学校举办的学历继续教育快速发展，为促进高等教育大众化、普及化和教育公平，推动经济社会发展和学习型社会建设作出了重要贡献，但也存在办学定位不够明确、制度标准不够完善、治理体系不够健全、人才培养质量不高等突出问题，不能很好适应教育高质量发展要求。为推进新时代普通高等学校举办的学历继续教育改革发展，现提出以下意见。

一、总体要求

1. 指导思想。以习近平新时代中国特色社会主义思想为指导，按照党中央、国务院关于办好继续教育的决策部署，把握新发展阶段，贯彻新发展理念，服务构建新发展格局，全面贯彻党的教育方针，加强党的领导，坚持社会主义办学方向，落实立德树人根本任务，遵循继续教育规律、适应在职学习特点，坚持规范与发展并重，加强内涵建设，推动高等学历继续教育规范、有序、健康发展，服务全民终身学习需要，为促进经济社会发展和人的全面发展提供有力支撑。

2. 基本原则。系统谋划，分类指导。坚持系统思维，整体谋划事业发展，引导不同类型的办学主体明确各自办学定位，形成各有所长、各具特色的发展格局。育人为本，提高质量。坚守教育初心，落实教育教学要求，规范教学组织实施，强化过程管理，全面提高人才培养质量。夯实基础，强化能力。加强办学条件对办学规模的约束作用，增强基础能力建设，提升办学能力，扩大优质资源供给。数字赋能，精准治理。充分发挥继续教育与信息技术深度融合的优势，率先实现数字化转型，提升办学和管理智慧化水平。

3. 主要目标。建立健全与新发展阶段相适应的高等学历继续教育办学体系、标准体系、管理体系、评价体系、服务体系，形成办学结构合理、质量标准完善、办学行为规范、监管措施有效、保障机制健全的新格局；高等学历继续教育资源供给更加丰富，办学质量显著提升，服务能力和社会认可度大幅增强，为学习者接受优质高等教育提供更多机会和更好服务。

二、构建与新发展阶段相适应的办学体系

4. 明确办学定位。举办学历继续教育的普通高等学校（以下简称主办高校）应根据社会需要和自身办学定位、办学条件，遵循聚焦特色、控制规模、保证质量的原则，举办相应学历继续教育。主办高校要落实立德树人根本任务，将学历继续教育作为落实人才培养和社会服务职能的重要方面，纳入学校发展规划。要强化学历继续教育的公益属性，不得以营利为目的，不得下达经济考核指标，确保办学质量与学校的品牌声誉相统一。

5. 优化办学形式。自 2025 年秋季起，高等学历继续教育不再使用"函授""业余"的名称，统一为"非脱产"，主办高校可根据专业特点和学生需求等，灵活采取线上线下相结合形式教学。普通高等学校举办的学历继续教育统一通过成人高考入学，统一专业教学基本要求，统一最低修业年限，统一毕业证书。已注册入学的函授、业余、网络教育学生按原政策执行。

6. 推进分类发展。主办高校要依据自身办学定位、特色优势，科学确立学历继续教育的人才培养目标和规格，大力培养创新型、应用型、技术型人才。支持中央部委所属高校结合高水平学科专业举办"少而优、小而精"的学历继续教育，办出示范、引领发展。支持地方高校重点举办"服务地方、办学规范、规模适度、特色鲜明"的学历继续教育。支持高等职业学校围绕制造业重点领域、现代服务业和乡村振兴需求，重点面向一线从业人员，举办服务"知识更新、技术提升"的学历继续教育。

三、全面落实教育教学要求

7.加强思想政治教育。主办高校要把坚持以马克思主义为指导落实到学历继续教育教学各方面，全面落实习近平新时代中国特色社会主义思想进教材、进课堂、进师生头脑，加强爱国主义、集体主义、社会主义教育；要开齐开好思想政治理论课，全面推进体现继续教育特色的课程思政建设，探索线上线下相结合的思政育人新模式，建立完善全员、全程、全方位育人体制机制。

8.规范教学组织实施。主办高校应重视学历继续教育教学管理制度建设，加强对线上教学和线下面授的全过程管理，确保严格落实课程教学、实验实训、考勤、作业、考核、毕业论文（设计）、毕业答辩及审核等环节要求。探索通过实践作业、情境测试、技能认证等方式科学评价学生能力水平。要加强学生管理和服务，创造条件增加学生入校学习、活动的时间和频次。原则上应集中举办开学典礼、毕业典礼等重要活动。

9.创新教育教学模式。主办高校要按照成人认知规律、职业发展需要、学科专业特点创新教育教学模式，充分发挥信息技术优势，结合实际开展线上教学与面授教学、自主学习与协作学习等相结合的混合式教学；要根据不同专业要求和学生特点，合理确定线上线下学时比例，线下面授教学（含实践教学环节）原则上不少于人才培养方案规定总学时的20%。鼓励通过参与式、讨论式、案例式、项目式教学等提高学生学习积极性和参与度，注重学习体验。

10.加强师资队伍建设。主办高校要加强专兼职结合的学历继续教育教师队伍建设，配足配好主讲教师、辅导教师和管理人员，主讲教师数与在籍学生数比例不低于1：200，辅导教师数与在籍学生数比例不低于1：100，管理人员数与在籍学生数比例不低于1：200；要将聘任的兼职教师、辅导教师统一纳入学校师资队伍发展规划和管理，加强师德师风建设。鼓励主办高校返聘本校优秀退休教师参与继续教育教学。主办高校要将在职教师承担本校继续教育工作纳入教学工作量计算和教师教学业绩考核评价体系。

四、规范和加强办学管理

11.严格办学基本要求。各级教育行政部门应严格落实普通高等学校基本办学条件指标和普通高等学校学历继续教育办学基本要求（见附件1），并将其作为核定高校学历继续教育办学资质、确定招生计划上限、监测办学质量、评价办学水平的重要依据。办学基本要求中的指标将逐步纳入教育统计。教育部将分专业类制订高等学历继续教育专业教学基本要求。各地、各主办高校要根据《普通高等学校学历继续教育人才培养方案编制工作指南》（见附件2），进一步明确目标规格，规范课程设置和教学组织实施。

12. 加强教材建设管理。各地、各主办高校要按照高等学历继续教育教材建设与管理的有关要求，压实管理职责，完善高等学历继续教育教材管理体制，加强教材规划，提升编写质量，严格审核把关、规范教材选用，增强教材育人功能。主办高校党委对本校学历继续教育教材工作负总责，学校教材选用委员会具体负责学历继续教育教材的选用工作。鼓励有关单位开发适应学习者在职学习需要、深度广度与人才培养目标相匹配、满足交互式学习要求的高质量教材。要强化支持保障，加大对优秀学历继续教育教材的支持力度。

13. 规范校外教学点管理。各地、各主办高校要认真落实《关于严格规范校外教学点设置与管理的通知》要求，严格规范校外教学点设置条件和程序，控制布点数量和范围，加强办学监管和质量监测。各地可通过政策引导、项目等形式，鼓励有条件的主办高校通过校本部集中面授与线上教学相结合的方式举办非脱产形式的学历继续教育。

14. 健全监督评估机制。主办高校要健全学历继续教育内部质量保证体系，加强制度建设，每年进行教育质量自我评估总结，发布教育质量报告，接受社会监督。省级教育行政部门综合采取随机抽查、质量监测、实地调研等方式，对本地区高等学历继续教育进行常态监督，及时发现并纠正问题。教育部将本专科学历继续教育分别纳入本科教育教学评估、高等职业院校适应社会需求能力评估、职业教育教学工作诊断与改进等工作范围，并视情况开展专项评估、督导。教育行政部门要探索建立高等学历继续教育办学信用管理记分和处罚机制，开通违规办学举报受理渠道。

五、推进数字化转型发展

15. 提升数字化公共服务水平。深入实施国家教育数字化战略行动，完善全国统一、分级使用、开放共享的高等继续教育信息管理系统，服务教育行政部门、教育机构、学生和社会公众。教育行政部门要加强数据联动，及时主动向社会公开高等学历继续教育的办学主体、专业设置、校外教学点、招生范围、报名渠道、学费标准等信息，实现高等学历继续教育业务一网通办、信息一网公开。

16. 促进优质数字资源共建共享。教育部将广泛汇聚优质数字教育资源，推进在线课程和资源开放共享，建立继续教育"课程超市"和24小时"线上学堂"。鼓励学校自主或与有关机构联合开发优质网络课程。支持探索资源建设使用可持续发展机制，支持资源版权方通过市场化方式自主定价、交易。鼓励探索面向境外在线开展学历继续教育的模式和途径，提升高等学历继续教育国际化水平，促进优质资源开放共享。

17. 推动办学管理智慧化。主办高校要充分运用大数据、人工智能等技术手段，创新高等学历继续教育办学管理方式，加强招生、教学、考试、学籍、证书、收费等各环节的全流程管理，提高办学管理的数字化智能化水平，杜绝人为干预，保证流程规范、监管有效。推进教育行政部门智能化监管，实现体系化、实时化、闭环化的监测预警以及数字化、系统化、自动化的质量评价。

18. 加强教育教学在线常态监测。主办高校要全面加强对学历继续教育教师线上教学、学生线上学习的日常监测，将教学效果、学习状态计入教师考核和学生评价，精准判断学生学习状态与教学质量，实现个性诊断与即时干预。教育部将推动各地各主办高校教学管理系统与全国高等继续教育信息管理系统对接，常态化监测高等学历继续教育教学情况。

六、强化组织实施

19. 加强党的领导。各地、各主办高校要加强党对高等学历继续教育工作的全面领导，以正确政治方向和工作导向贯穿办学全过程，为高等学历继续教育改革发展提供坚强的政治保证和组织保证。要充分发挥学校党委的领导作用，确立高校党政主要领导作为学历继续教育第一责任人、分管校领导为主要责任人的领导体制。学历继续教育的重大决策须经学校党委会或党委常委会集体讨论决策。学校纪委要加强对学历继续教育的全过程监督。

20. 压实各方责任。教育部强化对高等学历继续教育工作的统筹管理，不断完善政策体系和管理机制，组建高等继续教育专家委员会，加强研究、指导和决策咨询。各级教育行政部门要切实落实对本地区高等学历继续教育的指导和监管职责，将学历继续教育工作纳入主办高校领导班子工作考核体系，及时查处违规办学行为。主办高校要严格落实办学主体责任，坚持管办分离，明确所办学历继续教育的归口管理部门，健全招生宣传、学费收缴、校外合作、财务管理、证书发放等方面的程序和要求，完善办学过程中的廉政风险防范管控机制。

21.加强经费保障。各地、各主办高校应建立高等学历继续教育学费标准动态调整机制，探索学分制收费管理模式，推动健全举办者投入和学习者合理分担培养成本相结合的高等学历继续教育经费筹措机制。主办高校要保障学历继续教育办学经费，建立健全财务管理制度，规范学费收入使用管理，学费收入应全额直接上缴学校财务账户，严禁其他机构和个人代收代缴，严禁上缴前分配。

22.营造良好环境。各地要加大对高等学历继续教育改革成果、发展成就和先进典型的宣传力度，充分发挥先进典型的示范、带动、引领和辐射作用。加强继续教育相关学科专业建设，鼓励相关高校围绕继续教育热点难点积极开展理论研究与引领性实践。各地要持续完善本地区违法违规广告部门协同治理工作机制，为高等学历继续教育改革发展营造清朗环境。

6.2.7　全面推进"大思政课"建设的工作方案

2022年7月25日，教育部等十部门以教社科〔2022〕3号文下发了《全面推进"大思政课"建设的工作方案》，该工作方案全文如下。

为深入贯彻落实习近平总书记关于"大思政课"的重要指示批示和在中国人民大学考察时的重要讲话精神，贯彻落实中共中央、国务院《关于新时代加强和改进思想政治工作的意见》，中共中央办公厅、国务院办公厅印发的《关于深化新时代学校思想政治理论课改革创新的若干意见》和中共中央办公厅《关于加强新时代马克思主义学院建设的意见》精神，坚持不懈用习近平新时代中国特色社会主义思想铸魂育人，制定本工作方案。

一、总体要求

党的十八大以来，特别是习近平总书记亲自主持召开学校思想政治理论课教师座谈会以来，思政课在党中央治国理政战略全局中的地位日益凸显，发展环境和整体生态发生根本性转变，习近平新时代中国特色社会主义思想铸魂育人成效明显，思政课建设、日常思想政治工作、课程思政全面推进。同时，一些地方和学校对"大思政课"建设的重视程度不够，开门办思政课、调动各种社会资源的意识和能力还不够强，课程教材体系还需要进一步完善，有的学校教师数量不足、质量不高，对实践教学重视不够，有的课堂教学与现实结合不紧密，大中小学思政课一体化建设亟需深化，有的学校第二课堂重活动轻引领，课程思政存在"硬融入""表面化"等现象。

全面推进"大思政课"建设，要坚持以习近平新时代中国特色社会主义思想为指导，聚焦立德树人根本任务，推动用党的创新理论铸魂育人，不断增强针对性、提高有效性，实现入脑入心。坚持开门办思政课，强化问题意识、突出实践导向，充分调动全社会力量和资源，建设"大课堂"、搭建"大平台"、建好"大师资"，建设全国高校思政课教研系统，设立一批实践教学基地，推出一批优质教学资源，做优一批品牌示范活动，支持建设综合改革试验区，推动思政小课堂与社会大课堂相结合，推动各类课程与思政课同向同行，教育引导学生坚定"四个自信"，成为堪当民族复兴重任的时代新人。

二、改革创新主渠道教学

1. 建构党的创新理论研究阐释和教育教学的自主知识体系。各高校全面开设"习近平新时代中国特色社会主义思想概论"课。中央宣传部、教育部编写习近平新时代中国特色社会主义思想概论课教材。教育部实施习近平新时代中国特色社会主义思想研究重大专项，加强习近平新时代中国特色社会主义思想系统化学理化和分领域分专题研究，将习近平新时代中国特色社会主义思想有机融入全面贯穿哲学社会科学各学科知识体系。

2. 建强思政课课程群。各地各校加强以习近平新时代中国特色社会主义思想为核心内容的课程群建设，形成必修课加选修课的课程体系。高校要统筹全校力量，结合自身实际，重点围绕习近平经济思想、习近平法治思想、习近平生态文明思想、习近平强军思想、习近平外交思想以及"四史"、宪法法律、中华优秀传统文化等设定课程模块，开设选择性必修课程。

3. 优化思政课教材体系。落实系列重大主题教育指南和纲要，深入推进习近平总书记在地方工作期间的重大实践、视察地方和学校重要论述进课程教材。及时修订思政课统编教材，将党的创新理论最新成果有机融入各门思政课。编写马克思、恩格斯、列宁关于哲学社会科学及各学科重要论述摘编。持续推进新时代马克思主义理论研究和建设工程重点教材建设。

4. 拓展课堂教学内容。教育部组织制作"思政课导学"课件、讲义、专题片等，帮助教师讲深讲透讲活学好思政课的重要意义。各地各校围绕新时代的伟大实践，充分挖掘地方红色文化、校史资源，将伟大建党精神和抗疫精神、科学家精神、载人航天精神等伟大精神，生动鲜活的实践成就，以及英雄模范的先进事迹等引入课堂，推动党的创新理论和历史融入各学段各门思政课。

5. 创新课堂教学方法。各校加强对学生思想、心理及关心的热点难点问题研究，制定针对性的教学方案。善于采用多样化的教学方法，注重发挥学生主体性作用，积极运用小组研学、情景展示、课题研讨、课堂辩论等方式组织课堂实践。有条件的高校要为思政课配备助教，协助开展教学组织、课后答疑等工作。

6. 优化教学评价体系。高校要建立校领导、教学督导、马克思主义学院班子成员、思政课教师和学生参加的多维度综合教学评价工作体系，重视教学过程评价，增加教学研究和教学成果在评价体系中的权重。用好思政课教学评价结果，作为马克思主义学院和班子成员考核的重要指标，作为思政课教师绩效考核、职称晋升、评奖评优等的基本依据。充分发挥教学指导委员会等专家组织作用，开展教学调研指导。鼓励有条件的高校聘请思政课退休教师担任教学督导员、青年教师的成长导师。

三、善用社会大课堂

7. 构建实践教学工作体系。高校要普遍建立党委统一领导，马克思主义学院积极协调，教务处、宣传部、学工部、团委等职能部门密切配合的思政课实践教学工作体系，在马克思主义学院指定专人负责，建立健全安全保障机制，积极整合思政课教师和辅导员队伍，共同参与组织指导思政课实践教学。将思政课教师、辅导员指导学生开展实践活动、指导学生理论社团等纳入教学工作量。参照学生专业实训（实习）标准设立思政课实践教学专项经费。

8. 落实思政课实践教学学时学分。高校要严格落实本科 2 个学分、专科 1 个学分用于思政课实践教学的要求，中小学校要安排一定比例的课时用于学生社会实践体验活动。精心设计实践教学大纲，坚决避免实践教学娱乐化、形式化、表面化。鼓励有条件的高校开设专门的实践教学课。

9. 组织开展多样化的实践教学。教育部持续组织开展中国国际"互联网＋"大学生创新创业大赛青年红色筑梦之旅、习近平新时代中国特色社会主义思想大学习领航计划、"小我融入大我，青春献给祖国"主题社会实践、"技能成才，强国有我"主题教育等活动。高校要紧扣思政课实践教学目标和要求，利用志愿服务、理论宣讲、社会调研等实践活动，开展实践教学。注重总结实践教学成果，把优秀成果作为课堂教学的有效补充，支持出版高校思政课实践教学成果，推动实践教学规范化。

10.建好用好实践教学基地。教育部会同有关部门，利用现有基地（场馆），分专题设立一批"大思政课"实践教学基地。发挥好教育部高校思政课教师研学基地的实践教学功能。各地教育部门要结合实际，积极建设"大思政课"实践教学基地。大中小学要主动对接各级各类实践教学基地，开发现场教学专题，开展实践教学。有条件的学校可与有关基地建立长效合作机制，加强研究和资源开发。各基地要积极创造条件，与各地教育部门、学校建立有效工作机制，协同完成好实践教学任务。

专栏　建好用好"大思政课"实践教学基地

1.教育部、科技部联合设立科学精神专题实践教学基地。

2.教育部、工业和信息化部联合设立工业文化专题实践教学基地。

3.教育部、生态环境部联合设立美丽中国专题实践教学基地。

4.教育部、国家卫生健康委联合设立抗击疫情专题实践教学基地。

5.教育部、国家文物局联合设立中华优秀传统文化、革命文化、社会主义先进文化专题实践教学基地。

6.教育部、国家乡村振兴局联合设立脱贫攻坚、乡村振兴专题实践教学基地。

7.教育部、中国关心下一代工作委员会联合设立党史新中国史教育专题实践教学基地。

四、搭建大资源平台

11.建设全国高校思政课教研系统。教育部建设"全国高校思政课教师网络集体备课平台"网络支持系统、"青梨派"大学生自主学习系统、高校思政课教学创新中心资源开发系统、高校思政课教学指导委员会指导审核评估系统、高校思政课教师基础数据系统、高校思政课教师研修培训系统等为一体，共建共享、系统集成、全面覆盖的全国高校思政课教研系统。

12. 推进国家智慧教育平台建设使用。教育部把"大思政课"摆在教育信息化的突出位置,加强国家智慧教育平台思政教育资源建设。通过项目支持的方式,推动教学资源建设常态化机制化。组织开发和推荐一批科学权威实用的课件、讲义,推动一线教师统一使用。加强思政课教学资源库建设,实施中小学思政课精品课程建设计划,推出一批思政"金课"。加大优质资源推广使用力度,指导各地各校用好国家智慧教育平台。

专栏　思政课教学资源库

1. 建设教学案例库。组织征集和开发高质量、多形式的教学案例,特别是聚焦习近平新时代中国特色社会主义思想在中华大地的生动实践,开发一批党的创新理论主题案例。

2. 打造教学重难点问题库。建立思政课教学重难点问题征集机制,动态收集学生关注的问题和思想理论困惑,统一组织研究回答,形成教学问题库。

3. 建设教学素材库。建立完善采集、审核、共享机制,充分调动一线思政课教师积极性创造性,持续推出一大批优秀思政课课件、讲义、重难点解析、重要参考文献、教学配图、微视频、融媒体公开课等优质教学素材。

4. 开发在线示范课程库。以国家统编教材为基本遵循,整合全国优秀思政课教师和哲学社会科学专家力量,组织开发高水平在线示范课程。

---

13. 打造网络教育宣传云平台。教育部会同中央网信办等,组织开展"大思政课"网络主题宣传活动,鼓励师生围绕思政课教学内容创作微电影、动漫、音乐、短视频等,建设资源共享、在线互动、网络宣传等为一体的"云上大思政课"平台。加强高校思想政治工作网、大学生在线、易班等网络平台建设。积极研发成本适宜的虚拟仿真教学资源。组织开展"同上一堂思政大课"活动。各地各校用好"学习强国"等平台,鼓励思政课教师积极参加中央和地方主流媒体的政论、时政节目,广泛传播党的创新理论。

五、构建大师资体系

14. 建设专兼结合的师资队伍。各地各校严格按照要求配备建强高校专职思政课教师、辅导员队伍，提高中小学专职思政课教师比例，实行思政课特聘教授、兼职教师制度，积极聘请党政领导、科学家、老同志、先进模范等担任思政课兼职教师。深入实施马克思主义学院院长（书记）培养工程，通过集中培养培训、委托重大项目、加强实践锻炼、开展国际国内访学等方式，培养一批青年马克思主义理论家。

专栏　建立思政课特聘教授、兼职教师制度

高校要通过建立健全思政课特聘教授制度，选聘优秀地方党政领导干部、企事业单位管理专家、社科理论界专家、各行业先进模范以及高校党委书记校长、院（系）党政负责人、名师大家和专业课骨干教师、日常思想政治教育骨干等加入思政课教师队伍，讲授思政课；通过建立健全兼职教师制度，形成英雄人物、劳动模范、大国工匠等先进代表，以及革命博物馆、纪念馆、党史馆、烈士陵园等红色基地讲解员、志愿者经常性进高校参与思政课教学的长效机制。

---

15. 搭建队伍研究平台。充分发挥国家社科基金规划项目、教育部人文社科研究项目思政课教师研究专项作用，设立马克思主义理论研究和建设工程后期资助项目，组织教师加强马克思主义理论和思政课教学研究。重点支持开展"大思政课"建设规律、思政课教学难点及对策、大中小学思政课一体化、课程思政等研究。举办习近平新时代中国特色社会主义思想进教材进课堂进头脑系列研讨会。建设辅导员工作室、资助开展课题研究、推广优秀工作案例。

16. 提升队伍综合能力。完善国家、地方、学校三级培训体系，实现思政课教师培训全覆盖。教育部完善"手拉手"集体备课机制，定期组织开展教学研讨活动。开展中小学思政课教师示范培训、教学基本功展示交流活动。建设辅导员网上资源库、开发虚拟仿真实训平台，组织支持开展国情考察。各地教育部门要建立中小学思政课教师轮训制度，依托各级党校和高校马克思主义学院每3年对中小学思政课教师至少进行一次不少于 5 日的集中脱产培训。中小学校新进专职思政课教师须取得思政课教师资格。小学兼职思政课教师在上岗前应完成一定学时的专业培训，并考核合格。各地各高校建立专门制度，常态化支持思政课骨干教师到各级宣传、教育等党政机关或基层挂职锻炼、蹲点调研，相关经历纳入评奖评优、干部选聘体系，相关成果作为职称评聘参考。严格落实生均经费用于思政课教师的学术交流、实践研修等，并逐步加大支持力度。

专栏　加强思政课教师培养培训

1. 加强"高校思政课教师信息库"建设。

2. 打造"全国高校思政课教师网络集体备课平台"升级版。

3. 实施"高校思政课教师队伍后备人才培养专项支持计划"。

4. 实施"高校思政课教师在职攻读马克思主义理论博士学位专项支持计划"。

5. 举办"高校思政课骨干教师研修班"和"高校哲学社会科学骨干研修班"。

6. 举办"周末理论大讲堂"。

7. 依托全国高校思政课教师研修（学）基地，组织思政课教师开展分课程、分专题研修活动。

8. "高校思想政治理论课'手拉手'集体备课中心"和"高校思想政治理论课名师工作室"，举办跨地区、跨学段、跨学校等多形式的集体备课、教学研讨活动。

9. 举办"全国高校思政课教学展示活动"。

10. 开展"高校优秀思政课教师和马克思主义理论学科学生奖励基金"遴选。

11. 开展中小学思政课教师示范培训。

12. 开展中小学思政课教师基本功展示交流活动。

六、拓展工作格局

17. 分层分类开展"大思政课"综合改革试点。教育部围绕实践教学、教师队伍建设、大中小学思政课一体化、问题式专题化团队教学和均衡发展等思政课改革创新重大问题，在北京、天津、上海、江西、陕西等地设立综合改革试验区。地方党政负责同志坚持联系高校并讲思政课。坚持教材编写、师资培养、理论阐释、教学研究相结合，统筹推进习近平新时代中国特色社会主义思想研究中心（院）、国家教材建设重点研究基地、人文社科重点研究基地、师资培训中心、马克思主义学院等建设，开展"联学联讲联研"综合改革试点。深入推进"三全育人"综合改革，持续扩大高校"一站式"学生社区综合管理模式建设试点。

18.深入推进大中小学思政课一体化建设。教育部加强大中小学思政课一体化建设指导委员会建设，支持各地建设一批一体化基地，鼓励高校积极开展与中小学思政课共建。各地教育部门加强引导和协调，建立大中小学师资培育、听课评课、教研交流、集体备课等常态化工作机制。

19.全面推进课程思政高质量建设。教育部组建高等学校课程思政教学指导委员会，研制普通本科专业类课程思政教学指南，组织开展高校教师课程思政教学能力培训，建设一批课程思政系列共享资源库。建成一批课程思政示范高校，推出一批课程思政示范课程，选树一批课程思政教学名师和团队，建设一批高校课程思政教学研究示范中心。加强中小学学科德育建设。

20.扎实开展日常思政教育活动。学校党委书记、校长要在开学、毕业典礼等重要场合，讲授"思政大课"。学校要以重大纪念日、重大历史事件为契机，通过"学习新思想，做好接班人"主题教育、职教学生读党报、新时代先进人物进校园、论坛讲坛、讲座报告会等，组织专题"思政大课"。教育部打造并集中展示一批校园文化原创精品，建设一批文化传承基地。办好"全国大学生网络文化节"和"全国高校网络教育优秀作品推选展示活动"。

七、加强组织领导

21.强化统筹协调。教育部、中央宣传部做好"大思政课"建设的总体谋划。中央网信办指导做好"大思政课"全媒体宣传。科技部、工业和信息化部、生态环境部、国家卫生健康委、国家文物局、国家乡村振兴局、中国关心下一代工作委员会等部门，加强对基地的指导和建设，切实发挥好基地的育人功能。

22.积极推进落实。各地要把"大思政课"建设作为"十四五"时期推动思政课高质量发展的重要抓手，在基地资源、经费投入、队伍建设、条件保障等方面采取有效措施。将中外合作办学院校纳入"大思政课"建设整体布局。各地各校要及时总结宣传"大思政课"建设的好经验好做法，营造良好舆论氛围。

6.2.8　关于进一步加强全国职业院校教师教学创新团队建设的通知

2022 年 9 月 20 日，教育部办公厅以教师厅函〔2022〕21 号文下发了《关于进一步加强全国职业院校教师教学创新团队建设的通知》，该通知摘录如下。

一、明确创新团队建设目标任务

创新团队建设是加快职业教育和"双师型"教师队伍高质量发展的有力抓手和重要举措，要按照"政府统筹与分级创建相结合、学校自主建设与校际校企协同发展相结合、个人成长与团队发展相结合、团队建设与教学创新相结合"的原则，突出示范引领、建优扶强、协同创新、促进改革，结合当地经济社会发展、产业特点和学校骨干专业（群），因地制宜做好省级、校级创新团队整体规划和建设布局，与国家级创新团队协同发展、组网融通，着力打造一批德技双馨、创新协作、结构合理的创新团队，形成"双师"团队建设范式，为全面提高复合型技术技能人才培养质量提供强有力的师资支撑。

二、强化创新团队教师能力建设

创新团队建设要把教师能力提升作为核心任务，加强专项培训。将"双高"院校等优质高校专业资源、国家级创新团队建设模式经验和培训基地特色优势融合整合，形成符合创新团队建设需求和发展规律的培训模式和课程体系。要重点围绕师德师风、"三全育人"、教学标准、职业技能等级标准、课程体系重构、课程开发技术、模块化教学设计实施等内容，突出创新团队自身建设和共同体协作的方法路径，通过全程伴随式培训和指导帮带，全方位提高创新团队教师能力素质。要优先保障创新团队教师企业实践，充分利用各级企业实践基地和对口企业，通过参加技能培训、兼职锻炼、参与产品研发和技术创新不断提升实习实训指导和技术技能创新能力，每年累计时长不少于 1 个月，且尽量连续实施。

三、形成创新团队建设范式

创新团队建设要突出模式方式、制度机制、构成分工等内涵建设，形成团队自身的建设范式。创新团队成员应包括公共课、专业课教师（含实习指导教师）和具有丰富工作经验的企业兼职教师，"双师型"教师占比不低于 50%。成员构成要科学合理且相对稳定，充分考虑职称、年龄、专业等因素，调整比例不应超过 30%。创新团队负责人应为专业带头人，具有较强的课程开发能力和丰富的教改经验，不得随意更换。国家级创新团队负责人调整，需经省级教育行政部门同意后报教育部备案。要指导学校利用好校内外资源，全过程参与，逐段明确目标任务和责任分工，探索形成创新团队建设机制、运行模式和管理制度。

四、突出创新团队模块化教学模式

创新团队建设要打破学科教学传统模式，把模块化教学作为重要内容，探索创新项目式教学、情境式教学。要将行业企业融入建设周期，全过程参与人才培养方案制订、课程体系重构、模块化教学设计实施等。要适应产业转型升级和经济高质量发展，按照职业岗位（群）能力要求和相关职业标准，不断开发和完善课程标准。要打破原有的专业课程体系框架，基于职业工作过程重构。要积极将职业技能等级标准、行业企业新技术、新工艺、新规范和优质课程等资源纳入专业课程教学，研究制订专业能力模块化课程设置方案，将每个专业划分为若干核心模块单元。要做好课程总体设计，创新团队教师集体备课、协同教研，分工协作进行模块化教学，形成各具特色的教学风格，不断提升教学质量效果。

五、加强创新团队协作共同体建设

创新团队建设要加强校际协同和校企深度合作，促进"双元"育人。要按照专业领域，由若干创新团队立项院校、创新团队培训基地，以及科研院所、稳定的合作企业和产教融合实训基地共同组建协作共同体，建立协同工作机制，制定工作章程，成立组织机构，明确成员分工，加强人员交流、研究合作、资源共享，在团队建设、师资培养、教学改革等方面协同创新。应充分发挥国家级创新团队立项院校协作共同体的示范引领和辐射带动作用，积极吸纳相同专业领域的省级、校级创新团队参与，形成该专业领域的创新团队协作网络，促进资源优化配置，推动专业教学改革。

六、加大创新团队建设保障力度

各地各校应将创新团队建设纳入教育教学改革和学校整体发展规划，加强支持保障。应制定本级创新团队建设方案、管理办法，明确负责部门和分管领导，出台支持政策，建立奖惩机制，把创新团队建设列为对应级别的重点科研项目，支持各级创新团队开展教育教学改革研究与实践。鼓励创新团队通过校企合作、科研项目、社会服务等途径积极筹措发展资金。在考核评价、职称晋升、"双师型"教师认定等个人发展，以及学历提升、境内外访学研修等专业发展方面，要将参与创新团队情况作为重要依据，优先考虑。各地各校要利用好教师发展中心（培训中心），为创新团队建设和团队教师发展提供平台支持。

七、加强创新团队建设的检查验收

省级教育行政部门负责区域内创新团队建设的总体规划、统筹协调，以及对区域内国家级创新团队建设的全过程督促检查和质量监控。学校为创新团队建设的第一责任主体，要保证建设质量和效果。各地各校在创新团队建设过程中，要突出可复制推广的团队建设范式、团队教师能力提升、模块化教学模式运用、专业建设成果等重点任务。各地各校要建立本级创新团队建设评价指标体系，对偏离目标任务、建设效果较差的，应实行动态调整。建设期满后，要进行综合评价和考核验收，经验做法和建设成果要凝练总结、推广应用，不达标的应视情取消项目承担资格。

6.2.9　关于实施职业教育现场工程师专项培养计划的通知

2022 年 9 月 15 日，教育部办公厅等五部门以教职成厅〔2022〕2 号文下发了《关于实施职业教育现场工程师专项培养计划的通知》，该通知摘录如下。

为贯彻中央人才工作会议和全国职业教育大会精神，落实新修订的《中华人民共和国职业教育法》，进一步优化人才供给结构，加快培养更多适应新技术、新业态、新模式的高素质技术技能人才、能工巧匠、大国工匠，教育部、工业和信息化部、国务院国资委、中国工程院、全国工商联决定联合实施职业教育现场工程师专项培养计划（以下简称专项培养计划）。

一、总体思路

以习近平新时代中国特色社会主义思想为指导，全面贯彻党的教育方针，落实立德树人根本任务，紧密对接先进制造业、战略性新兴产业和现代服务业等重点领域高端化、数字化、智能化、绿色化发展要求，协调匹配教育供给与人才需求，深化产教融合、校企合作，全面实践中国特色学徒制，校企联合实施学徒培养和在职员工培训，健全教育链、产业链、人才链、创新链协同发展新机制，形成为技术技能人才紧缺领域系统储能、赋能的人才培养培训生态。

二、工作目标

面向重点领域数字化、智能化职业场景下人才紧缺技术岗位，遴选发布生产企业岗位需求，对接匹配职业教育资源，以中国特色学徒制为主要培养形式，在实践中探索形成现场工程师培养标准，建设一批现场工程师学院，培养一大批具备工匠精神，精操作、懂工艺、会管理、善协作、能创新的现场工程师。到2025年，累计不少于500所职业院校、1000家企业参加项目实施，累计培养不少于20万名现场工程师。

三、重点任务

（一）校企联合实施学徒培养。项目企业设立现场工程师学徒岗位，明确岗位知识、能力、素质要求。学校、企业和学生签订学徒培养协议，明确三方的权利和责任，明确学徒参照企业职工或见习职工享受相关待遇，落实企业职工教育经费用于学徒培养和员工职业教育。校企共同制定和实施人才培养方案、构建专业课程体系、开发建设核心课程、开发建设高水平教材以及配套的数字化资源，基于真实生产任务灵活组织教学，工学交替强化实践能力培养。

（二）推进招生考试评价改革。完善"文化素质＋职业技能"考试招生办法，根据岗位人才需要，校企联合招生（项目企业可根据需要向项目学校提出招生选拔的标准和要求）。项目学校根据教育部相关招生政策开展中职、高职专科、高职本科等人才选拔和培养，实行小班化教学，支持通过中高职贯通培养、专升本等形式提升教育层次、接续培养。校企联合设计和开展教学考核评价改革，开展职业能力评价，设立淘汰机制，实现动态择优增补。职业能力评价结果作为入职项目企业的定岗定级定薪参考。探索项目企业按照人才培养方案独立承担学分课程。

（三）打造双师结构教学团队。项目企业选派具有教学能力的相关专业技术人员、经营管理人员参加学徒培养，承担专业课程教学任务，指导岗位实践教学，与学校专任教师共同开展教学研究。项目企业选派的承担教学任务的人员可以收取课酬。项目学校相关教师定期到企业进行岗位实践、参与企业工程实践或技术攻关，可以按规定取酬。

（四）助力提升员工数字技能。项目学校发挥办学优势和专业特长，对接产业数字化、数字产业化需求，按照企业需要协同开发培训资源，根据企业运行特点，充分运用现代信息技术和多种授课方式，面向企业在职员工开展入职培训、专业技术培训和数字能力提升培训。加强人才培养培训标准和模式的国际交流与合作。

四、组织实施

（五）完善组织机制。专项培养计划按照确定需求、联合申报、审核立项、管理评价的工作流程组织实施（详见附件）。教育部牵头，会同工业和信息化部、国务院国资委、中国工程院、全国工商联等建立联合工作机制，负责专项培养计划的规划设计和组织实施；组建专家委员会，负责具体培养项目的审核把关、指导实施、验收评价。中国工程院负责指导项目规划、推荐相关专家，参与方案审核。工业和信息化部、国务院国资委、全国工商联等负责遴选推荐技术技能人才需求稳定且具有一定培养能力的生产企业，优先考虑产教融合型企业、专精特新企业和行业头部企业。省级有关部门按照国家有关部门要求落实相关责任。

（六）合理规划实施。专项培养计划分领域规划、分区域布局、分批次实施。率先在先进制造业重点领域启动，逐步扩大到其他重点领域。每个项目存续期不低于一个培养周期。支持项目学校建设以学徒制培养为主的现场工程师学院。有关学校和企业不得以项目名义违规收取学费。结束后合作方不得再以国家级项目名义进行招生宣传。各地可参照本计划设计实施省级相关计划。

（七）加强政策支持。产教融合型企业认定向项目企业倾斜，对纳入的产教融合型企业，给予"金融＋财政＋土地"组合式激励。学校参与专项培养计划情况作为高职"双高计划"、中职"双优计划"等考核遴选的参考。鼓励职业教育创新发展高地、技能型社会建设试点省份率先制订面向专项培养计划的区域激励政策，对参与学徒培养的有关企业进行补贴，将有关职业能力评价结果纳入地方技能人才薪酬激励政策支持范围。相关省份统筹地方教育附加专项资金和现代职业教育质量提升专项资金时，应对项目学校给予支持，对绩效显著的学校给予奖励，支持项目学校与合作企业共同加大产教融合实训基地、工程训练中心等的建设投入并给予相应的用地、公用事业费等优惠。中国银行支持中国教育发展基金会设立专项培养计划学生奖学金。

（八）强化监督指导。省级有关部门要根据《中华人民共和国职业教育法》等法律相关规定，加强对项目实施过程的跟踪指导，及时发现问题、督促纠偏整改、提出改进建议。各项目单位要扎实推进实施，及时总结经验、健全体制机制、沉淀形成范式，确保取得实效。专家委员会依托项目管理系统开展阶段性评价。

6.2.10　绿色低碳发展国民教育体系建设实施方案

2022 年 10 月 26 日，教育部以教发〔2022〕2 号文下发了《绿色低碳发展国民教育体系建设实施方案》，该实施方案全文如下。

为深入贯彻落实习近平总书记关于碳达峰碳中和工作的重要讲话和指示批示精神，认真落实党中央、国务院决策部署，落实《中共中央 国务院关于完整准确全面贯彻新发展理念做好碳达峰碳中和工作的意见》、国务院《2030 年前碳达峰行动方案》要求，把绿色低碳发展理念全面融入国民教育体系各个层次和各个领域，培养践行绿色低碳理念、适应绿色低碳社会、引领绿色低碳发展的新一代青少年，发挥好教育系统人才培养、科学研究、社会服务、文化传承的功能，为实现碳达峰碳中和目标作出教育行业的特有贡献，制定本实施方案。

一、总体要求

（一）指导思想。

以习近平新时代中国特色社会主义思想为指导，全面贯彻党的二十大精神，深入贯彻习近平生态文明思想，立足新发展阶段，完整、准确、全面贯彻新发展理念，构建新发展格局，聚焦绿色低碳发展融入国民教育体系各个层次的切入点和关键环节，采取有针对性的举措，构建特色鲜明、上下衔接、内容丰富的绿色低碳发展国民教育体系，引导青少年牢固树立绿色低碳发展理念，为实现碳达峰碳中和目标奠定坚实思想和行动基础。

（二）工作原则。

——坚持全国统筹。强化总体设计和工作指导，发挥制度优势，压实各方责任。根据各地实际分类施策，鼓励主动作为，示范引领。以理念建构和习惯养成为重点，将绿色低碳导向融入国民教育体系各领域各环节，加快构建绿色低碳国民教育体系。

——坚持节约优先。把节约能源资源放在首位，积极建设绿色学校，持续降低大中小学能源资源消耗和碳排放，重视校园节能降耗技术改造和校园绿化工作，倡导简约适度、绿色低碳生活方式，从源头上减少碳排放。

——坚持全程育人。在注重绿色低碳纳入大中小学教育教学活动的同时，在教师培养培训环节增加生态文明建设的最新成果、碳达峰碳中和的目标任务要求等内容。既要注重学校节能技术改造、能源管理，也要注重校园软环境的创设，达到润物细无声的效果。

——坚持开放融合。绿色低碳理念和技术进步成果优先在学校传播，行业领军企业要免费向大中小学开设社会实践课堂。高等院校要加大对绿色低碳科学研究和技术的投入，为碳达峰碳中和贡献教育力量。

二、主要目标

到 2025 年，绿色低碳生活理念与绿色低碳发展规范在大中小学普及传播，绿色低碳理念进入大中小学教育体系；有关高校初步构建起碳达峰碳中和相关学科专业体系，科技创新能力和创新人才培养水平明显提升。

到 2030 年，实现学生绿色低碳生活方式及行为习惯的系统养成与发展，形成较为完善的多层次绿色低碳理念育人体系并贯通青少年成长全过程，形成一批具有国际影响力和权威性的碳达峰碳中和一流学科专业和研究机构。

三、将绿色低碳发展融入教育教学

（一）把绿色低碳要求融入国民教育各学段课程教材。将习近平生态文明思想、习近平总书记关于碳达峰碳中和重要论述精神充分融入国民教育中，开展形式多样的资源环境国情教育和碳达峰碳中和知识普及工作。针对不同年龄阶段青少年心理特点和接受能力，系统规划、科学设计教学内容，改进教育方式，鼓励开发地方和校本课程教材。学前教育阶段着重通过绘本、动画启蒙幼儿的生态保护意识和绿色低碳生活的习惯养成。基础教育阶段在政治、生物、地理、物理、化学等学科课程教材教学中普及碳达峰碳中和的基本理念和知识。高等教育阶段加强理学、工学、农学、经济学、管理学、法学等学科融合贯通，建立覆盖气候系统、能源转型、产业升级、城乡建设、国际政治经济、外交等领域的碳达峰碳中和核心知识体系，加快编制跨领域综合性知识图谱，编写一批碳达峰碳中和领域精品教材，形成优质资源库。职业教育阶段逐步设立碳排放统计核算、碳排放与碳汇计量监测等新兴专业或课程。

（二）加强教师绿色低碳发展教育培训。各级教育行政部门和师范院校、教师继续教育学院要结合实际在师范生课程体系、校长培训和教师培训课程体系中加入碳达峰碳中和最新知识、绿色低碳发展最新要求、教育领域职责与使命等内容，推动教师队伍率先树立绿色低碳理念，提升传播绿色低碳知识能力。

（三）把党中央关于碳达峰碳中和的决策部署纳入高等学校思政工作体系。发挥课堂主渠道作用，将绿色低碳发展有关内容有机融入高校思想政治理论课。通过高校形势与政策教育宣讲、专家报告会、专题座谈会等，引导大学生围绕绿色低碳发展进行学习研讨，提升大学生对实现碳达峰碳中和战略目标重要性的认识，推动绿色低碳发展理念进思政、进课堂、进头脑。统筹线上线下教育资源，充分发挥高校思政类公众号的示范引领作用，广泛开展碳达峰碳中和宣传教育。

（四）加强绿色低碳相关专业学科建设。根据国家碳达峰碳中和工作需要，鼓励有条件、有基础的高等学校、职业院校加强相关领域的学科、专业建设，创新人才培养模式，支持具备条件和实力的高等学校加快储能、氢能、碳捕集利用与封存、碳排放权交易、碳汇、绿色金融等学科专业建设。鼓励高校开设碳达峰碳中和导论课程。建设一批绿色低碳领域未来技术学院、现代产业学院和示范性能源学院，开展国际合作与交流，加大绿色低碳发展领域的高层次专业化人才培养力度。深化产教融合，鼓励校企联合开展产学合作协同育人项目，组建碳达峰碳中和产教融合发展联盟。引导职业院校增设相关专业，到2025年，全国绿色低碳领域相关专业布点数不少于600个，发布专业教学标准，支持职业院校根据需要在低碳建筑、光伏、水电、风电、环保、碳排放统计核算、计量监测等相关专业领域加大投入，充实师资力量，推动生态文明与职业规范相结合，职业资格与职业认证绿色标准相结合，完善课程体系和实践实训条件，规划建设100种左右有关课程教材，适度扩大技术技能人才培养规模。

（五）将践行绿色低碳作为教育活动重要内容。创新绿色低碳教育形式，充分利用智慧教育平台开发优质教育资源、普及有关知识、开展线上活动。以全国节能宣传周、全国城市节水宣传周、全国低碳日、世界环境日、世界地球日等主题宣传节点为契机，组织主题班会、专题讲座、知识竞赛、征文比赛等多种形式教育活动，持续开展节水、节电、节粮、垃圾分类、校园绿化等生活实践活动，引导中小学生从小树立人与自然和谐共生观念，自觉践行节约能源资源、保护生态环境各项要求。强化社会实践，组织大学生通过实地参观、社会调研、志愿服务、撰写调研报告等形式，走进厂矿企业、乡村社区了解碳达峰碳中和工作进展。

四、以绿色低碳发展引领提升教育服务贡献力

（六）支持高等学校开展碳达峰碳中和科研攻关。加强碳达峰碳中和相关领域全国重点实验室、国家技术创新中心、国家工程研究中心等国家级创新平台的培育，组建一批攻关团队，加快绿色低碳相关领域基础理论研究和关键共性技术新突破。优化高校相关领域创新平台布局，推进前沿科学中心、关键核心技术集成攻关大平台建设，构建从基础研究、技术创新到产业化的全链条攻关体系。支持高校联合科技企业建立技术研发中心、产业研究院、中试基地、协同创新中心等，构建碳达峰碳中和相关技术发展产学研全链条创新网络，围绕绿色低碳领域共性需求和难点问题，开展绿色低碳技术联合攻关，并促进科技成果转移转化，服务经济社会高质量发展。

（七）支持高等学校开展碳达峰碳中和领域政策研究和社会服务。引导高校发挥人才优势，组织专业力量，围绕碳达峰碳中和开展前沿理论和政策研究，为碳达峰碳中和工作提供政策咨询服务。协助有关行政管理部门做好重要政策调研、决策评估、政策解读相关工作，积极参与碳达峰碳中和有关各类规划和标准研制、项目评审论证等，支持和保障重点工作、重点项目推进实施。

五、将绿色低碳发展融入校园建设

（八）完善校园能源管理工作体系。鼓励各地各校开展校园能耗调研，建立校园能耗监测体系，对校园能耗数据进行实时跟踪和精准分析，针对校园能源消耗和师生学习工作需求，建立涵盖节约用电、用水、用气，以及倡导绿色出行等全方位的校园能源管理工作体系。加快推进移动互联网、云计算、物联网、大数据等现代信息技术在校园教学、科研、基建、后勤、社会服务等方面的应用，实现高校后勤领域能源管理的智能化与动态化，助推学校绿色发展提质增效、转型升级。

（九）在新校区建设和既有校区改造中优先采用节能减排新技术产品和服务。在校园建设与管理领域广泛运用先进的节能新能源技术产品和服务。有序逐步降低传统化石能源应用比例，提高绿色清洁能源的应用比例，从源头上减少碳排放。加快推进超低能耗、近零能耗、低碳建筑规模化发展，提升学校新建建筑节能水平。大力推进学校既有建筑、老旧供热管网等节能改造，全面推广节能门窗、绿色建材等节能产品，降低建筑本体用能需求。鼓励采用自然通风、自然采光等被动式技术；因地制宜采用高效制冷机房技术，智慧供热技术，智慧能源管控平台等新技术手段降低能源消耗。优化学校建筑用能结构。加快推动学校建筑用能电气化和低碳化，深入推进可再生能源在学校建设领域的规模化应用。在有条件的地区开展学校建筑屋顶光伏行动，推动光伏与建筑一体化发展。大力提高学校生活热水、炊事等电气化普及率。重视校园绿化工作，鼓励采用屋顶绿化、垂直绿化、增加自然景观水体等绿化手段，增加校园自然碳汇面积。

六、保障措施

（十）加强组织领导。各级教育行政部门要高度重视绿色低碳发展国民教育体系建设，以服务碳达峰碳中和重大战略决策为目标，统筹各类资源、加大探索力度，结合本地实际和绿色学校创建工作，制定工作方案。充分发挥教育系统人才智力优势，加快绿色低碳发展国民教育体系建设工作。

（十一）推动协同保障。加大绿色低碳发展国民教育体系建设工作领导，加大各部门协作力度，形成协同推进绿色低碳发展国民教育体系建设工作机制。对绿色低碳发展国民教育体系建设工作重大科技任务、重大课题、重点学科、重点实验室予以资金和政策保障，稳步推进绿色低碳进校园工作。

（十二）强化宣传引导。各地要多措并举、积极倡导绿色低碳发展理念，及时宣传绿色低碳发展国民教育体系建设工作进展，总结推广各级各类学校的经验做法，加强先进典型的正面宣传，发挥榜样示范作用，达到良好宣传实效，引导教育系统师生形成简约适度生活方式，营造绿色低碳良好社会氛围。

6.2.11　关于做好职业教育"双师型"教师认定工作的通知

2022 年 10 月 25 日，教育部办公厅以教师厅〔2022〕2 号文印发了《关于做好职业教育"双师型"教师认定工作的通知》，该通知摘录如下。

各省、自治区、直辖市教育厅（教委），新疆生产建设兵团教育局：

为贯彻党的二十大精神，落实新修订的《中华人民共和国职业教育法》《中共中央 国务院关于全面深化新时代教师队伍建设改革的意见》和中共中央办公厅、国务院办公厅印发《关于推动现代职业教育高质量发展的意见》要求，加快推进职业教育"双师型"教师队伍高质量建设，健全教师标准体系，现就职业教育"双师型"教师认定工作通知如下。

一、明确认定范围。职业教育"双师型"教师认定主要适用于职业学校的专业课教师（含实习指导教师）。公共课教师、校内其他具有教师资格并实际承担教学任务的人员，正式聘任的校外兼职教师，以及其他依法开展职业学校教育的机构中具有教师资格的人员，在符合一定条件的前提下可参照实施。

二、严格标准要求。坚持把师德师风作为衡量"双师型"教师能力素质的第一标准，强化对思想政治素质和师德素养的考察，师德考核不合格者在影响期内不得参加"双师型"教师认定，已认定的应予以撤销。要落实立德树人根本任务，遵循教育规律和技术技能人才成长规律，做到工学结合、知行合一、德技并修。要突出对理论教学和实践教学能力的考察，注重教学改革和专业建设实绩。要熟悉行业企业情况，具有相应的专业技能，以及行业企业工作经历或实践经验。

三、加强组织实施。省级教育行政部门负责区域内"双师型"教师认定工作的组织领导、统筹协调。认定工作应按照个人申报、组织认定、结果复查的程序具体实施。组织认定可由省级教育行政部门按程序指定具备认定条件的学校、第三方机构或专家组织等具体实施。实施主体要明确负责部门，组建由教育部门、行业企业、院校专家等共同组成的认定专家评议委员会，严格按照标准条件，规范程序，保证质量。认定结果经检查复核通过后，报省级教育行政部门备案。学校应及时更新教师管理信息系统"双师型"教师信息，确保数据准确统一。

四、强化监督评价。省级教育行政部门要加强对认定工作的规范指导和监督管理，要建立健全公示公开、第三方评估、抽查复查、责任追究、过程追溯等制度，发挥广大教师的监督作用，畅通投诉反馈渠道，确保过程透明规范、结果公平公正。教育部将对各地"双师型"教师认定工作进行抽查。

五、促进持续发展。要制定激励政策，建立能进能出、能上能下的动态调整机制，根据教师不同能力条件分级认定，引导和鼓励广大教师走"双师型"发展道路。在职务（职称）晋升、教育培训、评先评优等方面应向"双师型"教师倾斜，课时费标准原则上应高于同级别教师岗位。要根据"双师型"教师不同阶段发展需求，精准提供教育教学、岗位实训、企业实践等机会。要鼓励"双师型"教师取得行业领域职业资格证书、职业技能等级证书，获聘行业领域专业技术职务（职称）。要结合学制和专业特点，对"双师型"教师能力素质进行不超过 5 年一周期的复核，突出聘期内岗位业绩考察，促进教师知识技能持续更新。

六、注重作用发挥。要充分发挥"双师型"教师在综合育人、企业实践、教学改革、社会服务和教师专业发展等方面带头引领作用，充分挖掘典型案例，示范教师培训、顶岗实践、研修访学等成长路径方法。在"双高"建设计划、优质中职学校和专业建设计划、职业院校办学能力达标、专业设置审批和布局结构优化、现场工程师培养计划，以及教师创新团队、名师（名匠）工作室、技艺技能传承创新平台建设中，应将"双师型"教师作用发挥情况作为重要指标。

国家制定职业教育"双师型"教师基本标准。各省级教育行政部门应结合本地具体情况，以及不同教育层次、专业大类等，参照制定修订本级"双师型"教师认定标准、实施办法，明确支持举措，实行分类评价，并适时调整完善。认定工作实施主体应根据认定对象具体情况，制定"双师型"教师认定实施细则，报所属教育行政部门备案后实施。各地各校制定的"双师型"教师认定标准不低于国家规定的基本标准，可结合实际明确破格条件。

6.2.12 职业学校办学条件达标工程实施方案

2022年11月2日，教育部、国家发展改革委、财政部、人力资源社会保障部、住房和城乡建设部以教职成〔2022〕5号文印发了《职业学校办学条件达标工程实施方案》，该实施方案全文如下。

为贯彻落实全国职业教育大会精神和2022年《政府工作报告》，进一步优化职业教育布局结构，全面改善职业学校（含技工学校，下同）办学条件，提高办学质量、提升办学形象，制定本方案。

一、总体要求

（一）指导思想

坚持以习近平新时代中国特色社会主义思想为指导，全面贯彻落实党的二十大精神，全面贯彻党的教育方针，落实立德树人根本任务，科学规划职业学校布局，夯实各级各类办学主体责任，不断加大制度创新、政策供给，持续加强学校基础能力建设、提升学校办学水平、激发学校办学活力，不断优化职业教育类型定位，切实增强职业教育适应性，办好人民满意的职业教育。

（二）基本原则

中央支持，地方为主。中央、地方、学校三级联动，加强指导督导和过程监测，压实省级统筹和学校举办者主体责任，强化协调配合，提升工作效率，保质保量落实目标任务。

规划先行，分类推进。统筹考虑教育发展趋势和人口规模，实事求是制定工作方案，健全标准体系，坚持高质量发展，分类实施、分步推进，强化激励考核机制。

优化存量，做优增量。推进区域职业教育资源整合、优化布局、共建共享，盘活资源，落实新增教育资源向职业教育倾斜政策，整体提高办学实力和水平。

固基提质，重点突破。以服务教学为中心，硬件建设与内涵建设并重，聚焦土地、校舍、教师、设备等关键要素，优先补齐短板，提高资源投入产出效益。

（三）总体目标

通过科学规划、合理调整，持续加大政策供给，使职业学校布局结构进一步优化，办学条件显著提升，师资队伍水平整体提高，职业教育办学质量和吸引力显著增强。各省、自治区、直辖市和新疆生产建设兵团职业学校办学条件重点监测指标全部达标的学校比例，到2023年底达到80%以上，到2025年底达到90%以上。

二、重点任务

（一）整合资源优化布局

各地要统筹区域职业教育资源，结合区域经济社会发展需求，采取合并、集团化办学、终止办学等形式，优化职业学校布局，合理确定招生规模。在教育资源投入中，优先保障职业学校基本办学条件达标工作。对办学质量差、社会不认可、各项指标严重不达标的学校要依法进行合并或终止办学。对拟集团化办学学校，须在校园、校舍、师资、仪器设备等方面开展实质性共建共享，并整体考核办学条件。对拟合并学校，须根据相关规定及时变更备案信息。对拟终止办学的学校，应关闭学籍系统账号，适时撤销组织机构，并做好师生安置。边远脱贫地区要稳定规模，城市中心区要提质扩容，建设好一批符合当地经济社会发展需要的中等职业学校。

（二）加强职业学校基础设施建设

各地要全面核查职业学校基础设施，针对拟保留学校，要分类制定办学条件补齐方案。地方有关部门在制定教育用地规划时向职业教育倾斜，在用地指标达标的前提下大力加强职业学校基础设施建设，简化职业学校新建或改扩建增容建设项目审批程序，支持职业学校快速补齐土地、校舍缺口和解决历史遗留问题。对于中等职业学校的校园占地和校舍建筑，学校独立产权部分应占一定比例，确需租赁的，租赁期限应与学校办学规划相匹配，并以协议或补充协议等方式加以保障，具体要求由各地自行确定。学校举办者要加大投入，加强职业学校基础设施建设，全面消除危房，落实学校校舍、教室和实验（实训）室标准化建设。学校要按照国家、地方相关标准，科学制定和落实学校事业发展规划，确保学校基础设施与办学规模相适应。

（三）优化职业学校师资队伍建设

各地要按照职业学校师资配备标准，用好盘活事业编制资源，优先支持职业教育。在选人用人上进一步扩大职业学校自主权，在教师招聘、教师待遇、职称评聘等方面，允许学校自主设置岗位，自主确定用人计划，自主确定招考标准、内容和程序。通过"编制周转池""固定岗＋流动岗""设置特聘岗位"等方式，吸引优秀人才从事职业教育工作，推动企业工程技术人员、高技能人才与职业学校教师双向流动。

（四）改善职业学校教学条件

各地要加强教育相关公共基础设施建设，汇聚各方资源建设一批集实习实训、社会培训、技术服务于一体的高水平实训基地。鼓励企业以设备捐赠、场所共享等方式支持和参与举办职业教育，并在企业落实社会责任报告中反映有关投入情况，受赠设备应按要求纳入学校资产管理、计入事业统计数据。产教融合型企业享受组合式激励政策可适当与企业相关投入挂钩。职业学校要按照达标要求，配齐配足图书、计算机、实训设施等，加快设备更新和管理，及时将新工艺、新技术、新设备引入教学，提高校内校企实训基地利用率。在满足学校基本办学条件的基础上，要对照有关标准和教学条件的基本要求，逐步改善专业教学条件。

（五）多渠道筹措办学经费

各地补齐办学条件缺口要优化整合存量资源，共享共用公共教育资源，确需财政增加投入的，坚持量力而行、尽力而为。地方发展改革部门要做好项目立项、审批等工作。职业学校要用足用好地方专项债券、预算内投资、外国政府贷款、国际金融组织贷款等政策资金，调整优化校内支出结构，在保障学校正常运转经费基础上，把支持学校发展的资金更多用于办学条件达标工作。鼓励各地探索社会力量多元投入机制，建立健全职业学校股份制、混合所有制办学的相关制度。在不新增地方政府隐性债务的前提下，支持职业学校利用经营收入与金融机构开展信贷业务合作，吸引更多社会资金流向职业教育，用于改善办学条件。

三、组织实施

（一）加强组织领导

各地要发挥地方党委教育工作领导小组作用，统筹规划辖区内职业学校建设发展，建立职业学校办学条件达标协调机制，成立达标工作专班，按照学校隶属关系，落实举办者主体责任，确保各项政策措施全面落实到位。

（二）制定工作方案

各地教育部门和人力资源社会保障部门按职责分别牵头，会商发展改革、财政、住房和城乡建设等部门，对照职业学校办学条件重点监测指标（附件1），在全面调研摸底的基础上，根据区域人口结构、经济发展基础和学校办学条件现状，制定达标工作实施方案（参考模板见附件2），明确工作目标、落实举措、进度安排、资金来源等，报请地方党委教育工作领导小组审议后，于2022年12月30日前报送教育部（各地技工学校达标工作实施方案报人力资源社会保障部）。

（三）强化政策保障

财政部、教育部在安排现代职业教育质量提升计划资金时，将各地达标工作作为重要考虑因素。国家发展改革委教育强国推进工程资金支持改善职业学校办学条件。各地要加快出台职业学校办学条件达标配套政策，有效配置土地、资金、编制等公共资源，为实现办学条件达标提供保障。各职业学校要用足用好相关政策，统筹资源，加大投入，确保按时完成办学条件达标工作。

（四）加强考核激励

教育部和人力资源社会保障部按职责分别牵头建立职业学校办学条件达标调度机制，通过中等职业学校管理信息系统、全国技工院校信息管理系统、高职院校人才培养状态数据采集与管理平台和实地抽检定期调度。国家将各地职业学校办学条件达标情况纳入省级人民政府履行教育职责评价和职业教育改革成效明显激励省份考核。地方将达标情况作为对市、县级党委和政府及其主要负责人进行考核、奖惩的重要依据。2023年起，每年对各地各校达标情况进行通报，各地工作成效作为国家新一轮职业教育改革项目遴选的重要依据。到2025年底仍不能达标的学校，要采取调减招生计划等措施。

6.3　住房和城乡建设部下发的相关文件

6.3.1　关于修改《建筑工人实名制管理办法（试行）》的通知

2022年8月2日，住房和城乡建设部、人力资源和社会保障部以建市〔2022〕59号文下发了关于修改《建筑工人实名制管理办法（试行）》的通知。该通知全文如下。

各省、自治区住房和城乡建设厅、人力资源社会保障厅，直辖市住房和城乡建设（管）委、人力资源社会保障局，新疆生产建设兵团住房和城乡建设局、人力资源社会保障局：

为了进一步促进就业，保障建筑工人合法权益，住房和城乡建设部、人力资源社会保障部决定修改《建筑工人实名制管理办法（试行）》（建市〔2019〕18号）部分条款，现通知如下：

一、将第八条修改为："全面实行建筑工人实名制管理制度。建筑企业应与招用的建筑工人依法签订劳动合同，对不符合建立劳动关系情形的，应依法订立用工书面协议。建筑企业应对建筑工人进行基本安全培训，并在相关建筑工人实名制管理平台上登记，方可允许其进入施工现场从事与建筑作业相关的活动。"

二、将第十条、第十一条、第十二条和第十四条中的"劳动合同"统一修改为"劳动合同或用工书面协议"。

本通知自公布之日起施行。

6.3.2　关于进一步做好建筑工人就业服务和权益保障工作的通知

2022年8月29日，住房和城乡建设部办公厅以建办市〔2022〕40号文下发了《关于进一步做好建筑工人就业服务和权益保障工作的通知》。该通知全文如下。

各省、自治区住房和城乡建设厅，直辖市住房和城乡建设（管）委，新疆生产建设兵团住房和城乡建设局：

建筑业是国民经济支柱产业，在吸纳农村转移劳动力就业、推进新型城镇化建设和促进农民增收等方面发挥了重要作用。为深入贯彻落实党中央、国务院决策部署，促进建筑工人稳定就业，保障建筑工人合法权益，统筹做好房屋市政工程建设领域安全生产和民生保障工作，现将有关事项通知如下：

一、加强职业培训，提升建筑工人技能水平

（一）提升建筑工人专业知识和技能水平。各地住房和城乡建设主管部门要积极推进建筑工人职业技能培训，引导龙头建筑企业积极探索与高职院校合作办学、建设建筑产业工人培育基地等模式，将技能培训、实操训练、考核评价与现场施工有机结合。鼓励建筑企业和建筑工人采用师傅带徒弟、个人自学与集中辅导相结合等多种方式，突出培训的针对性和实用性，提高一线操作人员的技能水平。引导建筑企业将技能水平与薪酬挂钩，实现技高者多得、多劳者多得。

（二）全面实施技能工人配备标准。各地住房和城乡建设主管部门要按照《关于开展施工现场技能工人配备标准制定工作的通知》（建办市〔2021〕29号）要求，全面实施施工现场技能工人配备标准，将施工现场技能工人配备标准达标情况作为在建项目建筑市场及工程质量安全检查的重要内容，推动施工现场配足配齐技能工人，保障工程质量安全。

二、加强岗位指引，促进建筑工人有序管理

（三）强化岗位风险分析和工作指引。各地住房和城乡建设主管部门要统筹房屋市政工程建设领域行业特点和农民工个体差异等因素，针对建筑施工多为重体力劳动、对人员健康条件和身体状况要求较高等特点，强化岗位指引，引导建筑企业逐步建立建筑工人用工分类管理制度。对建筑电工、架子工等特种作业和高风险作业岗位的从业人员要严格落实相关规定，确保从业人员安全作业，减少安全事故隐患；对一般作业岗位，要尊重农民工就业需求和建筑企业用工需要，根据企业、项目和岗位的具体情况合理安排工作，切实维护好农民工就业权益。

（四）积极拓宽就业渠道。各地住房和城乡建设主管部门要主动作为，积极配合人力资源社会保障、工会等部门，为不适宜继续从事建筑活动的农民工，提供符合市场需求、易学易用的培训信息，开展有针对性的职业技能培训和就业指导，引导其在环卫、物业等劳动强度低、安全风险小的领域就业，拓宽就业渠道。

三、加强纾困解难，增加建筑工人就业岗位

（五）以工代赈促进建筑工人就业增收。各地住房和城乡建设主管部门要配合人力资源社会保障部门严格落实阶段性缓缴农民工工资保证金要求，提高建设工程进度款支付比例，进一步降低建筑企业负担，促进建筑企业复工复产，有效增加建筑工人就业岗位。依托以工代赈专项投资项目，在确保工程质量安全和符合进度要求等前提下，结合本地建筑工人务工需求，充分挖掘用工潜力，通过以工代赈帮助建筑工人就近务工实现就业增收。

四、加强安全教育，保障建筑工人合法权益

（六）压实安全生产主体责任。各地住房和城乡建设主管部门要督促建筑企业建立健全施工现场安全管理制度，严格落实安全生产主体责任，对进入施工现场从事施工作业的建筑工人，按规定进行安全生产教育培训，不断提高建筑工人的安全

生产意识和技能水平，减少违规指挥、违章作业和违反劳动纪律等行为，有效遏制生产安全事故，保障建筑工人生命安全。

（七）改善建筑工人安全生产条件。各地住房和城乡建设主管部门要督促建筑企业认真落实《建筑施工安全检查标准》JGJ 59—2011、《建设工程施工现场环境与卫生标准》JGJ 146—2013 等规范标准，配备符合行业标准的安全帽、安全带等具有防护功能的劳动保护用品，持续改善建筑工人安全生产条件和作业环境。落实好建筑工人参加工伤保险政策，进一步扩大工伤保险覆盖面。

（八）持续规范建筑市场秩序。各地住房和城乡建设主管部门要依法加强行业监管，严厉打击转包挂靠等违法违规行为，持续规范建筑市场秩序。联合人力资源社会保障等部门用好工程建设领域工资专用账户、农民工工资保证金、维权信息公示等政策措施，保证农民工工资支付，维护建筑工人合法权益。加强劳动就业和社会保障法律法规政策宣传，帮助建筑工人了解自身权益，提高维权和安全意识，依法理性维权。

各地住房和城乡建设主管部门要提高思想认识，加强组织领导，明确目标任务，利用多种形式宣传相关政策，积极回应社会关切和建筑工人诉求，合理引导预期，切实做好建筑工人就业服务和权益保障工作。